煤粒微孔游离瓦斯扩散理论与应用

刘　伟　秦跃平　徐　浩　著

应急管理出版社

·北　京·

内 容 提 要

本书阐述了煤中瓦斯流动理论、煤孔隙结构特征、瓦斯吸附解吸特性；进行了定压和定容条件下的煤粒瓦斯吸附解吸实验；构建及解算了菲克扩散模型、达西渗流模型以及密度梯度模型；验证了 3 种扩散模型预测结果与实验数据，以及各模型的适用范围；分析了煤层钻孔瓦斯流动建模过程中的 3 种瓦斯含量方程的误差，修正了传统径向流量测煤层瓦斯透气性系数的方法；无因次分析和预测了掘进工作面的瓦斯涌出量等。

本书可供从事煤矿瓦斯灾害防治、煤层气开发等工作的科研人员、工程技术人员参考，也可供安全科学与工程、采矿工程等相关专业的师生使用。

前　言

　　煤层瓦斯(煤层气)是在煤体成煤作用和煤化作用过程中产生的,它不仅对煤矿安全生产产生影响,而且也是主要的温室气体,其产生温室效应的能力远大于二氧化碳。瓦斯作为煤矿开采的副产品,既是一种高效、清洁的能源,也是一系列煤矿事故的罪魁祸首之一。瓦斯突出、瓦斯爆炸等灾害一直威胁着地下煤炭生产的安全,造成了20%的煤矿事故和近50%的死亡。地下瓦斯抽放是防止事故的根本方法。很多煤矿制订了"煤与瓦斯共采"的政策,要求煤矿在开采煤炭的同时,尽可能多地开采煤层气。但在目前的技术条件下,瓦斯抽放效率仍然较低,我国煤层气的开发利用受到深部开采、高应力、低渗等现实因素的制约。渗透率、透气性系数是衡量瓦斯在煤层中流动的一般指标,但瓦斯在煤基质中的运移行为是影响瓦斯抽采效果的重要因素。目前针对煤基质中瓦斯流动的机理尚没有达到共识,浓度梯度驱动的菲克定律和压力梯度驱动的达西定律在描述煤基质中瓦斯流动方面都存在一些缺陷。因此,有必要研究煤层气的基本流动特性,特别是瓦斯在煤基质中的运移规律,为高效开采提供理论支持。

　　全书共分为13章,主要内容包括煤的孔隙结构及分形特性、煤中瓦斯吸附解吸特性、煤粒瓦斯等温吸附解吸实验、瓦斯吸附解吸扩散理论模型、基于有限差分法的瓦斯扩散数值解算、数值模拟结果分析及实验验证、煤中三种瓦斯扩散模型的探讨、不同形状瓦斯吸附模型的对比、煤中单质/混合气体的吸附作用研究、煤层钻孔瓦斯流动模型及其应用、掘进工作面瓦斯涌出的无因次分析及预测等。

本书得到了国家自然科学基金项目（52074303、51874315）、中央高校基本科研业务费专项资金（2020YJSAQ04、2021YJSAQ24）的资助。褚翔宇、赵政舵、于秀燕等对本书的文字编辑、图片处理、公式排版等提供了帮助，在此表示感谢。

由于水平有限，书中不妥之处在所难免，恳请读者批评指正。

著 者

2021 年 10 月于中国矿业大学（北京）

目　　次

第一章　绪　　　论

第一节　煤体瓦斯赋存规律

瓦斯是在成煤过程中形成的,它的形成与成煤过程和成煤物质有着密切的联系,而成煤作用本身就是各种地质作用的综合结果。因此,瓦斯是地质作用的产物,瓦斯的赋存和运移受各种地质因素的影响。煤是孔隙体,其中含有大量的表面积。煤的孔隙特性与煤化程度、地质破坏程度和地应力性质及其大小等因素密切相关。气体在煤中的吸附量主要取决于气体的性质、表面性质、吸附平衡的温度及其瓦斯压力和煤中水分等。

煤体中瓦斯赋存状态如图 1 – 1 所示。煤体中赋存瓦斯的多少不仅对煤层瓦斯含量有影响,而且还直接影响煤层中瓦斯流动及其发生灾害的危险性大小。

因此,研究煤层中瓦斯的赋存状况是矿井瓦斯研究中的重要一环。多年来,国内外学者对此进行了大量研究工作,取得了许多重要成果。例如,通过引入固体表面吸附理论解释了煤体表面的瓦斯吸附现象,借助于朗格缪尔方程和气体状态方程分别求出了煤体吸附瓦斯量和游离瓦斯量等。1963 年,中国矿业大学俞启香教授结合我国矿井的实际情况,提出了影响煤层原始瓦斯含量的 8 项主要因素,为我国研究影响煤层瓦斯含量的主要因素奠定了基础。近年来,河南理工大学等单位在瓦斯地质方面做了许多研究:论述了我国煤层瓦斯赋存的控制条件,提出了中国煤田瓦斯赋存量、瓦斯矿井瓦斯涌出量分布规律等,探讨了华北、华南、东北、西北四大地区煤层瓦斯分布、分带和各个矿区的瓦斯特征。

成煤过程中,在高温高压的作用下,煤中挥发分在由固体转变为气体排出的过程中,煤中即形成了大量相互沟通的微孔。在漫长的地质年代,地层运动对煤体的破坏和搓揉又将煤层破坏成为若干煤粒和煤块的集合体,因而煤层中存在着一个巨大的孔隙、裂隙网。早在 20 世纪 50 年代,我国用数学方法建立了瓦斯在煤层中流动的基本模型,对瓦斯流动场进行了分类,对开采层、邻近层的瓦斯涌出和防治进行了研究,为煤层瓦斯流动理论的建立奠定了基础。

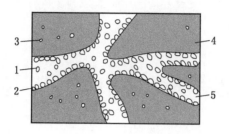

1—游离瓦斯;2—吸附瓦斯;3—吸收瓦斯;4—煤体;5—孔隙

图 1-1　煤体中瓦斯赋存状态

第二节　煤体瓦斯流动理论

瓦斯渗流力学是专门研究瓦斯在煤层内运动规律的科学。截至目前,渗流理论方面的研究成果主要包括以下 4 个方面:线性瓦斯流动理论、非线性瓦斯流动理论、地球物理场效应的瓦斯流动理论和多煤层系统瓦斯越流的流固耦合理论。

一、线性瓦斯流动理论

线性瓦斯流动理论主要包括线性瓦斯渗流理论、线性瓦斯扩散理论和瓦斯渗透与扩散理论。

(一)线性瓦斯渗流理论

线性瓦斯渗流理论认为,煤层内瓦斯运动基本符合线性渗透定律——达西定律。苏联学者应用达西定律——线性渗透定律来描述煤层内瓦斯运动,开创性地研究了考虑瓦斯吸附性质的瓦斯渗流问题。20 世纪 60 年代,从渗流力学角度出发,中国矿业大学的周世宁院士等认为瓦斯流动基本上符合达西定律,认为达西定律是煤层瓦斯流动的基本规律,影响瓦斯流动的基本参数是瓦斯压力 p、透气系数 λ。

$$\hat{q} = -\lambda \nabla P \tag{1-1}$$

式中　$\hat{q}$——瓦斯比流量,$m^3/(m^2 \cdot h)$;

　　　λ——透气系数,$m^2/(Pa^2 \cdot h)$;

　　　P——瓦斯压力平方,$P = p^2$,Pa^2。

近年来,为了探索煤与瓦斯突出机理,从力学角度出发,应用达西渗流运动方程来描述突出过程中的瓦斯流动,指出煤的破碎起动与瓦斯渗流的耦合是煤与瓦斯突出的内因,中国科学院力学研究所以郑哲敏院士为首的学科组在这方面做出了有意义的探索。另外,中国科学院地质研究所以孙广忠教授为首的学科组也相继提出"煤 – 瓦斯介质力学"的观点,对煤 – 瓦斯介质的变形、强度、破碎、渗透性等力学特性进行了系统研究,并应用达西渗流定律,讨论了突出发生后所形成的瓦斯粉煤两相流动过程,为阐明煤与瓦斯突出机理做出了贡献。

(二)线性瓦斯扩散理论

扩散是由于气体分子的自由运动使物质由高浓度体系运移到低浓度体系的浓度平衡过程,瓦斯的扩散形式如图 1 – 2 所示。根据努森数将瓦斯在煤层中的扩散模式分为菲克型扩散、努森型扩散和过渡型扩散,努森数表示孔隙直径与分子运动平均自由程的相对大小,由式(1 – 2)求得

$$K_n = \frac{d}{\lambda} \tag{1-2}$$

式中 d——孔隙平均直径,m;

λ——气体分子的平均自由程,m。

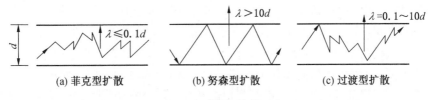

(a) 菲克型扩散　　　　　(b) 努森型扩散　　　　　(c) 过渡型扩散

图 1 – 2　瓦斯的扩散形式

当 $\lambda \leqslant 0.1d$ 时,为菲克型扩散;当 $\lambda > 10d$ 时,为努森型扩散;当 λ 介于 $0.1 \sim 10d$ 时,为过渡型扩散。其中菲克型扩散是煤层中气体扩散的研究重点。线性瓦斯扩散理论认为,煤屑内瓦斯运动基本符合线性扩散定律——菲克定律。该理论认为煤体内瓦斯扩散的驱动力为浓度差。

$$J = -D \frac{\partial c}{\partial n} \tag{1-3}$$

式中 J——单位面积单位时间扩散瓦斯量,$m^3/(m^2 \cdot h)$;

D——扩散系数,m^2/h;

n——瓦斯扩散距离,m;

c——单位体积煤粒含瓦斯量,m^3/m^3。

杨其銮、王佑安认为:各种采掘工艺条件下采落煤的瓦斯涌出、突出发展过程中已破碎煤的瓦斯涌出、在预测瓦斯含量和突出危险性时所用煤钻屑的瓦斯涌出等问题,皆可归结为煤屑中瓦斯的扩散问题。他们认为:这种涌出规律符合菲克线性扩散定律,并以此对煤屑中瓦斯扩散规律进行了深入的理论探讨和实测对比分

析研究。在此基础上,何学秋等分析了气体在煤层中的扩散模式和微观机理,认为气体宏观的扩散参数基本上是由于气体分子微观参数改变引起的。聂百胜等基于气体在微孔隙中的流动符合菲克定律建立并求解了第三类边界条件下的煤粒瓦斯扩散物理数学模型。

(三)瓦斯渗透与扩散理论

由于煤体是双重孔隙介质,其中不仅包含大量的微小孔隙,也存在相互连通的裂隙,因此有学者认为瓦斯在煤体内的运移存在两种状态。两种状态为:在微小孔隙中,瓦斯在浓度差的作用下沿连通的孔隙扩散,符合菲克定律;在较大的裂隙中,瓦斯在压力差的作用下沿裂隙网络渗流,符合达西定律,因此形成了扩散—渗透理论。瓦斯渗透与扩散理论认为,煤层内瓦斯运动是包含了渗透和扩散的混合流动过程。随着瓦斯运移规律研究的深入,国内外许多学者都赞同煤层瓦斯渗透—扩散的理论。20世纪90年代,周世宁指出煤层可以看成是由孔隙介质组成的煤块群和有裂隙系统组成的孔隙-裂隙结构。当裂隙宽度小于 10^{-7} m 时,瓦斯分子不能自由运动,因而驱动瓦斯分子运动的是浓度差而不是压力差,瓦斯分子呈现扩散运动;当裂隙宽度大于 10^{-7} m 时,瓦斯分子呈现层流运动。因此,他认为瓦斯在孔隙结构中的流动遵循菲克定律,而在煤体裂隙系统中的流动则符合达西定律。

综上所述,线性瓦斯流动理论的研究已有40多年的历史,在探求煤层内瓦斯运移机理方面已先后发展了线性渗流理论及其应用、线性扩散理论、渗透—扩散理论,等等,在一定的简化假设下,已形成了较严密的理论体系,并在煤矿安全生产中起到了一定的作用。但是,由于煤层内瓦斯运移是一个非常复杂的过程,不仅与煤结构有关,而且受到众多因素的影响,上述线性瓦斯流动理论和方法的适用性和实用性常常受到挑战,主要体现在下面4个方面。

(1)煤层内瓦斯运移只是近似地用线性规律来描述,至今仍在探索瓦斯运移的基本规律。

(2)煤层这个固体骨架不能假定为刚性的。工程上常会遇到煤层的胀缩性以及变形,因此相应地将固体骨架看成可变形的介质更符合实际。

(3)在实际煤层内瓦斯运移过程中,存在许多尚未深入研究的物理化学效应。例如,地应力场和地温场等对瓦斯流场的耦合效应、毛细滞后效应、瓦斯吸附解吸效应、水分迁移的非达西效应、瓦斯扩散效应、煤体与瓦斯之间的化学反应等,现有理论未考虑这些问题。

(4)由于缺乏测试各向异性透气系数的有效方法,导致对各向异性煤层内瓦斯运移的深入研究以及数值模拟遇到了极大的困难。因此,自20世纪80年代以来,国内外学者还在寻求比较简单而且更切合实际的理论模型,进一步考虑在瓦斯流动过程中的各种主要的物理化学效应以及有效的瓦斯流动参数测试方法和手段,发展数学模型和数值方法,这是当今瓦斯渗流力学研究的主要方向之一。

二、非线性瓦斯流动理论

国外许多学者对线性渗流定律——达西定律是否完全适用于均质多孔介质中的气体渗流问题做了大量的考察和研究。多数学者认为,线性瓦斯渗流理论只有当其雷诺数在 1～10 的线性层流区时才成立。达西定律不适用的主要原因是流量过大、分子效应、离子效应和流体非牛顿态势。著名的流体力学家 E. M. Allen 指出,将达西定律用于描述从均匀固体物(煤样)中涌出瓦斯的实验,结果导致与实际观测不相符合的结论。随着研究的深入,发展方向开始向非线性渗流转移,其中最典型的模型是幂定律模型。

1984 年,日本北海道大学樋口澄志指出,通过变化压差测定煤样瓦斯渗透率来看,达西定律不太符合瓦斯流动规律,并在大量实验研究的基础上提出了更符合瓦斯流动的基本规律——幂定律。

$$v_N = -A \left(\frac{\mathrm{d}p}{\mathrm{d}x}\right)^m \tag{1-4}$$

式中　　v_N——标准状态下的瓦斯流速;

　　A——无量纲的瓦斯渗透率系数;

　　m——常数;

　　$\dfrac{\mathrm{d}p}{\mathrm{d}x}$——沿 x 轴向的压力梯度。

雷诺数在 10～100 之间的非线性层流区是该理论的主要适用范围。孙培德(煤层瓦斯流场流动规律研究)根据幂定律的推广形式,建立了可压缩性的煤层瓦斯流动偏微分方程,并与实测值进行比较,得出该理论比达西定律更符合煤层内瓦斯流动的基本规律。之后他又对 5 种不同模型进行了数值模拟,并与实测结果进行比较,进一步得出幂定律比达西定律更符合煤层内瓦斯运移的基本规律(瓦斯动力学模型研究)。以非线性瓦斯流动基本定律——幂定律为基础,非线性瓦斯流动的数学模型被提出。经初步实测验证表明,非线性瓦斯流动模型比国内外 4 类典型的流动模型更符合实际。因此,在进一步研究和发展非线性的达西定律基础上的瓦斯流动理论也是当今有意义的探索方向之一。

三、地球物理场效应的瓦斯流动理论

地球物理场一般包括地应力场、地温场和地电场。地壳中的煤层处于地球物理场的作用下,势必会受到局部地壳运动的影响。随着我国煤矿开采深度的加大,由深部地球物理场引发的井下高温、低渗透性等问题越来越突出。地应力对煤层瓦斯运移的主要影响是煤层渗透性,即煤层渗透性在很大程度上受地应力的影响,在高应力区渗透率低,低应力区渗透率高。含瓦斯煤体空间时刻都有地电场的存在,它也是影响瓦斯渗流的重要因素之一。王宏图等采用三轴渗流实验装置和电场实施装置,研究了在电场作用下的煤中瓦斯气体的渗流性质。结果表明,加电场后,瓦斯气体的渗流速度增大,增大速度与瓦斯压力梯度有关。随着采煤深度的增加,井下高温现象不仅恶化了气候环境,同时也对瓦斯运移产生了影响。张广洋等研究发现,渗透率的对数与温度呈线性关系,随着温度的升高,瓦斯的渗透率下降。

围绕煤体孔隙压力与围岩应力对煤岩体渗透系数的影响,以及对渗流定律——达西定律的各种修正,建立和发展了固气耦合作用的瓦斯流动模型及其数值方法。20世纪80年代至今,创建和发展地物场效应的瓦斯流动理论是国内外学者研究的热点,也是当代瓦斯渗流力学发展的重大进展之一。用流体—岩石的相互作用认识煤层内瓦斯运移机制,充分发展考虑地应力场、地温场以及地电场等地球物理场作用下的瓦斯流动模型及其数值方法,尤其要注重发展可变形的裂隙—孔隙介质的气液固耦合模型及其数值方法,使物理模型更能反映客观事实,进一步完善理论模型及测试技术,是当今推动瓦斯渗流力学向前发展的主流方向。

四、多煤层系统瓦斯越流的流固耦合理论

根据文献对瓦斯越流场的定义,以下诸问题如煤层群开采中采场瓦斯涌出问题,保护层开采的有效保护范围的确定问题,井下邻近层(采空区)瓦斯抽放工程的合理布孔设计及抽放率预估问题,地面钻孔抽放多气层瓦斯工程的合理设计及抽放率预估问题,以及地下多气层之间瓦斯运移规律的预测和评估等问题,皆可归结为瓦斯越流问题。

国内外生产实践表明,在煤体开采过程中,由于一系列的上覆岩层压力变化及煤体应力分布变化,使煤体的孔隙改变,进而使煤体孔隙内的瓦斯压力发生变化。这些变化又会导致煤体吸附瓦斯量发生改变,并使煤体骨架所受的有效应力发生变化,这些变化最终改变了瓦斯在煤体中的流动和压力分布。因此,要使煤层瓦斯流动理论更加符合实际情况,必须研究煤体瓦斯的流固耦合作用,即考虑煤层瓦斯系统内应力场与渗流场之间的相互耦合作用。汪有刚等考虑了煤层瓦斯与煤体骨架之间的相互作用,从而建立了煤层瓦斯运移模型。其建立模型的假设之一就是煤层瓦斯渗流在微压力梯度上符合达西定律。刘建军等在瓦斯渗流符合达西定律

的假设下,研究了不同温度下的瓦斯吸附解吸规律,提出了非等温条件下的瓦斯运移数学模型。

第三节 煤粒瓦斯吸附解吸实验

煤粒瓦斯等温吸附解吸实验是研究煤基质瓦斯流动规律的重要手段之一,学者们将块煤破碎成一定粒径的煤粒进行等温吸附实验并研究煤粒吸附特性。当前,研究煤粒瓦斯运移规律的实验主要包括以下 4 种:①定压吸附实验;②定压解吸实验;③定容吸附实验;④定容解吸实验。

(1)定压吸附实验,即煤粒在外部瓦斯压力基本恒定不变的条件下的吸附过程。杨银磊基于达西渗流模型和菲克扩散模型得到煤粒瓦斯流动的数值模拟软件,对不同初始压力下的吸附过程进行数值模拟,得到模拟累计瓦斯吸附量随时间的变化关系,对比定压吸附实验数据,综合分析了瓦斯在煤粒中的流动规律。徐浩等开展了定压条件下的煤粒瓦斯吸附实验,发现新提出的密度梯度理论比压力梯度驱动的达西定律及浓度梯度驱动的菲克定律更合理。

(2)定压解吸实验,即煤粒在外部压力为大气压条件下的解吸过程。王亚茹根据菲克定律和达西渗流定律分别建立了瓦斯在球形煤粒中的放散数学模型,结合定压瓦斯解吸实验,将模拟结果与实验数据进行了比较分析,发现煤粒中的瓦斯放散更符合达西定律。郝永江完成了煤粒处于一个大气压下解吸的动态瓦斯吸附解吸实验,并以菲克定律和达西定律为基础,将两种模拟结果与实验结果进行对比,发现达西渗流模型模拟结果与实验结果的拟合程度远高于菲克定律,证明在煤粒的微小孔隙中,瓦斯流动更符合达西定律。

(3)定容吸附实验,即煤粒在封闭空间内的瓦斯吸附过程,随着煤粒吸附瓦斯,容器内的瓦斯压力会不断下降,当煤粒达到吸附平衡时,瓦斯压力最终保持恒定。何超开展了 5 个煤样在封闭空间内的煤粒瓦斯吸附实验,验证了煤基质中的瓦斯运移是由密度梯度驱动的,符合新提出的密度梯度理论。武德尧选用不同煤阶的煤样,分别开展了 CO_2、CH_4、N_2 的等温吸附实验,论证了密度梯度理论对描述煤粒中不同种类气体的运移行为具有良好的适用性。刘伟等基于定容吸附实验,结合一种全新的密度梯度驱动模型,从实验和理论上分析了 CO_2、CH_4 和 N_2 在煤粒中的吸附特性和流动规律。

(4)定容解吸实验,即煤粒在封闭空间内的瓦斯解吸过程,随着煤粒中瓦斯的解吸,容器中的瓦斯压力会不断增大,当煤粒达到解吸平衡时,瓦斯压力最终保持恒定。郝永江等设计了有限空间内的煤粒瓦斯放散实验,基于达西定律构建了有限空间内的瓦斯放散数学模型,从理论和实验上证实了瓦斯在煤粒中的流动符合达西定律。秦跃平等通过开展定容解吸实验,发现密度梯度理论中的微孔道扩散系数摆脱了对时间和压力的依赖,比菲克扩散模型和达西渗流模型更适合描述煤基质中的气体运输行为。

第四节　煤粒瓦斯吸附解吸理论模型

一、理论模型

煤粒瓦斯吸附模型或解吸模型作为描述煤中瓦斯吸附解吸过程,研究吸附解吸特性的理论手段,很早就引起了国内外学者的广泛关注,提出了多种瓦斯吸附解吸模型。煤粒瓦斯扩散模型是研究煤中瓦斯吸附解吸特征的重要手段。在煤粒瓦斯扩散模型演化进程中,不断有新的扩散模型被提出。

1951 年,Barrer 通过研究沸石中天然气的扩散,推导出了经典扩散模型,并导出了扩散量的精确解及其简化式。Nandi 等进行了煤的瓦斯扩散研究,并采用经典的扩散模型计算扩散系数。杨其銮等推导了经典扩散模型的解析解,并通过和煤粒瓦斯扩散实验进行对比,发现理论解与实验结果吻合良好,从而认为煤粒瓦斯流动符合菲克定律,并且得出 $\ln\left[1-\left(Q_t/Q_\infty\right)^2\right]$ 与放散时间 t (Q_t 为累计瓦斯解吸量、Q_∞ 为极限瓦斯解吸量)符合一定的线性关系。Ruckenstein 等在经典模型的基础上,提出了描述瓦斯吸附解吸的双扩散模型。Smith 等分别用双孔隙模型和单孔隙模型拟合实测煤的瓦斯扩散数据,发现双孔隙模型有更高的拟合精度。Clarkson 等为了增强双孔隙扩散模型的适应性,提出了改进的双孔隙模型。经典模型与双孔隙模型因其严格的推导过程和明确的物理意义,较好地解释了瓦斯扩散现象,得到了广泛认同与应用。聂百胜等考虑了边界层表面的扩散阻力,以经典扩散模型为基础,建立了具有第三类边界条件的扩散模型。刘彦伟等将双扩散模型推广至三级扩散模型,以此为基础进行了瓦斯扩散实验的拟合。一些学者还引入了时间依赖性或压力/浓度依赖性的动扩散系数,并将其与菲克扩散模型相结合来描述整个时间尺度的解吸过程,以便与实验解吸数据吻合。以上提到的模型多假定煤粒中瓦斯流动是浓度梯度驱动流,用菲克定律描述煤基质气体扩散是有效的。此外,秦跃平等基于达西定律建立了煤瓦斯吸附解吸数学模型,进行了瓦斯定压、变压吸附解吸实验,通过大量对比瓦斯吸附解吸模型的数值解和实验结果,发现达西渗流模型的计算结果比菲克经典模型更加符合实验结果,由此认为在描述瓦斯扩散时,达西定律比菲克定律更加有效。

煤基质内孔隙系统结构异常复杂,孔径尺寸范围从埃米级到微米级。由于基质内孔径范围分布广泛,不同尺度孔隙中介质的流动机理会有不同,则煤中瓦斯扩散过程是多尺度多机理流动现象,仅采用菲克定律描述瓦斯扩散,其有效性值得怀疑。诸多学者认为煤基质中的气体运输是一个多机制的过程。Alley 认为只应用达西定律才能有效地描述块煤中的瓦斯运输,除非煤炭遭受过度的破坏。Shi 等认为煤基质的甲烷释放是气体扩散与气体渗流的结合,基质中扩散或者渗流占主导,主要取决于煤基质内的孔隙结构特征。实验研究表明,煤基质内存在两种类型的孔隙:控制甲烷解吸、扩散的扩散孔和控制甲烷渗透的渗透孔。三重孔隙度/双重渗透率模型假设煤基质中甲烷通过解吸和从微孔扩散到中观/宏观孔隙,然后通过达西流在中孔/宏观孔隙和裂隙中运移,该类模型比双重孔隙度/单一渗透率模型有更高的精度,表明煤基质孔隙中瓦斯流动过程不仅有扩散流,还存在达西流。

二、经验/半经验模型

除了以上由基本理论推导而来的瓦斯吸附解吸数学模型,研究者们为了便于快速计算瓦斯吸附解吸量,基于实测的瓦斯吸附解吸数据或者实测现场数据,提出了许多表示吸附解吸量随时间变化的关系式。这些经验或半经验的关系式主要有两种形式:幂函数形式和指数形式。

(一)幂函数形式

文特等认为瓦斯解吸速度随时间的变化可用幂函数表示,提出了"文特式":

$$V_t = V_a \left(\frac{t}{t_a} \right)^{-K_t} \tag{1-5}$$

式中　　V_t——t 时刻的瓦斯解吸速度,$cm^3/(g \cdot min)$;

　　　　V_a——t_a 时刻的瓦斯解吸速度,$cm^3/(g \cdot min)$;

　　　　t、t_a——瓦斯解吸时间,min;

　　　　K_t——常数,$0 < K_t < 1$。

巴雷尔在研究天然沸石对各种气体的吸附速度影响的基础上测定得到了"巴雷尔式",认为在定压条件下符合下式:

$$Q_t = K_1 \sqrt{t} \quad \left(0 \leqslant \sqrt{t} \leqslant \frac{V}{25} \sqrt{\frac{\pi}{D}} \right) \tag{1-6}$$

式中　　Q_t——t 时刻煤样累计瓦斯解吸量,cm^3/g;

　　　　K_1——煤样暴露 1 min 内的瓦斯解吸量,$cm^3/(g \cdot min^{1/2})$;

　　　　V——煤样的总体积,cm^3/g;

　　　　D——扩散系数,cm^2/min。

Nandi 和 Sevenster 等通过拟合吸附解吸实验数据,发现巴雷尔式的应用有一定的局限性,当吸附量大于极限吸附量的一半时,巴雷尔式的预测精度将不再可靠,预测误差随着时间的增加而变大。

Smith 等参考巴雷尔式,通过研究实验数据得到

$$\frac{Q_t}{Q_\infty} = \frac{6}{\sqrt{\pi}}\sqrt{D_e t} \qquad (1-7)$$

式中 Q_t——某一时间的瓦斯解吸量,cm^3/g;

   Q_∞——极限瓦斯解吸量,cm^3/g;

   D_e——有效扩散系数,cm^2/s。

该模型的应用范围为 $Q_t/Q_\infty < 0.5$。

王佑安等研究了多种不同破坏类型煤的吸附解吸过程,拟合吸附解吸实验数据得到

$$Q_t = \frac{ABt}{1+Bt} \qquad (1-8)$$

式中 Q_t——累计解吸量,m^3/t;

   A、B——拟合参数。

乌斯基诺夫发现若采用达西定律描述煤粒瓦斯扩散过程,所得到的解吸数据与实验数据不能吻合。乌斯基诺夫将现场实测的瓦斯解吸数据进行回归分析,得到

$$Q_t = v_0\left[\frac{(1+t)^{1-n}-1}{1-n}\right] \qquad (1-9)$$

式中 Q_t——累计解吸量,cm^3/g;

   v_0——初始解吸速度,$cm^3/(g\cdot min)$;

   n——拟合参数。

王兆丰等研究了阳泉矿区、淮南矿区等区域的煤样吸附解吸特性,通过用乌斯基诺夫式拟合解吸数据,发现该式与实验数据较吻合。

Winter 等进行了大量煤样的吸附解吸实验,经过解吸数据的拟合,得到了描述解吸量与时间关系的经验公式为

$$Q_t = \frac{v_1}{1-k_t}t^{1-k_t} \qquad (1-10)$$

式中 Q_t——累计瓦斯解吸量,cm^3/g;

   v_1——$t=1\ min$ 时的解吸速度,$cm^3/(g\cdot min)$;

   k_t——与解吸速度有关的参数,取值不为 1。

运用该式时,在瓦斯解吸初始时刻,实测和计算值比较吻合,但随着解吸过程的进行,该式的预测精度逐渐变低。

孙重旭认为在破碎煤的情况下,瓦斯从煤粒中涌出的过程主要是扩散过程。他研究了煤屑中的瓦斯放散规律,得出了煤屑中瓦斯解吸量与时间的关系可表示为

$$Q_t = Kt^i \tag{1-11}$$

式中　　Q_t——累计瓦斯解吸量,cm^3/g;

　　　　K、i——与煤的瓦斯含量及煤的孔隙结构有关的参数。

卢平等根据煤与瓦斯吸附解吸实验结果,得到瓦斯累计解吸量随时间变化的函数为

$$q = q_a \left(\frac{t}{t_a} \right)^{-K_t} \tag{1-12}$$

式中　　q——单位质量煤的瓦斯解吸量,$cm^3/(min \cdot g)$;

　　　　q_a——时间为 t_a 时的瓦斯解吸量,$cm^3/(min \cdot g)$;

　　　　K_t——时间指数。

赵佩武等通过解吸实验测定了煤的瓦斯解吸速率,认为瓦斯解吸量应包括测定所得的瓦斯解吸量和测定之前空气中损失的瓦斯量,通过回归实验数据得到了瓦斯解吸速度与时间的关系式:

$$q = q_1 t^{-k} \tag{1-13}$$

式中　　q——煤的瓦斯解吸速度,mL/min;

　　　　q_1——$t = 1 \ min$ 时的瓦斯解吸速度,mL/min;

　　　　K——衰减系数。

秦跃平等研究煤粒粒度对瓦斯解吸规律的影响时,提出了如下经验公式:

$$Q_t = \frac{A'B't^n}{1 + B't^n} \tag{1-14}$$

式中　　A'——时间无限大的极限瓦斯解吸量,cm^3/g;

　　　　B'——反映瓦斯解吸速率的常数,$1/s_n$。

(二)指数式

外国广泛应用"指数式"描述预抽钻孔瓦斯随时间的变化关系:

$$V_t = V_0 e^{-at} \tag{1-15}$$

式中　　V_t——t 时的瓦斯解吸速度,$cm^3/(g \cdot min)$;

　　　　a——煤粒瓦斯解吸速度的衰减系数,与煤质有关,$1/min$;

　　　　V_0——$t = 0$ 时的瓦斯解吸速度,$cm^3/(g \cdot min)$。

Bolt 等进行了多种不同变质程度煤样的瓦斯解吸实验,通过处理实验数据提出了累计瓦斯解吸量与时间的"博特式":

$$Q_t = Q_\infty (1 - Ae^{-\lambda t}) \tag{1-16}$$

式中　A、λ——经验常数。

Airey 认为煤体瓦斯流动可以用达西定律来表示,并指出煤的瓦斯解吸量与时间的表达式符合"艾黎式":

$$Q_t = Q_\infty \left[1 - e^{-(t/t_0)^n} \right] \tag{1-17}$$

式中　Q_t——累计瓦斯解吸量,cm^3/g;

　　　t——解吸时间,min;

　　　Q_∞——极限瓦斯解吸量,cm^3/g;

　　　t_0——时间常数;

　　　n——与煤中裂隙孔隙结构特征有关的参数。

大牟田秀文指出仅仅采用达西定律来描述颗粒煤中的瓦斯解吸过程可能不够有效,认为瓦斯解吸过程中不但有瓦斯扩散,还存在瓦斯渗流,认为瓦斯解吸量与时间符合如下关系:

$$Q_t = Q_\infty (1 - e^{-Lt^\beta}) \tag{1-18}$$

式中　L、β——经验常数,且 $0 < \beta < 1$,$L = 1/a$。

渡边伊温指出煤中瓦斯解吸量随时间的变化关系可用下式表示:

$$Q_t = Q_\infty (1 - e^{-\frac{t^m}{a}}) \tag{1-19}$$

式中　a——与煤样粒度有关的参数;

　　　m——与煤的孔隙结构发育程度有关的参数。

俞启香认为煤屑瓦斯解吸中的解吸速度衰减现象与钻孔瓦斯流量的衰减现象较相似,提出了煤屑瓦斯解吸量与时间的关系式:

$$Q_t = \frac{v_0}{b}(1 - e^{-bt}) \tag{1-20}$$

式中　v_0——$t = 0$ 时刻的瓦斯解吸速度,$cm^3/(g \cdot min)$;

　　　b——与瓦斯解吸速度衰减程度有关的系数。

杨其銮通过对菲克经典模型进行解析求解,对解析解进行简化,得到可近似表述瓦斯解吸过程的公式为

$$\frac{Q_t}{Q_\infty} = \sqrt{1 - e^{-KBt}} \tag{1-21}$$

式中　B——扩散参数,$1/s$;

　　　K——校正系数。

贾东旭等研究了强破坏煤的瓦斯吸附解吸,回归实验数据得到强破坏煤的瓦斯解吸量与时间的关系为

$$Q_t = Q_0 e^{-c(t_1+t)} \qquad\qquad (1-22)$$

式中 Q_t——煤在 (t_1+t) 后的瓦斯解吸量,mL/g;

$\quad\quad Q_0$——在 (t_1+t) 内的瓦斯解吸总量,mL/g;

$\quad\quad c$——衰减系数,min^{-1};

$\quad\quad t$——解吸时间,min;

$\quad\quad t_1$——取样时煤样暴露的时间,min。

该公式的提出者指出,该公式的应用有一定的局限性,仅当在煤样解吸的初始 3 min 内,预测精度能达到 90% 以上,解吸过程的后期无法采用该公式预测。

安丰华等研究了祁南矿煤的瓦斯吸附解吸特征,通过拟合实验数据发现,累计瓦斯解吸量与时间呈对数关系:

$$Q_t = A\ln t + B \qquad\qquad (1-23)$$

式中 A、B——拟合得到的参数。

在以上大量的吸附解吸经验/半经验公式中,"巴雷尔式"是"孙重旭式"的特殊形式,当"孙重旭式"中的 i 取 1/2 时,即为"巴雷尔式"。"文特式"中 t_a 取 1 min 时,得到"文特式"的常用形式,$V_t = V_a t^{-K_t}$,V_1 为 1 min 时的瓦斯解吸速度,对"孙重旭式"求导得 $V_t = Kit^{i-1}$,与"文特式"的形式一样。对"博特式"进行求得 $V_t = Q_\infty c\lambda e^{-\lambda t}$,与"指数式"的形式一样,对"指数式"求积分也可以得到"博特式"。"艾黎式"是在"博特式"的基础上对时间进行修正。不难发现"巴雷尔式""文特式""孙重旭式"本质上是一样的,描述的规律相同,只是表现形式不同,它们可以相互转换。"乌斯基诺夫式"是对"文特式"的修正,而"指数式"和"博特式"是一样的,可以相互转化。"艾黎式"是对"博特式"的修正。

过去的几十年,瓦斯工作者们对瓦斯吸附解吸过程进行了广泛的研究,建立了诸多瓦斯吸附解吸数学模型,包括理论模型和经验/半经验模型。理论模型中,国内外学者对煤基质中的瓦斯流动机理并没有达成共识,多数人采用菲克定律描述瓦斯扩散过程,部分学者认为煤基质内瓦斯流动中达西流和菲克型扩散并存,还有一部分学者认为煤基质中瓦斯流动更符合达西定律。经验/半经验模型多基于特定矿区煤样的实验结果或实测结果,很难证明它适合其他矿区,难以推广应用。这些模型中,一些模型可以准确地描述解吸过程的初始阶段,但无法预测整个解吸过程。一些模型可以准确预测最终的解吸量,但不能与解吸过程中的解吸趋势相匹配。因此,目前仍缺少可以应用于整个解吸过程的预测模型。

第五节　煤粒瓦斯吸附解吸数值解算

煤层瓦斯流动模型是用数学物理方程对瓦斯流动机理和现象进行理论表征。求解瓦斯流动模型,可以得到煤层瓦斯流动参数,掌握实时的瓦斯流动状态,预测瓦斯产出,研究参数变化对气体流动行为的影响,优化钻孔抽采和煤层气井设计。煤层瓦斯流动现象较复杂,由此推导的瓦斯流动模型为复杂的偏微分方程,无法求得解析解,需要开发数值模拟软件对偏微分数学模型进行数值求解。目前用于求解瓦斯流动模型,模拟瓦斯流动的软件主要有以下几种:商业模拟软件、半商业模拟软件(自主推导的数学模型 + 商业求解器)和自主开发的模拟软件。

一、商业模拟程序

GEM 程序的瓦斯流动模型为双重孔隙模型,渗透率模型采用 P&M 模型,GEM 程序为三维数值模拟程序,可对煤中多元气体吸附与三维流动、多相流体三维流动进行数值模拟。

COMET 程序是煤层气开采数值模拟中应用最多的程序。该系列程序已经发售了 3 个版本:COMET1、COMET2 和 COMET3。COMET 程序基于黑油模型求解器,其瓦斯流动模型从最初的单孔模型,到双重介质模型,再发展到三重孔隙模型,结合 S&D 渗透率演化模型可进行煤中气体吸附解吸和三维流动的数值模拟,该程序也可模拟煤中多元气体或多相流体的流动行为。

PSU – COALCOMP 程序是美国宾夕法尼亚州立大学开发能模拟煤层气开采的三维数值模拟程序。该程序基于双重介质瓦斯流动数学模型,能应用于多元气体三维流动模拟,也可模拟煤中多相流体流动行为。

SIMED II 程序的数学模型为双重孔隙瓦斯流动模型,采用 S&D 渗透率演化,可模拟煤中多组分气体吸附解吸和三维流动过程,也可模拟水气两相流在煤中的三维流动。

METSIM 程序基于三重孔隙瓦斯流动数学模型,能模拟煤中多元气体的吸附解吸与三维流动过程,该模型仅能模拟单相流动,不能应用于真实煤层中水气两相流的过程。

ECLIPSE 程序的数学模型为双重孔隙模型,能模拟煤中两元气体吸附解吸和三维流动过程及煤中水气两相三维流动过程。该类程序能应用于单组分驱替煤层气开采模拟,不能应用于多组分驱替注气增产模拟。

二、半商业模拟程序

半商业模拟程序是研究人员独立推导的数学模型,利用商业求解器进行求解。相比商业软件来说,半商业模拟方法更灵活一些,研究者可根据自己的需要,对数学模型、边界条件、初始条件等进行改进。目前研究者多采用 COMSOL 多物理场耦合软件作为求解器,该软件能求解多物理场耦合下的复杂偏微分方程。这种模拟方法最大的优势在于,研究者可将煤体瓦斯流动场与其他物理场如煤体应力场、煤体温度场等进行耦合分析,更加接近真实煤层瓦斯流动现象。

研究者们应用半商业模拟方法研究了参数变化对瓦斯流动的影响。Zhu 等在构建数学模型时,考虑了 Klinkenberg 效应和煤体温度影响,应用 COMSOL 软件研究了其变化对煤中气体流动规律的影响。Wu 等考虑了渗透率的各向异性,推导了渗透率各向异性的数学模型,应用 COMSOL 模拟分析了该因素对煤层瓦斯流动和注气驱替效果的影响。Wang 等考虑了煤层瓦斯流动的非达西流和煤中气体吸附膨胀应变的各向异性,应用 COMSOL 研究了以上因素对煤层中气体流动行为的影响规律。Liu 等修改了煤基质内瓦斯流动模型,并改进了渗透率演化模型,通过应用 COMSOL 进行数值模拟,模拟分析了改进数学模拟的结果。Chen 等应用 COMSOL 研究了煤层注气增产过程中,煤体岩石力学参数变化和渗透率变化对增产效果的影响。Izadi 等利用 COMSOL 研究了裂隙形状参数及其渗透性对渗透率演化的影响。

三、自主开发的数值模拟程序

除以上商业模拟程序和半商业模拟方法外,研究人员还自主开发了能够模拟煤体瓦斯流动的数值模拟程序。自主开发数值模拟程序的步骤一般为:构建数学模型—对解算区域进行离散和对数学模型进行离散—建立数值模型方程组—设计方程组迭代思路—模拟程序编制和调试—数学模型及模拟程序验证、完善。

Ancell 等基于煤体的双重孔隙特征构建了煤层瓦斯流动模型,应用有限差分法开发了煤层气开采数值模拟软件,该软件可实现煤层中水气两相流过程的仿真模拟。King、Lu、Connell、Spencer 等同样基于煤体的双重孔隙结构,建立了伪稳态瓦斯流动模型,利用有限差分法离散,基于 FORTRAN 编制了数值解算软件,对煤层气开发中水气两相流动过程进行了数值模拟。Balla 基于煤体的三重孔隙结构,构建了煤体三重孔隙瓦斯运移有限差分数值模型,编制了煤中单组分气体运移模拟软件。Wei 等认为煤基质中有二重孔隙,建立了煤层三重孔隙瓦斯流动,在煤基质中采用双扩散模型开发了相应的数值模拟软件。在此基础上,Wei 等对煤层气

注气增产过程中 CO_2 和 N_2 注气配比的敏感性进行了数值模拟和分析。Wei 和 Zhang 认为煤基质中有渗透孔和扩散孔,建立了基于三重孔隙模型的双重渗透率瓦斯运移模型,开发了瓦斯流动模拟软件,并且模拟研究了煤中水气两相流动行为。Thararoop 等基于双重孔隙模型,考虑了煤基质中水的流动,建立了水气两相流三维数学模型,利用有限差分法在 C++ 编程平台开发了数值解算程序。

商业数值模拟软件的特点是有较高的可靠性,可用性强,但商业软件的功能较固定,不够灵活,且商业软件的价格高昂。半商业数值模拟程序则更灵活,可根据研究者的需要进行修改,省去了自主开发求解器的环节,可把精力集中在理论创新和模型推导上。自主开发的数值模拟程序的灵活度则更高,程序实现功能可完全根据研究人员的需要进行定制,而且非常易于实现程序的完善、版本升级。自主开发程序的过程是一个良好的科研训练过程,对于真正理解物理现象的复杂机理、掌握科学计算的内涵和工程问题数值的分析有十分重要的作用,但程序开发过程较复杂,耗时费力。

秦跃平等针对煤中的瓦斯流动机理开展了大量的数值模拟研究工作。刘先锋、于海春和魏少华等通过研究同一煤质、不同粒径煤样的吸附解吸特性,提出了瓦斯吸附量、吸附速率和吸附时间的关系式,建立了煤粒内部瓦斯吸附解吸量的数学模型。王翠霞在假设瓦斯流动符合达西定律的条件下,建立了球形煤粒的有限差分模型,运用 Visual Basic 编制了求解方程的计算机软件,对煤粒中瓦斯流动方程进行了求解。在此基础上,王亚茹分别基于达西定律和菲克定律建立了球形煤粒的有限差分模型,通过对比发现煤粒中的瓦斯流动更符合达西定律。随后,王健将煤粒形状假设为圆柱状,分别基于达西定律和菲克定律建立了有限差分模型并解算,发现不论是球状煤粒还是圆柱状煤粒,达西渗流模型模拟结果均好于菲克扩散模型模拟结果。为了验证煤粒瓦斯流动规律的普适性,郝永江、杨银磊选取不同矿煤样,分别进行了不同条件下的煤粒瓦斯吸附解吸实验,发现不论何种煤样,也不论是吸附还是解吸,或者何种实验条件,或者煤粒形状如何改变,达西渗流模型模拟结果均优于菲克扩散模型模拟结果。刘伟等发现达西渗流模型模拟曲线虽然与实验过程吻合较好,但其关键参数气体的渗透性系数却随着吸附压力的增大而急剧减小,这与许多实验研究结果相悖。秦跃平、何超在此基础上提出了一种全新的煤粒瓦斯运移理论——煤基质游离瓦斯密度梯度扩散理论,并通过实验验证了密度理论的正确性,发现其关键参数微孔道扩散系数不再受时间和压力因素的影响,新模型对描述煤基质中的气体运移具有更好的适用性和优越性。武德尧在密度梯度理论的基础上,完成了不同煤阶煤样对 CO_2、CH_4 和 N_2 的吸附实验,验证了密度梯度理论对不同煤样、不同气体的适用性。段文鹏基于菲克定律、达西定律和密度梯度理论分别建立了圆柱状煤粒的定压瓦斯吸附模型,验证了密度梯度理论优于菲克定律和达西定律。秦跃平、赵政舵等基于密度梯度理论,分别将煤粒看作球状、圆柱状和平板状建立了煤粒瓦斯吸附模型,验证了密度梯度理论可以适用于不同形状煤粒的瓦斯流动建模工作中。至此,已经针对不同实验条件(定容/定压、吸附/解吸)、不同形状煤粒(球状/圆柱状、平板状)和不同流动理论(菲克定律/达西定律/密度梯度理论)建立了多个瓦斯流动模拟解算程序。

第六节 值得探讨的问题

当前,煤粒瓦斯流动规律的研究已经取得了一定的成果,但仍有大量的实验和理论工作值得研究与探讨。

(1)虽然国内外学者对瓦斯在煤体的吸附、解吸、运移与扩散规律研究较多,取得了一定的进展,但由于问题复杂,至今没有形成统一的认识,现有的理论也经常受到挑战和质疑。

(2)处于相对静止状态的吸附瓦斯占煤中瓦斯含量的 80% ~90% ,游离瓦斯只占10% ~20% ,游离瓦斯是主要参与流动的部分,那么到底是瓦斯含量梯度还是瓦斯压力梯度引起了瓦斯在煤中的流动,目前众多学者说法不一。

(3)对于煤内瓦斯运移扩散是服从纯渗透理论、纯扩散理论还是渗透 – 扩散理论,国内外学者进行了大量研究,但都只是用达西定律或菲克定律来模拟瓦斯运移过程,需要将达西定律和菲克定律放在一起对比研究,需要提出新的定律来描述瓦斯运移行为。

(4)当前,高温高压气体吸附分析仪只能完成部分条件下的煤粒瓦斯吸附解吸实验。例如,吸附罐腔体体积较小,只适用于较小的煤块和煤颗粒实验,不能进行大块煤样的吸附解吸实验。同时,受限于罐体体积,在进行解吸脱气时,很难在短时间内将腔体压力降低到一个标准大气压。又例如,吸附罐放置在加热包内,其温度相对恒定,但导气管道暴露在室内,在一定程度上受室内温度变化的影响。因此,进一步改进实验装置,增强实验过程的可靠性具有重要意义。

(5)仅仅采用煤粒瓦斯吸附解吸实验研究煤粒的瓦斯流动规律,形式比较单一,且很难从本质上理解煤粒中瓦斯流动的真实机理。在相关研究中,可以结合煤样的压汞实验和比表面积测试实验,从煤粒的微观角度分析煤粒吸附瓦斯过程中的流动规律。

(6)对于不同煤阶的煤样,瓦斯吸附解吸的过程通常存在较大差异。有些煤样的瓦斯吸附解吸是一个漫长的过程,待实验完全达到平衡可能需要一周、一个月甚至更长的时间。在实验室,由于时间有限,实验吸附解吸时间不够长,煤粒内部瓦斯吸附和解吸不够完全,无法达到真正的平衡。

(7)煤体孔隙分形理论对于研究煤体瓦斯动态吸附与渗流和瓦斯涌出规律具有重要的指导意义,将会得到越来越多的瓦斯研究工作者的关注和重视。当前,有关煤的粒度、分形维数和瓦斯吸附量之间的特定关系的研究不够深入。煤体孔隙分形维数可以用来定量描述孔隙结构的复杂程度,能刻画煤的本质特征。对各种不同粒度的煤样进行压汞实验,求出孔隙分形维数,研究煤的粒度、分形维数和瓦斯吸附量之间的定量关系,并以分形维数为着眼点,建立能够准确反映煤的粒度、分形维数、瓦斯吸附量、瓦斯压力、吸附解吸时间之间相互关系的数学模型还有待研究。

(8)目前,很多学者建立钻孔瓦斯流动模型时,将瓦斯含量方程做了不同程度的简化,包括常系数式模型、抛物线式模型、朗格缪尔式模型。需要对这3种模型进行定量误差分析,优选出合理的模型。另外基于常系数式模型的钻孔径向流量法测定煤层透气性系数,被广泛应用于现场测定。但是其计算结果的准确性还没有被详细评估,需要采用更合理的数值方法来提出新的煤层透气性系数计算公式,来修正常用的测定透气性系数的径向流量法。

(9)井下瓦斯涌出是煤矿生产中需要控制的危险因素。掌握掘进工作面的瓦斯压力涌出规律,进而准确预测瓦斯涌出量,对防治瓦斯灾害、保障井下安全生产意义重大。但是目前针对掘进速度对瓦斯涌出影响的研究还较少,特别是不同掘进速度下掘进工作面及周围巷道煤壁的瓦斯涌出量,还有待定量化研究。

第二章 煤的孔隙结构及分形特性

第一节 煤的孔隙结构特征

煤是一种由裂隙和微孔隙组成的多孔介质,具有极其发育的微孔隙,有很大的比表面积。煤的孔隙结构取于煤的结构,而煤的孔隙结构特征在很大程度上决定了煤的吸附特性。煤的天然裂隙率和孔隙率是煤的一个主要特征,决定了煤的吸附容积和煤的储存性能。

煤层的结构特征对瓦斯的储存关系密切,煤层是孔隙—裂隙双重介质,在煤层开采过程中通常破坏煤体中原始结构,裂隙增多。煤层中原生孔隙—裂隙一般存在相互垂直的两组裂隙(又称为割理),根据显微镜观测,平行于煤层层面的裂隙—裂缝比穿透煤层的裂隙—裂缝发育充分,如图2-1所示。这些纵横交错的裂隙—裂缝形成一个连通网络,每个网格即是基质煤块,因此,煤层是由许许多多的基质煤块组成的,其块度大小通常为厘米级或更小一级,每个基质煤块中包含着许多微孔隙,基质煤块表面和块内微孔是存储瓦斯的主要空间,而裂隙—裂缝则是瓦斯流动的主要通道。

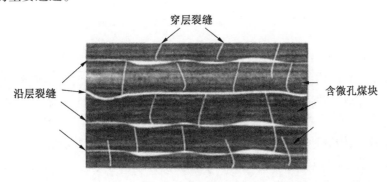

图2-1 煤体的层理结构

根据煤岩学理论,煤是植物有机质的化石,煤在低变质时间,成煤的植物组织含有丰富的植物组织孔,尤其是纤维状丝质体的胞腔孔,另外还有一些壳屑体颗粒之间的孔隙,植物纤维还没有充分碳化,煤质松软、湿度大,原生孔隙发达,因此孔隙率大。中度变质阶段,原较松散的煤体逐渐被压实,胞腔孔变小,煤组织胶粒之间结合得很密切,网的细孔收缩,孔隙率低;对于高变质程度的煤体,植物纤维充分碳化,同时煤体质硬、湿度小,地质变化使煤体产生更多新的孔隙,所以孔隙又发育起来。表面煤层随着变质程度的提高,煤层逐步受到物理压实,裂缝变小,水分被排出。

　　煤体的孔隙体积与煤的变质程度有关,低变质程度的煤孔隙体积大,大孔占主要地位;高变质程度的煤孔隙体积小,小孔占主要地位。以煤体孔隙的总体积与煤的总体积定义孔隙率,孔隙率的大小与煤的变质程度密切相关,低变质程度的煤体孔隙率一般为百分之十几,中变质程度的煤体孔隙率只有百分之几。对于烟煤,中等变质程度的煤的总孔隙率较小,变质程度较低或者较高的煤体总孔隙率较大,变质程度与孔隙率之间的关系如图 2 - 2 所示。煤的变质程度在一定程度上反映了成煤过程中发生的煤结构上的变化,所以对煤的孔隙率有显著的影响。

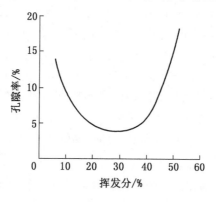

图 2 - 2　孔隙率与挥发分的关系

　　煤体以层状结构为主,层状结构限制各类大小孔隙、裂缝在三维空间上的连通性。这些孔隙成了存储瓦斯的孔腔,同时也是瓦斯难以渗透涌出、逸出的主要原因之一。

　　从煤岩学、构造地质学研究基础出发,依据成煤或变质过程,煤体经过的化学、物理等变化阶段(高温、高压、吸水、脱水,地应力变化:挤、压、剪、褶曲等)残留的痕迹表征,根据扫描电子显微镜观测煤体中裂隙的形态、大小、排列组合等发育特征,将裂隙划分为两大类:内生裂隙和外生裂隙。内生裂隙划分为失水裂隙、缩聚裂隙、静压裂隙;外生裂隙划分为张性裂隙、压性裂隙、剪性裂隙和松弛裂隙。煤体具有一个庞大的微孔系统,微孔直径从不足一个纳米到几十个纳米,微孔之间则由一些直径只有甲烷分子大小的微孔小毛细管所沟通,彼此交织,组成超细网状结构,具有很大的内表面积,有的高达 200 m²/g,形成了煤体特有的多孔结构。煤体内孔径的大小往往决定着其中的瓦斯赋存状态与流动状态。

煤体孔隙按是否封闭还可以分为开放孔隙、封闭孔隙和半封闭孔隙,如图 2-3 所示。开放孔隙也称为导通孔隙,连通其他孔隙或裂隙,瓦斯可以在其间自由流动;封闭孔隙是完全封闭独立的孔隙,在其内部,瓦斯既不会向外流出,也不会向内流入,不参与渗流—扩散过程,不影响煤的吸附解吸速率;半封闭孔隙,也称为独头孔隙或死孔隙,其一端为"死胡同",此处的瓦斯在扩散过程中会受到"阻碍"而被迫改向其他方向流动。封闭孔隙在煤破碎的情况下才可能与外界沟通,成为开放孔隙或半封闭孔隙,才能参与吸附解吸或渗透。

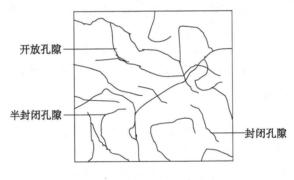

图 2-3　煤体内孔隙示意图

第二节　煤孔隙分形模型

微观上,煤体内部半封闭孔隙极其繁多,某一局部范围内的瓦斯在扩散过程中受到半封闭孔隙的"阻碍"而被迫改向,选择向其他方向流动,甚至会沿与压力梯度或浓度梯度相反的方向流动。因此,半封闭孔隙内部瓦斯并不总是沿着压力梯度或浓度梯度方向流动,煤体孔隙内瓦斯流动相当复杂。

煤体孔隙具有分形特性,孔隙直径大小不一,所以实际上均匀一致的孔隙与裂隙分布是不存在的,内部各点的瓦斯压力也不是严格按压力梯度方向均匀降低的,瓦斯压力、吸附量随着时间的增加动态变化。所以,煤层内部各点的瓦斯压力是随着瓦斯的吸附和渗透过程而动态变化的。由于煤层半封闭孔隙内部瓦斯并不总是沿着压力梯度或浓度梯度方向流动,且内部各点的瓦斯压力也不是严格按压力梯度方向均匀降低的,所以,煤体瓦斯压力的变化并不能立即引起某一微观区域内瓦斯吸附量的变化,吸附量的变化会滞后,具有延时性。吸附量的变化直接影响煤层瓦斯含量。

综上所述,煤体孔隙的分形特性对瓦斯的吸附渗透以及压力的变化具有影响,在建立煤体瓦斯扩散—渗透模型时,应把煤孔隙的分形特性考虑进去。

分形理论最早由 Mandelbrot 提出,他将分形定义为:如果集合 F 的 Hausdorff维数严格大于它的拓扑维数,则称集合 F 为分形集。对煤的孔隙特性的描述有孔隙率和平均孔隙半径,分形理论指出局部与整体以某种方式相似的形体,称为分形。测量长度 L 与码尺 ε 存在如下关系,即

$$L(\varepsilon) = L_0 \varepsilon^{1-D} \tag{2-1}$$

式中　L_0——常数;

　　　D——分形维数或分维。

其对数表达式为

$$\lg L(\varepsilon) = \lg L_0 + (1-D)\lg\varepsilon \tag{2-2}$$

下面介绍两个基于分形理论建立的数学模型:Menger 海绵模型和热力学模型。

一、Menger 海绵模型

Menger 海绵模型是将边长为 L 的立方体设为初始元,将立方体分成 m^3 个等大的小立方体,每个小立方体的边长 $l = L/m$,然后随机去掉其中的 a 个小立方体,剩余的立方体为 $m^3 - a$ 个,自此完成第 1 次迭代。将边长为 L/m 的立方体等分为 m^3 个小立方体,每个小立方体的边长为 L/m,再随机去掉其中的 a 个小立方体,完成第 2 次迭代,剩余的立方体数量为 $(m^3 - a)^2$。按照此方法进行下去,经过 k 次迭代后,剩余小立方体的数量为 $(m^3 - a)^k$,边长为 $l_k = L/m_k$。总立方体数为

$$N_k = \left(\frac{l_k}{L}\right)^{-D_M} \tag{2-3}$$

式中　N_k——经过 k 次操作后的剩余立方体数;

　　　l_k——k 次操作后的小立方体尺寸;

　　　L——初始元边长;

　　　D_M——孔隙分形维数。

由式(2-3)可知,小立方体的总体积 V_k 为

$$V_k = N_k l_k^3 = \frac{l{k}^{3-D_M}}{L^{-D_M}} \tag{2-4}$$

由式(2-4)可得,Menger 海绵模型的孔体积为

$$V = L^3 - V_K = L^3 - \frac{l_k^{3-D_M}}{L^{-D_M}} \tag{2-5}$$

对式(2-5)两边求 l_k 的导数,可得孔体积分布密度为

$$f(l_k) = -\frac{\mathrm{d}V}{\mathrm{d}l_k} = \frac{3-D_M}{L^{-D_M}}l^{2-D_M} \tag{2-6}$$

其中,V 为孔径大于或等于 l 的累计孔体积。对式(2-6)两边取对数可得

$$\lg f(l_k) = (2-D_M)\lg l_k + \lg\left(\frac{3-D_M}{L^{-D_M}}\right) \tag{2-7}$$

由式(2-7)可知,如果煤粒孔隙系统符合 Menger 海绵模型,其孔体积密度与对应孔径的双对数曲线应为一条直线,该直线的斜率为 $2-D_M$,由此可得到煤粒孔隙的分形维数。同时,该公式成立的条件是 $\lg[(3-D_M)/L^{-D_M}]$ 有意义,即 D_M 必须小于 3。Friesen 等推导了 $-\mathrm{d}V_p/\mathrm{d}r \propto r^{2-D}$ 的关系式,但是没有指明其具体的比例参数。何超等根据 Menger 海绵模型得到了其比例参数,该参数与分形维数和多孔介质考虑范围的总尺度有关。

二、热力学模型

基于压汞法的多孔介质热力学模型最早由 Zhang B 提出。多孔介质热力学模型是基于压汞法建立的,在进汞过程中,随着环境压力的增加,进入多孔介质孔隙中的汞体积增加,故系统的表面能增加。外界环境对汞所做的功等于进入孔隙内汞液的表面能的增量,因此可得下式:

$$\mathrm{d}W = -P\mathrm{d}V = \gamma\cos\theta\mathrm{d}S \tag{2-8}$$

式中　W——外界环境对汞液所做的功;

$\quad\quad P$——压力;

$\quad\quad V$——进汞体积,即孔体积;

$\quad\quad \gamma$——汞的表面张力;

$\quad\quad \theta$——煤与汞液面的接触角;

$\quad\quad S$——表面积。

对整个进汞过程进行积分,则有

$$\int_0^V P\mathrm{d}V = -\int_0^S \gamma\cos\theta\mathrm{d}S \tag{2-9}$$

根据 Mandelbrot 给出的分形体表面积及其孔体积的关系式为

$$S^{1/D} \sim V^{1/3} \tag{2-10}$$

可以将多孔介质孔隙表面积的分形标度与进汞体积进行关联,进而将式(2-9)写成离散形式为

$$\sum_{i=1}^{n} \overline{p_i}\Delta V_i = Kr_n^2\left(\frac{V_n^{1/3}}{r_n}\right)^{D_T} \tag{2-11}$$

式中 p_i——第 i 次进汞时的平均压力,kPa;

       ΔV_i——第 i 次进汞时的进汞量,cm^3/g;

       n——进汞操作中的压力间隔次数;

       r_n——第 n 次进汞时对应的孔隙半径,nm;

       V_n——压力间隔次数为 n 时的累计进汞量,cm^3/g;

       D_T——分形维数;

       K——与多孔介质的均质性及汞液表面张力和接触角有关的参数。

令

$$W_n = \sum_{i=1}^{n} \overline{p_i} \Delta V_i \qquad\qquad (2-12)$$

$$Q_n = \frac{V_n^{1/3}}{r_n}$$

将式(2-12)代入式(2-11),两边取对数可得

$$\lg(W_n/r_n^2) = D_T \lg Q_n + C \qquad\qquad (2-13)$$

式中 C——常数。

由式(2-13)可知,若煤粒孔隙系统符合热力学孔隙分形模型,以 $\lg Q_n$ 为横坐标和以 $\lg \dfrac{W_n}{r_n^2}$ 为纵坐标对应的曲线应为一条直线,其斜率即为分形维数 D_T。

第三节   煤孔隙结构测试

无论是把煤层瓦斯作为一种资源进行抽放来综合开采,还是把瓦斯作为一种灾害因素加以防治(如煤与瓦斯突出),都必须研究煤的孔隙结构,对煤粒孔隙体积进行测试。下面介绍几种常用的煤粒孔隙体积测试方法。

一、压汞实验

毛细管压力是指在毛细管中润湿相或非润湿相液体产生的液面上升或下降的凹形或凸形曲面的附加压力。汞对固体表面具有非润湿性,相对来说,材料孔隙中的空气或汞蒸气就是润湿相,往材料孔隙中注汞就是用非润湿相驱替润湿相。因此只有在压力作用下,汞才能进入多孔材料的孔隙中。

压汞法以圆柱形孔隙模型为基础。根据 Washburn 方程样品孔径和压力成反比。在给定压力下,将常温下的汞压入材料毛细管中,毛细管与汞的接触面会产生与外界压力方向相反的毛细管力,阻碍汞进入毛细管。当压力增大至大于毛细管

力时,汞才会继续侵入孔隙。因此,外界施加的一个压力值便可度量相应的孔径大小。注汞过程是一个动态平衡过程,注入压力就近似等于毛细管压力,所对应的毛细管半径为孔隙喉道半径,进入孔隙中的汞体积即为该喉道所连通的孔隙体积。不断改变注汞压力,就可以得到毛细管压力曲线,计算公式为

$$d_p = -\frac{4\gamma\cos\theta}{r_k} \qquad (2-14)$$

式中 r_k——孔径;

γ——汞的表面张力,取 4.8×10^{-5} J/cm^2;

θ——仪器测量接触角,取 $140°$。

在此基础上,改变外界施加的压力,即可测出压入不同大小的孔中汞的体积,进而得到不同孔径的分布曲线。具体的进汞、退汞曲线如图 2-4 所示。

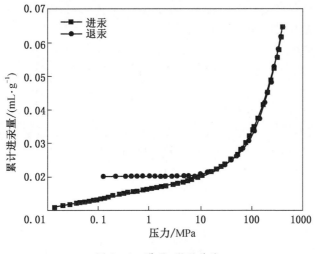

图 2-4 进汞、退汞曲线

二、低温液氮吸附实验

压汞法主要应用于孔径较大的孔隙,对于较小的孔隙可用气体吸附法进行补充。气体吸附法原理是样品表面在超低温度下对气体分子具有可逆物理吸附作用,在一定压力下存在确定的平衡吸附量。通过测定该吸附量并利用理论模型可以求出样品的孔隙结构参数。氮气通常作为最常用的吸附分子,氮气易成本较低并且具有良好的吸附可逆特性。通常 BET(Brunauer Emmett Teller)模型常用于计算多孔材料的比表面积,BJH(Barrett Joyner Halenda)模型或密度函数理论(DFT 模型)用于计算中孔(2~50 nm)的孔径分布。

其中,BET 模型原理是物质表面(颗粒外部和内部通孔的表面)在低温下发生物理吸附,目前被公认为测量固体比表面的标准方法。假设物理吸附是按多层方式进行的,不等第一层吸满就可有第二层吸附,第二层上又可能产生第三层吸附,吸附平衡时,各层达到各层的吸附平衡时,测量平衡吸附压力和吸附气体量。所以吸附法测得的表面积实质上是吸附质分子所能达到的材料外表面和内部通孔总表面之和。

BET 吸附等温方程为

$$\frac{P/P_0}{V(1-P/P_0)} = \frac{C-1}{V_m C}\frac{P}{P_0} + \frac{1}{V_m C} \qquad (2-15)$$

式中　　V——气体吸附量;

　　　　V_m——单分子层饱和吸附量;

　　　　P——吸附质压力;

　　　　P_0——吸附质饱和蒸气压;

　　　　C——常数。

如此就可以求出单分子层吸附量,从而计算煤样的比表面积。令

$$Y = \frac{P/P_0}{V(1-P/P_0)} \qquad X = \frac{P}{P_0} \qquad A = \frac{C-1}{V_m C} \qquad B = \frac{1}{V_m C}$$

以 Y 为纵坐标、X 为横坐标做一条直线,具体如图 2-5 所示。由此计算出直线的斜率和截距,之后按照式(2-16)计算比表面积 S_g:

$$S_g = \frac{4.36 V_m}{W} \qquad (2-16)$$

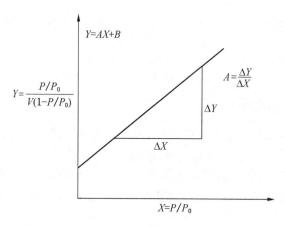

图 2-5　BET 直线

利用气体吸附法分析介孔和大孔已经成为测试标准,其包含的在液氮温度下氮气吸附法以及采用 BJH 方法得到的处理结果被普遍接受并被编成软件,人们经简单设置和选项后就得到分析或测试报告。低温 77 K 时吸附在多孔固体表面上的氮气量是其压力的函数,测得的氮气吸附量可以细分为膜厚变化量和毛细管凝聚或脱除量两部分。吸附过程中,随着气体压力的上升,在多孔物质的表面及孔壁发生单层、多层吸附并形成液膜,随后孔内发生毛细管凝聚并形成类似液体的弯月面。液膜厚度与气体压力、样品表面性质有关;毛细管凝聚时的孔径与 p/p_0(p 是氮气的吸附平衡压力、p_0 是液氮温度下氮气的饱和蒸气压力,p/p_0 是相对压力)的关系可用 Kelvin 方程描述:

$$R_k = -0.414 \lg \frac{P}{P_0} \tag{2-17}$$

式中 R_k——凯尔文半径,它完全取决于相对压力 $\dfrac{P}{P_0}$。

据此,在某一假设条件下,由实测样品得到的一组(相对压力、吸附量)吸附数据就可以计算出每相邻数据之间的因膜厚变化引起的液膜体积变化量、因发生毛细管凝聚或脱除相应孔径内凝聚体积变化量,进而得到该假设下样品的孔径、孔体积和孔表面积分布数据。

DFT(Density Functional Theory)法是一种分子动力学方法,不仅提供了吸附的微观模型,而且更现实地反映了孔内流体的热力学性质。DFT 法对孔内所有位置都计算平衡密度分布图。该方法的难点在于建立流体 – 流体相互作用的正确描述。在过去的 10 年,人们采用不同的 DFT 法,即所谓定域 DFT(LDFT)法和非定域DFT(NLDFT)法。

LDFT 法经常使用,但它不能在固体 – 流体界面产生一个强的流体密度分布振动特性,这导致对吸/脱附等温线不能准确描述,特别是对狭窄微孔,得到一个不准确的孔径分析。ISO15901 指出,非定域密度函数理论(NLDFT)和计算机模拟方法(如 Monte Carlo 拟合)已发展成为描述非均匀流体吸附和相行为的有效方法。NLDFT 法适用于多种吸附剂/吸附物质体系,与经典的热力学、显微模型法相比,NLDFT 法从分子水平上描述了受限于孔内的流体的行为。其应用可将吸附质气体的分子性质与它们在不同尺寸孔内的吸附性能关联起来。因此 NLDFT 法表征孔径分布适用于微孔和介孔的全范围。

NLDFT 方程反映了以下假设:吸附等温线是由无数个别的“单孔”吸附等温线乘以覆盖孔径范围的相对分布 $f(w)$ 得到的。NLDFT 方程可以比较实验等温线和计算等温线,对等温线的拟合好,则表明反映孔径状态准确。NLDFT

法适用于多种吸附剂吸附物质体系。与经典的热力学、显微模型法相比,NLD-FT法从分子水平上描述了受限于孔内的流体的行为。其应用可将吸附质气体的分子性质与它们在不同尺寸孔内的吸附性能关联起来。煤样的液氮吸(脱)附曲线如图2-6所示。

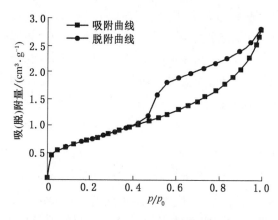

图2-6　煤样的液氮吸(脱)附曲线

三、低温二氧化碳吸附实验

对于含有微孔的样品,微孔尺寸非常小,氮气分子很难或根本无法进入微孔内,导致吸附不完全。此外由于是在极低温度(77 K)下进行氮气吸附的,氮气分子扩散非常缓慢,这也会导致微孔的比表面积测不准。低温氮气吸附法更适合分析2~50 nm中孔,无法有效表征小于2 nm的微孔。而二氧化碳分子能够较容易地进入微孔中,因此采用目前比较常用的二氧化碳吸附法来测试煤样的微孔结构。

对于二氧化碳吸附孔径分布测试,Kelvin方程在孔径小于2 nm时并不适用,由于充填于微孔中的吸附质处于非液体状态,宏观热力学的方法如BJH孔径分布计算模型已不再适用微孔孔径分布的解释,可以采用非定域密度函数理论(NLDFT)模型对二氧化碳等温吸附曲线进行孔径分析。与常规的微孔孔径分布分析法和HK、SF经验法相比,采用此模型所得到的微孔孔体积不再只具有相对意义,是对微孔真正的定量分析,结果可以与氮气吸附法所得孔体积进行对比。煤样的低压二氧化碳吸附等温线如图2-7所示。

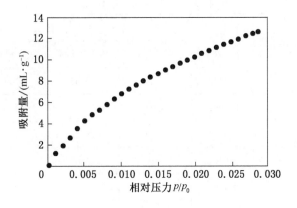

图 2-7　煤样的低压二氧化碳吸附等温线

第四节　煤孔隙分形实验测试与结果分析

一、煤孔隙分形实验测试

为对煤粒孔隙分形进行进一步研究,在王牛滩煤矿、安泽煤矿、水峪煤矿、凤凰山煤矿采集 4 个煤样,进行煤粒孔隙分形实验。将煤样按标准破碎、筛分出 6~8 目(1800~3000 μm)、24~30 目(600~700 μm)和 60~80 目(180~300 μm),分别记作粒径区间Ⅰ、Ⅱ、Ⅲ。实验所用仪器为 PM33GT-18 型压汞仪,该型号仪器的孔径测定范围为 6.4~950000 nm。将处理后的煤样称量装入样品管密封,将样品管置入压汞仪低压站,经过抽真空、注汞和低压测孔后转入高压站进行高压测量,最终得到低压和高压测得孔径分布的合并曲线。采用霍多特分类方法,将煤体孔隙分为微孔(直径≤10 nm)、过渡孔(10 nm<直径≤100 nm)、中孔(100 nm<直径≤1000 nm)和大孔(直径>1000 nm)。

不同煤矿不同粒径的煤样压汞实验结果见表 2-1。由表 2-1 可知,不同粒径煤样的孔体积不同,孔体积随着粒径的减小而增大。对于煤样孔体积,烟煤和无烟煤中大孔所占比例最大,一般能达到 75% 以上,且随着粒径的减小,大孔的占比增大;对于褐煤,煤粒孔体积主要集中在过渡孔和中孔,两者占比可达 50% 以上。这说明褐煤与烟煤、无烟煤的孔隙系统有很大的区别。固相界面存在随机的不确定性和各向异性,所以,把孔隙—裂隙双重介质看成一种大尺度上均匀分布的各向同性的虚拟连续介质,将导致与实际情况产生误差。

表2-1 煤样的孔体积分布

煤样地点	煤阶	粒径区间	孔体积/(cm³·g⁻¹)	各阶段孔体积占比%			
				<10 nm	10~100 nm	100~1000 nm	>1000 nm
王牛滩煤矿	褐煤	I	0.1153	5.03	33.65	43.19	18.13
		II	0.2491	0.04	18.67	35.85	45.44
		III	0.3244	4.50	28.82	45.00	21.67
安泽煤矿	烟煤	I	0.0861	7.31	13.82	2.43	76.42
		II	0.1895	4.11	7.59	1.74	86.54
		III	0.7394	1.17	1.65	0.36	96.79
水峪煤矿	烟煤	I	0.1536	2.73	4.67	0.91	91.66
		II	0.4139	1.32	2.34	0.53	95.79
		III	0.7354	2.03	4.31	1.78	91.86
凤凰山煤矿	无烟煤	I	0.2640	2.00	3.75	0.45	93.78
		II	0.4482	0.87	1.78	0.49	96.85
		III	0.6785	0.94	0.94	0.56	97.55

二、基于 Menger 海绵模型的分形维数

根据式(2-7)对实验数据进行处理,绘制以 $\lg l_k$ 为横坐标、$\lg f(l_k)$ 为纵坐标的实验曲线,王牛滩煤矿、安泽煤矿、水峪煤矿、凤凰山煤矿不同粒径煤样 Menger 海绵模型分形曲线如图2-8所示,所有曲线均分为2段,记作前后2段。

由图2-8可以看出,基于 Menger 海绵模型的煤粒分形曲线明显不符合线性关系。煤样曲线在 $\lg l_k = 3.4 \sim 4.4$ 分为2段。前段曲线符合较好的线性关系,并且不同粒径煤粒的曲线重合性较好,曲线斜率基本一致。这说明该段孔径范围内的孔隙受粒径的影响较小。后段曲线的线性关系不明显,但是同一煤样曲线的变化形态基本一致;不同粒径煤粒的曲线不重合,粒径大的煤样曲线位于粒径小的煤样曲线下方。这说明煤样粒度的变化只改变了后段孔径范围内的孔体积密度,即随着煤样粒度的减小,对应孔径的孔体积增加,但是孔径分布的基本趋势不变。对于不同煤阶煤样,曲线的分段点不同。褐煤的分段点随着粒度

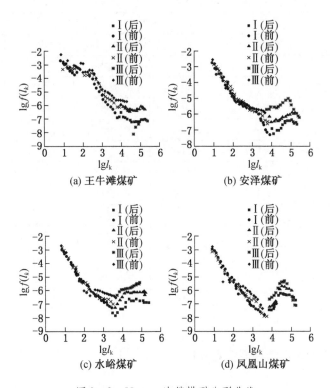

图 2-8　Menger 海绵模型分形曲线

的减小明显增大;烟煤的分段点变化不明显,无烟煤不同粒度的分段点基本一致,均有 $\lg l_k \approx 3.852$。

　　两段曲线的拟合数据见表 2-2。由表 2-2 可知,对于前段曲线,其线性关系明显,拟合度较高,基本都能达到 0.8 以上;分形维数 D_M 均大于 3,且随着粒度的减小,分形维数减小。对于后段曲线,线性关系不明显,拟合度不高,分形维数 $D_M = 1 \sim 2$。根据 Menger 海绵分形模型,分形维数必须小于 3,而前段曲线的分形维数均大于 3 是没有物理意义的,因为当分形维数等于 3 时,对应的是体积填充。根据 Friesen 等的解释,原因是煤的可压缩性和在高压下煤粒子的破碎。至于后段曲线,由于曲线并不符合线性关系,因而 Menger 海绵模型不适用。由式(2-8)可知,必须有 $D_M < 3$ 才能使式(2-7)成立。根据式(2-7)处理得到的分形维数均大于 3,说明 Menger 海绵分形模型对前段曲线对应的孔隙也不适用。所以,将 Menger 海绵模型应用于煤粒孔隙的分形研究是不合适的。

表2-2　基于Menger海绵模型的煤粒孔隙分形维数

煤样	煤阶	粒径区间	前段		后段	
			D_M	R^2	D_M	R^2
王牛滩煤矿	褐煤	I	3.3234	0.9035	2.2454	0.4763
		II	3.1477	0.8878	2.0700	0.0521
		III	3.0803	0.9391	-2.1992	0.9736
安泽煤矿	烟煤	I	3.3397	0.9682	1.5156	0.6059
		II	3.3341	0.9618	1.6801	0.6790
		III	3.1884	0.8616	2.0751	0.0148
水峪煤矿	烟煤	I	3.4565	0.9656	1.5362	0.6173
		II	3.3767	0.9449	1.5346	0.5540
		III	3.0854	0.8358	1.4289	0.9618
凤凰山煤矿	无烟煤	I	3.6641	0.9809	1.6430	0.18000
		II	3.4398	0.9837	1.1987	0.42960
		III	3.2580	0.9160	2.0614	0.00029

三、基于热力学模型分形维数分析

根据式(2-13)对实验数据进行处理,可得基于热力学模型的煤粒孔隙分形曲线,如图2-9所示。由图2-9可知,在压汞仪的可测孔径范围内,基于热力学模型的煤粒孔隙分形曲线符合良好的线性关系,曲线的斜率即为分形维数D_T。对于同一煤样,粒径不同的煤粒分形曲线几乎重合,说明粒径的改变对分形维数的影响较小。

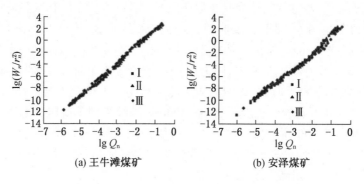

(a) 王牛滩煤矿　　　　　　　　　(b) 安泽煤矿

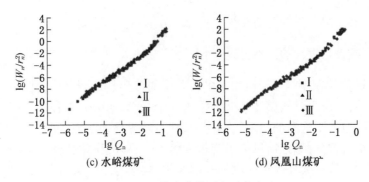

(c) 水峪煤矿　　　　　　　(d) 凤凰山煤矿

图 2 - 9　热力学模型分形曲线

将所得的分形维数 D_T 列于表 2 - 3。

表 2 - 3　基于热力学模型的煤粒孔隙分形维数

煤样	煤阶	粒径区间	D_T	R^2
王牛滩煤矿	褐煤	Ⅰ	2.9313	0.9968
		Ⅱ	2.8240	0.9964
		Ⅲ	2.8304	0.9991
安泽煤矿	烟煤	Ⅰ	2.7110	0.9925
		Ⅱ	2.6455	0.9891
		Ⅲ	2.4502	0.9905
水峪煤矿	烟煤	Ⅰ	2.5638	0.9882
		Ⅱ	2.4741	0.9891
		Ⅲ	2.4095	0.9897
凤凰山煤矿	无烟煤	Ⅰ	2.5210	0.9858
		Ⅱ	2.4345	0.9896
		Ⅲ	2.4019	0.9920

由表 2 - 3 可知,对于同一煤样,煤粒孔隙的分形维数随着粒度的减小而减小,但是变化幅度较小。这说明粒度对孔隙的分形维数有一定影响,但不是主要的影响因素。从煤阶来看,褐煤的各粒径煤粒孔隙的分形维数是所有煤样中最大的,无烟煤是最小的。这说明褐煤中孔隙的粗糙性和复杂程度最高,无烟煤中孔隙结构最规则。各煤样的热力学分形曲线的拟合度都很高,均能达到 0.98 以上,并且分

形维数 D_T 均为 $2 \sim 3$，这符合分形几何的物理意义。这说明对于压汞仪可测范围内的孔隙，基于热力学模型研究煤粒孔隙的分形特征是合适的。

四、影响分形维数的因素讨论

Menger 海绵模型被广泛应用于多孔介质的分形特性研究中，其假设的孔隙形状为立方体，而压汞法测煤体孔隙依据的理论是 Washburn 方程，该方程的前提假设为煤体孔隙是圆柱形的，并且所有孔隙都与外界导通。由于两者对孔隙形状的假设存在很大差异，导致结果会出现很大偏差。另外，煤体孔隙的形状各异，如果简单地以立方体来表征煤粒孔隙的空间结构，也会存在较大误差。热力学模型从能量的角度出发，外界环境对汞做的功等于进入孔隙内汞液的表面能增量，其基于的思想内核是能量守恒定律。由于建立模型时并没有假设多孔介质孔隙的形状，因而它对孔隙空间形状复杂的煤粒孔隙系统更适用。

煤体粒度和煤阶是影响分形维数的 2 个因素。粒度对分形维数的影响较小，原因是当原煤破碎为不同粒度的煤粒时，由于煤体骨架结构的支撑，并不会对煤粒内部的孔隙造成较大破坏。但是这种影响还是存在的，表 2 – 1 中的进汞体积随着粒度的减小而增大，孔体积的增量主要来自粒间孔体积的增加，随着煤粒的破碎，煤体内部的孔隙暴露出来，形成较光滑的煤粒表面，并且使孔隙内的部分喉道打开，复杂的孔隙结构变得简单，原生煤的孔径分布发生了迁移，小孔逐渐转变为大孔。根据分形维数表征多孔介质孔隙的粗糙性和复杂程度，说明随着粒度的减小，煤粒内的孔隙连通性及光滑度越好。煤阶的不同对分形维数的影响较大，随着煤样从褐煤变为无烟煤，分形维数降低。表 2 – 1 中，褐煤的过渡孔和中孔的体积占总孔体积的比例明显大于烟煤和无烟煤，这是由于煤变质作用过程中，煤体经过一系列的物理化学作用，从褐煤转变为无烟煤。在化学结构方面，褐煤分子结构无序性强，芳香片层间距较大，侧链较长，因而形成较松散的空间结构。随着变质作用的进行，侧链减少，芳香片排列得更加紧密，空间结构更加规则。在物理结构方面，低煤阶煤孔隙以大—中孔为主，随着煤变质作用的加深，大孔受到外力压实，使大孔破碎，原生孔隙减少，到高煤阶时，煤孔隙数量以微孔为主。因此，煤粒孔隙分形维数 D_T 随着煤阶的升高而减小。

第三章　煤中瓦斯吸附解吸特性

第一节　煤体瓦斯赋存与含量

一、煤体瓦斯赋存

原始煤体中的瓦斯(主要成分是甲烷)是植物碳化变质产生的,主要是在变质初期,褐煤层进一步沉降,进入变质作用阶段,在高温(100 ℃)高压(地层压力)作用下,煤体产生强烈的热力变质成气作用,因此,煤的变质程度越高,瓦斯产生量越多。瓦斯的形成有多种假说,但是多数人认为,煤层内的瓦斯形成大致可以分为两个阶段:①生物化学作用阶段。在植物沉积成煤初期的泥炭化过程中,有机物在隔绝外部氧气进入的条件下,在其本身含有的氧和微生物的作用下,进行缓慢的氧化过程,最终产物决定于有机物的成分,主要为 CO_2、CH_4 和 H_2O。这一过程往往发生于地表附近,产生的气体大部分散失在大气中。②变质作用阶段。随着地表沉积厚度的增加,生物化学作用终止,进入变质阶段,这是一个漫长且复杂的变质过程。有机物在高温、高压作用下,挥发分减少,固定碳增加。C、H、O、N 转化为 CH_4、CO_2、H_2O、N_2 以及重碳氢化合物,而且主要产物为 CH_4 和 CO_2。这时,由于煤的物理化学性质的变化和埋藏于地表深处,产生的瓦斯就能保存下来。对于原始煤体中的瓦斯含量大小,不仅与瓦斯产生量有关,而且与煤层围岩的岩性有关。致密的围岩层,起到一个气包作用,煤体内的瓦斯散放不出去,积淀在煤层的孔隙中和吸收(溶解)于煤体中,这样的煤层中瓦斯含量就高。但是由于瓦斯的生成经历了漫长的地质年代,期间地层的隆起、侵蚀和断裂以及瓦斯本身在地层中的流动,一部分或者大部分瓦斯可能散放到大气或转移到围岩内。所以在不同煤田,甚至在同一煤田的不同地方,瓦斯含量差别很大。

煤对瓦斯的吸附本质上是煤体表面分子与瓦斯分子相互吸引,是一种物理吸附,煤体表面分子吸引力一部用于煤分子之间的相互吸引是饱和的,另一部分非饱和吸引力在煤体表面形成吸附力场。当瓦斯气体分子接触到煤体表面时,在引力场的作用下被吸附于煤体表面。由于煤体瓦斯的吸附是一种物理吸附,吸附力较小,在进行吸附的过程中,被吸附的瓦斯气体分子也在不断地被解吸重新成为自由运动的气体分子,在不断地吸附与解吸中达到吸附平衡状态,直至外界条件发生变化再次达到新的平衡。煤体中瓦斯赋存状态如图3-1所示。

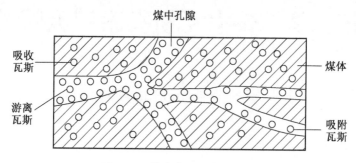

图3-1 煤体中瓦斯赋存状态

在煤粒中,瓦斯赋存有两种状态,即吸附状态和游离状态。游离瓦斯存在于煤粒的裂隙和孔隙中,状态为气体,且行动自由,占总瓦斯含量的10%~20%。吸附瓦斯附着在煤粒表面,占总瓦斯含量的80%~90%。煤体瓦斯多数的吸附是一个可逆过程,即吸附与解吸是一个可逆过程。正常情况下,煤体中的游离瓦斯在环境条件不变的情况下处于动平衡状态。当环境条件改变,有利于游离瓦斯分子存在时,吸附瓦斯就会从煤体表面和煤体内部进入孔隙中,成为游离瓦斯,这一瓦斯分子运动过程称为解吸;当环境条件改变有利于吸附瓦斯存在时,游离瓦斯就会吸附在煤体孔隙表面或进入煤体内,成为吸附瓦斯。例如,压力升高(降低)、温度升高(降低)、物体冲击、物体震荡等,这时分子能量受到影响,旧的平衡被破坏,经过一段时间后,新的平衡便形成。

二、煤体瓦斯含量

煤体瓦斯量是指在自然条件下,单位质量(体积)的煤中有多少瓦斯量,既包括游离瓦斯量又包括吸附瓦斯量,单位为 m^3/t 或 m^3/m^3。

在植物有机物质变成煤这一漫长的生物化学作用和地质变质作用时期,产生的瓦斯气体无法准确计算。目前在实验室观察煤的生产过程,甚至在成煤过程中一个短暂的时间生长段,也无法在实验室进行。因此,成煤过程的产气量难以确定。由于成煤初期,从泥煤向褐煤过渡时期生成的气体很容易流失,目前计算或者估算成煤生成气一般以褐煤作为计算起点。苏联学者 B. A. 乌斯别斯基根据地球化学与煤化学作用过程反映物与生成物平衡原理,计算了各成煤阶段瓦斯生成量,如图3-2所示。

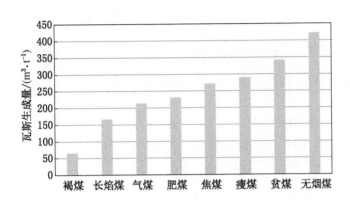

图 3 - 2　各成煤阶段瓦斯生成量

自然界中煤的实际成煤和产气过程极其复杂,实验环境很难造就煤的实际煤化、产气过程,理论计算也无法考虑实际成煤过程中的各种条件,因此,对于煤的瓦斯生成量只能近似地估算和实验,所得到的数据也只能是近似的数据。煤层瓦斯含量主要由两部分组成,即游离瓦斯含量和吸附瓦斯含量,对游离瓦斯含量与吸附瓦斯含量分别计算并求和可以近似算出煤的瓦斯含量。

煤的瓦斯含量包括吸附和游离两种状态下的瓦斯量,即

$$X = X_x + X_y \qquad (3-1)$$

式中　　X——煤的瓦斯含量,m^3/t;

　　　　X_x——煤的吸附瓦斯含量,m^3/t;

　　　　X_y——煤的游离瓦斯含量,m^3/t。

煤的游离瓦斯含量,按气态方程(马略特定律)进行计算:

$$X_y = \frac{VpT_0}{Tp_0\xi} \qquad (3-2)$$

式中　　V——单位质量煤的孔隙率,m^3/t;

　　　　p——瓦斯压力,MPa;

　　　　T_0——标准状态下的绝对温度,273 K;

　　　　p_0——标准状态下的压力,0.101325 MPa;

　　　　T——煤体绝对瓦斯温度,K;

　　　　ξ——CH_4 的压缩系数,由实验测定。

煤的吸附瓦斯含量,目前一般按朗格缪尔方程计算并考虑煤中水分、可燃物百分比、温度的影响,即

$$\begin{cases} X_x = \dfrac{abp}{1+bp}\mathrm{e}^{n(t_0-t)}\dfrac{1}{1+0.31W}\dfrac{100-A-W}{100} \\[2mm] n = B\dfrac{0.2}{0.993+0.07p} \end{cases} \quad (3-3)$$

式中　t_0——实验室测定煤的吸附常数时的实验温度，℃；

　　　t——煤层温度，℃；

　　　n——经验系数；

　　　B——系数，MPa^{-1}，取值为1；

　　　a——吸附常数，由实验室确定，m^3/t；

　　　b——吸附常数，由实验室确定，MPa^{-1}；

　　　A——煤中灰分，%；

　　　W——煤中水分，%。

将式（3-2）和式（3-3）代入式（3-1）得到煤层瓦斯含量为

$$X = \dfrac{abp}{(1+bp)}\mathrm{e}^{n(t_0-t)}\dfrac{1}{(1+0.31W)}\dfrac{100-A-W}{100}+\dfrac{VpT_0}{Tp_0\xi} \quad (3-4)$$

在实际应用中，用抛物线方程近似取代煤层瓦斯含量曲线，即

$$X = \alpha\sqrt{p} \quad (3-5)$$

式中　X——煤层瓦斯含量，m^3/t；

　　　α——煤层瓦斯含量系数，$\mathrm{m}^3/(\mathrm{t}\cdot\mathrm{MPa}^{\frac{1}{2}})$；

　　　p——煤层瓦斯压力，MPa。

上述公式运用了静态的观点，假定瓦斯压力恒定，煤的粒度均匀单一，把孔隙—裂隙双重介质看成一种大尺度均匀分布的各向同性的虚拟连续介质，认为煤层瓦斯含量与瓦斯压力具有固定的关系，已知煤体中瓦斯压力就可以直接求得煤体瓦斯含量。但按照静态的观点计算出的结果与真实情况存在偏差，因为忽略了煤孔隙的分形特性对瓦斯吸附渗透及其压力的影响。综上所述，煤体孔隙的分形特性决定了煤本身不是连续性介质，分形维数越大，煤孔隙分布的非均质性越强；煤层内部各点的瓦斯压力随着瓦斯的吸附和渗透过程而动态变化，吸附量也是动态变化的，吸附量的变化直接影响煤层瓦斯含量，所以煤层瓦斯含量在瓦斯流动的情况下也是变化的。

三、瓦斯赋存与含量的影响因素

从瓦斯地质的观点来看，煤层原始瓦斯含量是迄今为止煤层中保有的地质残存瓦斯量。煤层瓦斯含量的多少主要取决于保存瓦斯的条件，而不是生成瓦斯的

多少;煤层瓦斯含量不仅取决于煤的变质程度,而且取决于存储瓦斯的能力,如吸附性与孔隙率等。影响瓦斯含量的主要因素有:煤层储气条件、区域地质构造和采矿工作。

(一)煤层储气条件

煤层储气条件对于煤层瓦斯赋存及含量具有重要作用。储气条件主要包括煤层的埋藏深度、煤层和围岩的透气性、煤层倾角、煤层露头以及煤的变质程度等。

1. 煤层的埋藏深度

埋藏深度的增加不仅会因地应力的升高而使煤层及围岩的透气性变差,而且瓦斯向地表运移的距离也增长,这二者都有利于封存瓦斯。随着开采深度的增加,煤层瓦斯压力、瓦斯含量升高,瓦斯涌出量增大,导致瓦斯突出灾害发生的可能性增加。因此,开采埋藏较深的煤层时要做好充分准备,做好监测监控以及防治工作。

2. 煤层和围岩的透气性

煤系地层岩性组合及其透气性对煤层瓦斯含量有重大影响。一般情况下,煤层及其围岩的透气性越大,瓦斯越易流失,煤层瓦斯含量越小;反之,瓦斯易于保存,煤层的瓦斯含量就大。孔隙与裂隙发育的砂岩、砾岩和灰岩的透气性系数非常大,比致密而裂隙不发育岩石的透气性系数高许多,在漫长的地质年代,会排放大量的瓦斯。煤层顶底板透气性低的岩层(泥岩、充填致密的细碎屑岩、裂隙不发育的灰岩等)越厚,它们在煤系地层中占比越大,煤层的瓦斯含量越高。反之,围岩由厚层中粗砂岩、砾岩或裂隙溶洞发育的灰岩组成时,煤层瓦斯含量小。

3. 煤层倾角

在同一埋深下,煤层倾角越小,煤层瓦斯含量越高。例如,芙蓉矿北翼煤层倾角较大($40° \sim 80°$),相对瓦斯涌出量约 $20~\text{m}^3/\text{t}$,无瓦斯突出;但南翼煤层倾角小($6° \sim 12°$),相对瓦斯涌出量则高达 $150~\text{m}^3/\text{t}$,而且具有发生瓦斯突出的危险。这种现象的主要原因是:煤层透气性一般大于围岩;煤层倾角越小,在顶板岩性密封好的条件下,瓦斯不易通过煤层排放,煤层中的瓦斯容易得到储存。

4. 煤层露头

煤层露头是瓦斯向地面排放的出口,因此,露头存在时间越长,瓦斯排放越多,导致瓦斯含量较低。反之,地表无露头的煤层,瓦斯含量往往较高,所以瓦斯含量大。

5. 煤的变质程度

煤是天然的吸附体,煤的变质程度越高,生成的瓦斯量越大。因此,在瓦斯排放条件相同的条件下,煤的变质程度越高,煤层瓦斯含量越大。从煤保存瓦斯的能力来看,煤的吸附能力随着变质程度的提高而增大。所以,在同一温度和瓦斯压力条件下,变质程度高的煤层往往含有更多的瓦斯。

(二)区域地质构造

地质构造是影响煤层瓦斯存储的重要条件之一。褶曲类型和褶皱复杂程度对瓦斯赋存均有影响。当围岩的封闭条件较好时,背斜往往有利于瓦斯存储,是良好的储气构造;但是,在封闭条件差、围岩透气性较好的情况下,背斜中的瓦斯容易沿裂隙逸散。构造复合、联合部位多属于地应力集中地带,容易形成封闭瓦斯条件,有利于煤层瓦斯赋存。

地质构造中的断层不仅破坏了煤层的连续完整性,而且也使煤层瓦斯排放条件发生了变化。开放性断层有利于煤层瓦斯排放,封闭性断层不利于瓦斯排放。此外,断层的空间方位对瓦斯的储存、排放也有影响。

地下水在运动中,不仅带动了孔隙和裂隙中瓦斯流动,也带动了溶解于水的瓦斯;同时,附着在煤表面的水又降低了煤体吸附瓦斯的能力。

岩浆活动对煤层瓦斯含量的影响较复杂。在岩浆接触变质和热力变质的影响下,煤能第二次生成瓦斯,而且岩浆影响区域变质程度的提高增大了煤的吸附瓦斯能力;以上都将使岩浆影响区域煤层的瓦斯含量增大。但如果岩浆活动导致煤层围岩特别是隔气层的破坏,则岩浆的高温作用可强化煤层瓦斯排放,从而使煤层瓦斯含量减少。所以对于不同煤田,由于岩浆活动特点的不同,对煤层瓦斯含量的影响可能各不相同。

(三)采矿工作

煤矿井下采矿工作会使煤层所受应力重新分布,造成次生透气性结构。同时,矿山压力可以使煤体透气性升高或降低,表现为在卸压区内透气性升高,在集中应力带内透气性降低。因而,采矿工作会使煤层瓦斯赋存状态发生变化,具体表现为在采掘空间瓦斯涌出量忽大忽小。工作面回采时,不仅会使暴露面积和围岩移动增加,而且会使应力集中带不断变化,使近工作面的煤层透气性增加,而集中应力带的煤层透气性降低。

第二节　煤中瓦斯的吸附特性

一、吸附瓦斯的机理

CH_4 气体在煤体表面的吸附是物理吸附,其本质是煤体表面分子和 CH_4 气体分子之间相互吸引的结果。煤分子的吸引力一部分指向煤分子结构呈饱和状态;

另一部分指向空间呈非饱和状态,在煤体表面产生吸附力场。煤体表面的原子或分子,由于外侧缺少原子或分子的相互作用,与处于内部的原子或分子相比所受作用力场不同。在煤体表面与真空的交界面上,与界面垂直的动量分量,一部分电子可以逸出表面跑到界面上方,使煤体表面下方附近电子减少。结果在煤体表面下方形成一个正电荷层,在表面上方形成一个负电荷层,即在界面两侧形成一个大的电偶层。当诸如 CH_4 气体分子等进入表面上方时,由于分子壳层中电子的作用,会把表面上方负电荷层中的一部分电子排斥回煤体内,从而使电偶层中电荷分布发生改变,形成一个偶极子空穴,如图 3-3 所示,并使 CH_4 气体分子吸附于表面。与这种正电荷层相联系的结合力很强,具有范德华力的性质。以上便是煤体表面物理吸附 CH_4 气体的机理。

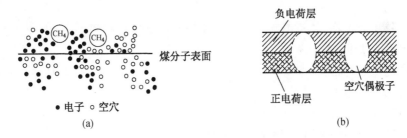

图 3-3　煤体表面物理吸附电子分布示意图

二、吸附瓦斯的过程

煤是一种包含微孔和大孔系统的双重孔隙介质。微孔存在于煤基质部分,大孔系统由天然裂隙网络组成。煤中有两种割理:面割理和端割理,通常正交或近似正交,垂直或近似垂直于煤层面。煤体中吸附瓦斯的过程也是一个渗流—扩散过程。瓦斯气体分子不能立即同时与所有的孔隙、裂隙表面接触,在煤体中形成了瓦斯压力梯度和浓度梯度。由瓦斯压力梯度引起渗流,这种过程在大的裂隙、孔隙系统(面割理和端割理)内占优势;瓦斯气体分子在其浓度梯度的作用下由高浓度向低浓度扩散,这种过程在小孔与微孔系统内占优势。瓦斯气体在向煤体深部进行渗流—扩散运移的同时,与接触到的煤体孔隙、裂隙表面发生吸附和脱附。因此,整个吸附过程是渗流—扩散、吸附—脱附的综合过程。

煤体吸附瓦斯的全过程如下。

(1)渗流过程,渗流过程是吸附全过程的第一步。在一定瓦斯压力梯度下,瓦斯气体分子在大孔系统(面割理和端割理)中渗流,在煤基质外表面形成瓦斯气体气膜,如图 3-4 所示。

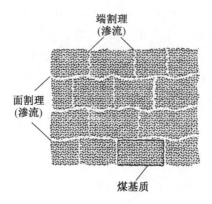

图 3-4　煤体吸附瓦斯的渗流过程

（2）外扩散过程，是指煤基质外围空间的瓦斯气体分子沿图 3-5 中 1 穿过气膜，扩散到煤基质表面的过程。

（3）内扩散过程，是指瓦斯气体分子沿着图 3-5 中 2 进入煤基质微孔穴中，扩散到煤基质内表面的过程。

（4）吸附过程，是指经过"外扩散"和"内扩散"到达煤基质内表面的瓦斯气体分子，如图 3-5 中 3 所示被煤基质吸附的过程。

（5）脱附过程，是指在进行上述（1）、（2）、（3）吸附过程的同时还伴有部分被脱附的瓦斯气体分子离开煤基质的内孔表面和外表面，沿图 3-5 中 4 进入瓦斯气膜层的过程。

（6）内孔中瓦斯气体分子的反扩散过程，是指经脱附过程进入瓦斯气体气膜内以图 3-5 中 5 方向扩散到煤基质外表面进入瓦斯气体气相主体的过程。

（7）煤基质外表面反扩散过程，是指经脱附过程进入煤基质外表面瓦斯气体气膜以图 3-5 中 6 方向扩散到瓦斯气体气相主体的过程。

三、瓦斯吸附常数推导

1918 年，朗格缪尔根据动力学理论推导了单分子层吸附等温式。该理论认为，在固体表面存在能够吸附原子或分子的吸附位，吸附质分子不是吸附在整个固体表面，而是吸附在表面的特定位置，这就是特异吸附。

吸附平衡时，单位时间内进入吸附位的分子数（即吸附速度 v_a）和离开吸附位的分子数（即脱附速度 v_d）是相等的。气体压力是许多气体分子碰撞容器壁产生的。根据气体分子运动理论，设绝对温度为 T、气体压力为 p、气体相对分子质量为 M、气体常数为 R，每秒时间内碰撞到 1 cm^2 表面的气体分子物质的量 μ 为

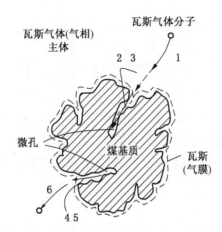

1—吸附外扩散过程;2—吸附内扩散过程;3—吸附过程;
4—脱附过程;5—内反扩散过程;6—外反扩散过程

图 3-5 煤体吸附瓦斯气体的全过程

$$\mu = \frac{p}{(2\pi MRT)^{1/2}} \tag{3-6}$$

但是,并不是所有碰撞到表面的分子都会被吸附,只有其中的一部分会被表面吸附,用 α 表示吸附分子占总分子的比值,α 一般接近于 1。因此,气体的吸附速度 v_a 正比于 $\alpha\mu$。此外,v_a 也正比于表面的空吸附位分数 θ_0,则吸附速度为

$$v_a = k_a \alpha \theta_0 \mu \tag{3-7}$$

式中 k_a——常数。

另外,脱附速度 v_d 与被吸附的分子数成正比。设表面被吸附分子占领的位置分数为 θ,则脱附速度为

$$v_d = k_d \theta \tag{3-8}$$

吸附平衡时,吸附速度 v_a 与脱附速度 v_d 相等,由式(3-7)和式(3-8)可知:

$$k_a \alpha \theta_0 \mu = k_d \theta \tag{3-9}$$

由于 $\theta_0 + \theta = 1$,式(3-9)可以转化为

$$\theta = \frac{k_a \alpha \mu}{k_d + k_a \alpha \mu} \tag{3-10}$$

若 1 cm^2 表面的总吸附位数为 N_0,只是单分子层吸附时,被吸附的分子数不会超过总吸附位数 N_0。设吸附在 1 cm^2 表面上的分子数为 N,则 $\theta = N/N_0$。把 $\theta = N/N_0$ 和式(3-6)代入式(3-10),可得

$$\theta = \frac{N}{N_0} = \frac{k_a \alpha p}{k_d (2\pi MRT)^{1/2} + k_a \alpha p} \tag{3-11}$$

取 $N = Q$、$\dfrac{k_a \alpha}{k_d (2\pi MRT)^{1/2}} = b$、$N_0 = a$，则式（3 - 11）就转化成了朗格缪尔单分子层吸附等温式：

$$Q = \frac{abp}{1 + bp} \qquad\qquad (3 - 12)$$

式中，常数 a 是总吸附位数，相当于饱和吸附量，单位为 cm^3/g，主要受温度、水分、压力、煤阶和孔隙结构等因素的影响；常数 b 是一个过程系数，单位为 MPa^{-1}，主要受温度和吸附质的影响，并且随着温度的升高有减小的趋势。

四、吸附能力的影响因素

煤是不同分子量、不同化学结构的一系列相似化合物的混合物，对气体的吸附能力主要受温度、压力、水分的影响，其次煤的自身组分、粒度、变质程度等内部因素也对吸附能力有重要影响。

（一）温度的影响

秦勇等发现相同变质程度的煤样等温吸附实验中，利用朗格缪尔方程进行拟合，a 值随着温度的升高而变小，在初始阶段 CH_4 吸附量与实验压力几乎呈线性关系，随后吸附量增速趋于平缓，直至达到饱和吸附量后，压力升高不再变化。针对温度作用下煤吸附 CH_4 的研究，一般认为随着温度的升高吸附量逐渐减小。Moffat 等也利用低温吸附实验印证了吸附量与温度成反比。张群等引入了吸附势理论，推导了温度 - 压力综合吸附模型，在三维坐标系中直观地反映煤对瓦斯吸附量和温度压力的关系，并提出了接近真实条件的煤层气含量预测方法。

（二）压力的影响

压力促进煤对气体的吸附作用，但在不同压力区间作用强度不同。低压区间的促进作用呈明显的线性趋势，而高压区间随着压力的升高吸附量增加缓慢。秦跃平等利用等温吸附实验，研究了初始压力与吸附量之间的关系，结果表明初始压力越大，吸附速率越快。姜黎明等研究发现加压速率对吸附常数的影响较大。

（三）水分的影响

Gensterblum 等从定性角度解释了水分子对瓦斯吸附的影响，论证了煤样吸附水分子后，占据了部分吸附位点，导致瓦斯吸附量减少。聂百胜等从表面物理化学角度，解释了煤吸附水分子的机理。张占存等从含水率和变质程度的角度出发，利用等温吸附实验得到了含水率对瓦斯吸附量的影响，同时准确校正了计算系数。C. R. Clarkson 也证明了水分会降低煤对气体的吸附量。煤表面的吸附位点是有限的,液态水占据部分吸附位后,煤对气体的单分子层吸附量减少,同时水分子的吸附能力强于 CH_4 分子,因此 CH_4 的吸附量明显降低。

(四)煤显微组分的影响

煤体组分对瓦斯吸附能力的影响还存在争议。钟玲文等通过对干燥煤样的研究,认为在无烟煤 3 号阶段,镜质组的吸附量大于丝质组;但变质程度介于长焰煤至瘦煤时,需要将丝质组分为碎屑丝质体、被矿物充填丝质体和半丝质体进行分析。M. N. Lamberson 的研究表明,煤对 CH_4 的吸附量与丝质组含量呈负相关,而富镜质组的 CH_4 吸附量最高,推测显微组分与吸附量之间是一种复杂的函数关系。张凯通过实验得出,煤样变质程度较低时,对 CH_4 的极限吸附量随着镜质组含量的增加而变大,变质程度较高时,极限吸附量与惰质组的含量呈正相关。

(五)煤变质程度的影响

研究表明,煤体瓦斯的吸附能力随着煤变质程度的升高而增大,主要是由于比表面积增大导致煤样吸附容积增大,煤吸附瓦斯的能力得到增强。实验表明,不同变质程度的煤在相同压力和温度条件下,对瓦斯的吸附能力从大到小为:无烟煤、贫煤、焦煤、气煤。许江等研究煤的变质程度与孔容之间的关系,结果表明高阶煤具有较大的孔容,能吸附更多的瓦斯。陈向军等利用朗格缪尔方程研究不同变质程度的煤对 a 值的影响,结果表明变质程度升高 a 值越大且呈线性趋势增加。李树刚等研究了影响煤吸附能力的主控因素,包括温度、含水率、粒径和变质程度,结果表明吸附常数 a、b 值的主要影响因素都是煤的变质程度,含水率对 a 值的影响最小,粒径对 b 值的影响最小。

(六)煤粒度的影响

对于煤样粒径对瓦斯吸附的影响,不同吸附实验研究得到了不同的结果。Moffat 等通过对 12 目的样品与直径 1/2 in 的块煤样品进行实验,发现其吸附能力基本相同;张晓东等选用不同粒度和不同含水率的煤样,发现吸附量随着压力的增大逐渐增大随后出现下降,且粒度减小的煤样下降趋势更加明显,研究结果与前人有较大差别。

五、吸附速率方程

煤体吸附瓦斯气体的不同吸附过程各阶段阻力的相对大小不同,阻力最大的阶段对过程起控制作用。通常瓦斯气体气相吸附质浓度高,过程受煤基质固相控制;瓦斯气体气相吸附质浓度低,过程受瓦斯气膜控制。对煤吸附瓦斯的物理吸附而言,瓦斯气体渗流、煤基质表面上的吸附与脱附,其速率较快,而内外扩散过程则较慢。因此,内外扩散过程成为吸附速率的控制步骤。

(1)外扩散阻力起主要作用。在这种情况下,总吸附速率取决于瓦斯气体吸附质 A 从气流主体向煤基质颗粒外表面扩散的速度,即

$$\frac{\mathrm{d}M_A}{\mathrm{d}\tau} = k_y a_p (Y_A - Y_{Ai}) \tag{3-13}$$

式中　　$\mathrm{d}M_A$——微元时间 $\mathrm{d}\tau$ 内瓦斯气体组分 A 从气相扩散至煤基质外表面的质量,$\mathrm{kg/m^3}$;

　　　　k_y——外扩散分系数,$\mathrm{kg/(h \cdot m^2)}$;

　　　　a_p——单位体积内煤基质颗粒的表面积,$\mathrm{m^2/m^3}$;

　　　　Y_A、Y_{Ai}——瓦斯气体 A 在气相中及煤基质外表面的质量比浓度,kg(瓦斯气体)/kg(流体)。

(2)内扩散阻力起主要作用。在这种情况下,总吸附速率取决于瓦斯气体 A 从颗粒内表面向微孔内扩散的速度,即

$$\frac{\mathrm{d}M_A}{\mathrm{d}\tau} = k_x a_p (X_{Ai} - X_A) \tag{3-14}$$

式中　　k_x——内扩散吸附分系数,$\mathrm{kg/(h \cdot m^2)}$;

　　　　X_A、X_{Ai}——瓦斯气体 A 在煤基质颗粒内表面和外表面质量比浓度,kg(瓦斯气体)/kg(煤基质)。

(3)总吸附速率方程。由于煤基质颗粒外表面浓度不易测得,因此吸附速率也常用总扩散系数来表示,即

$$\frac{\mathrm{d}M_A}{\mathrm{d}\tau} = k_y a_p (Y_A - Y_A^*) = k_x a_p (X_A^* - X_A) \tag{3-15}$$

式中　　k_y、k_x——瓦斯气体气相及煤基质吸附相总传质系数;

　　　　Y_A^*、X_A^*——吸附平衡时瓦斯气体气相及吸附相中瓦斯气体 A 的浓度。

设吸附达到平衡时,气相中瓦斯气体浓度与吸附相中瓦斯气体浓度有下面的关系:

$$Y_A^* = \beta X_A \tag{3-16}$$

式中　β——平衡曲线斜率。

由此得

$$\frac{1}{K_y a_p} = \frac{1}{k_y a_p} + \frac{\beta}{k_x a_p} \tag{3-17}$$

$$\frac{1}{K_x a_p} = \frac{1}{k_x a_p} + \frac{1}{k_y a_p \beta} \tag{3-18}$$

很容易看出,两总系数间的关系为

$$K_y = K_x \beta \tag{3-19}$$

式中,当 $K_y \gg K_x/\beta$ 时,则 $K_y = K_x/\beta$,即外扩散阻力可以忽略不计,整个吸附过程的阻力以内扩散阻力为主;反之,当 $K_y \ll K_x/\beta$ 时,则 $K_y = K_y$,即内扩散阻力可以忽略不计,而总传质系数等于外扩散分系数。

对于煤中甲烷气体的扩散,内扩散起主要作用,在这种情况下,总吸附速率取决于瓦斯气体从颗粒内表面向微孔内扩散的速度,内扩散的扩散系数决定煤对甲烷气体的吸附速率。

第三节　煤中瓦斯的解吸特性

一、瓦斯解吸机理

吸附在煤中的瓦斯,经过漫长的地质年代,最后与压缩在孔隙内的瓦斯处于稳定的动态平衡,此时,瓦斯的吸附速度等于解吸速度。当含瓦斯煤的周围围岩遭到破坏时,煤层的渗透性变大,煤中的瓦斯开始流动,压力降低,煤对瓦斯的吸附力减少,煤与瓦斯稳定的动态平衡遭到破坏,这样瓦斯分子挣脱了煤内表面的吸附力从而产生解吸现象。

当煤体与瓦斯之间的平衡遭到破坏时,煤中的瓦斯便开始解吸出来,其过程由两个阶段构成:一是瓦斯的解吸作用阶段;二是瓦斯从煤岩孔隙向外扩散阶段。扩散速率由第二阶段决定,扩散系数越大,扩散速度越高。瓦斯扩散分为菲克扩散、孔德森扩散和表面扩散,当煤体内的孔隙尺度大于瓦斯气体分子的平均自由程时时属于菲克扩散,否则属于孔德森扩散。菲克扩散和孔德森扩散的扩散系数都受温度的影响,温度越高系数越大,扩散速度越高;表面扩散和温度、吸附势阱有关,温度高和表面吸附势阱深度越低,扩散速度越快。

二、瓦斯解吸的影响因素

当前,国内外学者主要从以下方面探究瓦斯解吸的影响因素,一是如平衡压力、温度、含水情况等外在环境因素;二是地下煤层开采导致的各种应力变化因素;三是煤体自身特性因素等。其中,以孔隙结构、温度、煤的破坏类型、水分、瓦斯吸附平衡压力等方面研究最多。

(一)煤的孔隙结构

目前研究煤体孔隙结构的技术和方法主要有:扫描电镜(SEM)、核磁共振技术(NMR)、压汞法(MIP)与低温液氮吸附法等。利用扫描电镜、压汞法以及核磁共振技术,判明了我国低阶煤孔隙形态与分布特征。在此基础上,对不同煤阶的煤样进行了吸附解吸测试,发现在解吸率上有中高阶煤小于低阶煤,在吸附能力上有中高阶煤大于低阶煤。针对这些差异,结合孔裂隙特征进行了分析说明。王振洋以卧龙湖矿 8 号煤层中不同煤体结构为研究对象,对利用压汞法得到的孔裂隙特征与瓦斯解吸实验得到的数据进行相关性分析,发现原生结构煤的中大孔占比小于构造煤,而且在解吸能力上远远小于构造煤,这表明构造煤拥有较多的中大孔,瓦斯放散路径更通畅,促使它的解吸能力更强。此外,煤体的解吸特性也会间接地随着构造作用对孔裂隙的加强有所改变。Gamson. P 等通过吸附解吸实验研究,对不同变质程度的煤体解吸特性进行了对比分析,认为煤体都有两个相关的解吸特性域,解吸速度较慢的光亮煤是因为其微小孔占比较大,而解吸速度较大的暗淡煤是因为其拥有发达的丝质体结构。

(二)温度

当前,随着浅部煤层开采饱和,进行深部煤层开采大势所趋。煤层埋深增加,煤储存温度也会不断增加,最终对煤体瓦斯吸附解吸特性造成影响。对于温度对煤体瓦斯吸附解吸特性方面,国内外众多学者多从以下两个方面进行探讨:①煤体发生吸附解吸过程中温度的变化;②温度对煤体瓦斯吸附解吸规律的影响。

李志强等以粒煤为研究对象,通过瓦斯解吸实验研究,认为等温等压时,相同初始状态下的等效扩散系数与实验温度之间存在明显的指数关系,而相同初始条件下的等压不等温的恒温综合扩散系数与升高实验温度之间存在先变大后减小的关系。初始吸附量随着温度的升高,对综合扩散系数的影响呈相反趋势。吴迪等利用自行研制的实验平台,将平顶山煤矿所取大块煤样粉碎加工制成块状型煤,研究温度和压力两个变量对瓦斯吸附解吸的影响。分析实验数据后得出瓦斯吸附解吸规律受温度影响不尽相同。研究发现恒压条件下,当温度为 10 ~ 30 ℃时,解吸量及吸附量随着温度的不断升高大幅度下降,而当温度为 30 ~ 50 ℃时,解吸量及吸附量随着温度的不断升高变化不大,虽有先变大后减小的趋势,但整体幅度变动很小。因此认为当温度为 10 ~ 30 ℃时,温度是影响块状型煤吸附解吸特性的主要因素。

(三)煤的破坏类型

有的煤样呈大块状,致密而坚硬;有的煤样本身裂隙比较发育,呈碎块状,煤质疏松。成煤过程中,煤层受各类地质构造应力影响,造成煤样破坏程度不一。

琚宜文按煤结构的破坏程度与突出难易程度,将其分为难突出的甲类煤、可能突出的乙类煤及易突出的丙类煤三大类。河南理工大学之前的研究发现,以构造煤的结构类型为基础,以煤体突出难易程度为依据,根据煤体微观和宏观组织结构特征,将煤体结构归为四大类,即完整度最高的原生结构煤、稍有破坏的碎裂煤以及破坏严重的碎粒煤和糜棱煤。《煤与瓦斯突出矿井鉴定规范》(AQ 1024—2006)也将煤的破坏类型分为五大类,即Ⅰ类非破坏煤、Ⅱ类破坏煤、Ⅲ类强烈破坏煤、Ⅳ类粉碎煤和全Ⅴ类粉煤,该划分方法与苏联矿业研究所的划分方法一致。

(四)水分

水分究竟对煤体的吸附解吸特性有什么影响?国内外众多学者进行了深入的研究。通过查阅文献资料,主要有以下两种观点:一是煤体中的水分起到抑制瓦斯解吸的作用;二是煤体中的水分起到促进瓦斯解吸的作用。聂百胜、柳先锋等以含水量不同的两大类煤样作为研究对象,通过瓦斯解吸实验来揭示水分对煤体瓦斯解吸扩散的影响。研究结果表明,测试煤样含水后,其瓦斯解吸能力明显减弱。在水分的影响下,初始扩散系数、极限瓦斯解吸量以及初期解吸率变化明显,总存在随着含水量的增大而减小的变化趋势。吴家浩、王兆丰等通过研发的实验平台,对自吸水分如何对煤体瓦斯解吸产生影响进行了深入研究,实验过程中还专门探究了水分对煤体瓦斯的置换效应。通过对实验数据的分析,得出煤样的含水率与吸附态瓦斯发生置换解吸整体呈正相关,即水分对煤体置换解吸有促进作用,且含水率越高煤体置换解吸量越大。原因主要是水锁效应同置换效应联合起作用。

(五)瓦斯吸附平衡压力

国内外众多学者研究吸附平衡压力与煤体瓦斯解吸的关系普遍较早,得出了一些较为成熟的理论。通过大量研究,发现煤体吸附平衡压力越大,其煤体中甲烷分子热运动越剧烈,导致其内能相应变大。众多实验结果表明,煤体累计瓦斯解吸量、解吸速度与吸附平衡压力呈正相关,压力越大解吸特性表现得越剧烈,煤体暴露初始时刻瓦斯解吸速度较快、解吸量较大,最终解吸完全所用时间也相应较长。

(六)煤样粒级

有关煤样粒级对瓦斯解吸特性的影响,常见的实验研究对象多以颗粒煤为主,这主要是因为煤样制备简单,吸附平衡时间以及解吸时间较快,致使研究周期短暂且效率高。实际地下煤体未采动时,都是以致密大块状存在的。通常实验研究将地下原煤带回实验室,破碎筛选后再进行吸附解吸实验,期间,煤体原始赋存的瓦斯会有相当部分的损失,因此实验结果的准确性和推广性有待进一步商榷。基于此,实验室进行瓦斯解吸特性研究所选用的颗粒煤并不能完全代表地下大块原煤瓦斯解吸特性,应该模拟地下原煤储存环境,开展更符合井下原煤解吸特性的柱状煤实验研究,揭示粒级对煤体解吸特性的影响。

众多学者通过实验研究提出了"极限粒度"这个概念,认为在极限粒度之内,瓦斯解吸强度与煤样粒度成反比;在极限粒度之外,上述规律不再明显。通常认为煤样极限粒度出现在 0.5 ~ 6 mm,它与煤的变质程度及破坏程度关系密切。刘彦伟以 6 mm 以下 5 个粒度煤样为研究对象,发现以硬煤极限粒度为分界线,当软硬煤粒度在分界线以内时,瓦斯解吸初速度之差与粒度呈对数函数递减;当软硬煤粒度在分界线之外时,存在最大的软硬煤瓦斯解吸初速度差值。李志强将无烟煤加工成柱状煤芯与颗粒煤进行解吸对比实验,结果表明相同时间内,粒煤在累计解吸量和解吸速度方面明显大于柱状煤。

三、瓦斯解吸经验公式

对于煤屑瓦斯放散来说,在煤屑暴露瞬间只是煤屑外面的瓦斯开始涌出,随着时间的增长,煤屑深部的瓦斯开始流动,瓦斯流动界面逐渐缩小,瓦斯流动的通道长度增加,运动阻力增大。当瓦斯流动的通道长度达到煤屑半径后,随着时间的继续延长煤屑中心的瓦斯压力相应降低。因此,瓦斯从煤屑中放散的速度随着时间的延长而降低。煤层瓦斯的放散特性与煤层的瓦斯含量、吸附平衡时间、放散时间和煤样粒度及破坏类型有关。最近几年对经验公式进行了深入研究,提出了一种能够全时段表征瓦斯解吸量的经验公式(秦跃平式),表达形式为

$$Q_j = \frac{ABt^n}{1 + Bt^n} \qquad\qquad (3-20)$$

式中 n——拟合回归系数,经拟合值为 0.65;当时间函数 t^n 趋于无穷大时,煤粒瓦斯累计解吸量 Q_j 趋于 A,因此,A 表示煤粒瓦斯极限解吸量,单位为 cm^3/g;当式(3-14)中 A、Q_j 保持不变时,B 值越大煤粒达到累计解吸量 Q_j 所需的时间越短,因此,B 值表示煤粒瓦斯解吸速率的大小,$h-n$。

以定压条件下的瓦斯解吸实验为例,根据实验数据结果进行拟合回归,验证瓦斯解吸经验公式[式(3-14)]。对涡北矿煤样粒径为 0.3 ~ 0.5 mm、0.7 ~ 0.72 mm、1.4 ~ 2.0 mm、3.2 ~ 4.0 mm 的解吸实验数据进行分析,将实验结果拟合回归,结果如图 3-6 所示。由图 3-6 可以看出,实验结果均符合煤粒瓦斯累计解吸量 $1/Q_j$ 与解吸时间 $1/t_n$ 呈线性关系。通过式(3-14)计算得到的煤粒瓦斯累计解吸量与实验结果具有较好的一致性,说明式(3-14)作为经验公式来求解实验中煤粒瓦斯解吸量较合理。

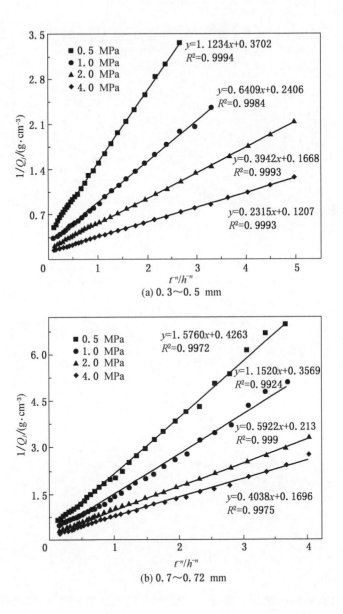

(a) 0.3～0.5 mm

(b) 0.7～0.72 mm

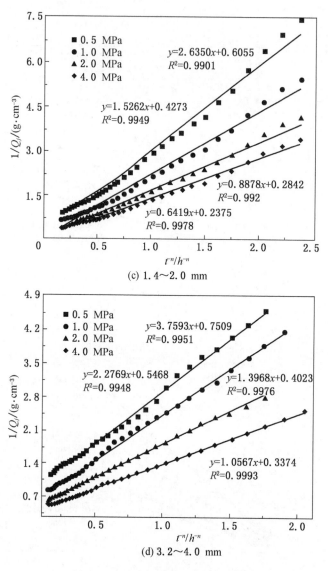

图 3-6 累计解吸量拟合回归曲线

不同粒径、不同初始压力条件下的煤粒瓦斯定压解吸实验的拟合回归结果见表 3-1，由表 3-1 可以看出实验数据回归曲线拟合度均大于 0.99。由表 3-1 可以看出，当煤样粒径、初始压力变化时，拟合回归参数 n 不变，表明参数 n 与初始压力、煤样粒径均无关。

表 3-1　解吸经验模型中系数 A、B 和 n

煤样	压力/MPa	参数 $A/(cm^3 \cdot g^{-1})$	参数 B/h^{-n}	参数 n	拟合度 R^2
涡北矿-1 (0.3~0.5 mm)	0.5	2.70	0.33	0.65	0.9994
	1	4.16	0.38	0.65	0.9984
	2	5.99	0.42	0.65	0.9993
	4	8.29	0.52	0.65	0.9993
涡北矿-2 (0.7~0.72 mm)	0.5	2.35	0.27	0.65	0.9972
	1	2.80	0.31	0.65	0.9924
	2	4.69	0.36	0.65	0.9990
	4	5.89	0.42	0.65	0.9975
涡北矿-3 (1.4~2.0 mm)	0.5	1.65	0.23	0.65	0.9901
	1	2.34	0.28	0.65	0.9949
	2	3.52	0.32	0.65	0.9920
	4	4.21	0.37	0.65	0.9978
涡北矿-4 (3.2~4.0 mm)	0.5	1.33	0.20	0.65	0.9951
	1	1.83	0.24	0.65	0.9948
	2	2.49	0.29	0.65	0.9976
	4	2.96	0.32	0.65	0.9993

　　参数 A、B 和 n 的变化如图 3-7 所示,由图 3-7a 可以看出,当初始压力增加或粒径减小时,参数 A 值增加,表明粒径与初始压力都对煤粒瓦斯累计解吸量具有一定影响,拟合结果与文献中的实验结果一致。

　　由图 3-7b 可以看出,当初始压力增加或煤样粒径减小时,参数 B 增加,拟合结果与文献中所述结果相一致。因此,参数 B 的变化规律表明煤粒瓦斯解吸时,较大的初始压力或者较小的煤样粒径都会增加煤粒瓦斯的解吸速率。该现象的主要原因在于初始压力增加,煤粒瓦斯运移的驱动力增加,煤样粒径减小,煤粒瓦斯解吸运移的路径较短,瓦斯解吸达到平衡所需时间较少,解吸速率较大。

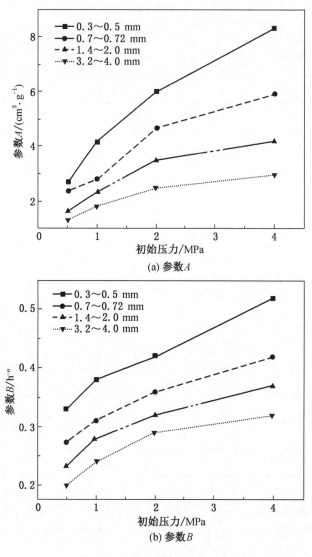

(a) 参数A

(b) 参数B

图 3-7 参数 A、B 和 n 的变化

第四章　煤粒瓦斯等温吸附解吸实验

第一节　实　验　方　法

一、吸附量测定方法

吸附量测定方法一般有 3 种,即容积法或 PVT(压力—体积—温度)法、重量分析法和层析法。

容积法是最常用的方法,使用的煤样被置于密封容器中。气体吸附量即注入容器的总气量与容器中游离气体之差。用不被吸附的氦气来确定容器中孔隙的容积。通过控制容器压力来确定平衡状态,可用循环泵加快平衡的建立。

重量分析法是基于因吸附所引起的煤样重量的变化,略作改进而用于煤的吸附测量的方法。

层析法通常是指用吸附剂充填柱来分离不同流体的方法。层析法也可用于吸附测量。对于纯净气体而言,一个简单的质量平衡即可计算出吸附量。对于混合气体而言,吸附量需要依据充填柱出口处的响应状况而确定,该方法使用了正面、淘析以及扰动层析技术。层析法一般不常用于煤的吸附测定。

吸附量测定方法还有红外吸附光谱(IR)、表面光电压谱(SPS)和紫外光电子能谱(UPS)。

红外吸附光谱(IR),红外特征吸收可以提供大量关于吸附质及有关吸附质 - 固体键的资料。通过吸附质在吸附前后红外吸收光谱的位移,可以解释表面吸附键的特性。不同的振动频率代表吸附分子中不同的原子与表面成键。

表面光电压谱(SPS),该方法测试的是同一表面在调制光照前后表面 Gibbs 函数的变化(ΔW),还可以获得样品表面电子行为信息。目前,该技术主要应用于固体材料表面物性和相间的电荷转移过程。

紫外光电子能谱(UPS),该方法将紫外光射在固体表面,然后观察射出的光电子。检测发射出的光电子能谱图发现,当固体表面吸附发生后,出现新峰或峰位移动。

二、容量法测定原理

采用容量法测定煤粒中甲烷吸附量的具体步骤如下:自制实验煤样,干燥后分别装入样品罐,真空脱气,测定样品罐的自由空间体积,向样品罐中充入或放出一定体积的甲烷,使样品罐内压力达到平衡,部分气体被吸附,部分气体仍以游离状态处于自由空间体积中,已知充入(放出)的甲烷体积,扣除死空间的游离体积,即为吸附体积。将各压力段平衡压力与吸附体积量连接起来即为吸附等温线。当压力由低向高采取充入甲烷气体方式测试时,得到吸附等温线;反之,压力由高向低采取放出甲烷气体方式测试时,得到解吸等温线。测量甲烷的吸附量有两种方法:一种是直接测量法,在样品罐前安装气体质量流量计直接记录进出甲烷的质量;另一种是间接测量法,在系统中加入参考罐间接计算甲烷的吸附量。

根据《煤的甲烷吸附量测定方法》(高压容量法)(MT/T 752—1997)规定,高压容量法测定原理如下。

煤中大量的微孔内表面具有表面能,当气体与内表面接触时,分子的作用力使甲烷或其他多种气体分子在表面发生浓集,称为吸附。气体分子浓集的数量渐趋增多,为吸附过程;气体分子复返回自由状态的气相中,表面气体分子数量渐趋减少,为脱附过程。表面气体分子维持在一定数量,吸附速率和脱附速率相等时,为吸附平衡。煤对甲烷的吸附为物理吸附。当吸附剂和吸附质特定时,吸附量与压力和温度呈函数关系,则有

$$Q = f(T,p) \tag{4-1}$$

式中 T——温度,℃。

当温度恒定时:

$$Q = f(p)T \tag{4-2}$$

式(4-2)称为吸附等温线,在高压状态下符合朗格缪尔方程:

$$Q = \frac{abp}{1+bp} \tag{4-3}$$

式(4-3)变换后得一直线方程:

$$\frac{p}{Q} = \frac{p}{a} + \frac{1}{ab} \tag{4-4}$$

式中 p——压力,MPa;

Q——p 压力下的吸附量,cm^3/g;

a——吸附常数,当 $p \to \infty$ 时,$X = a$,即为饱和吸附量,cm^3/g;

b——吸附常数,MPa^{-1}。

高压容量法测定煤的甲烷吸附量的步骤是:将处理好的干燥煤样装入吸附罐,真空脱气,测定吸附罐的剩余体积,向吸附罐中装入或放出一定体积的甲烷,使吸附罐内压力达到平衡,部分气体被吸附,部分气体仍以游离状态处于剩余体积中,已知充入(放出)的甲烷体积,扣除剩余体积的游离体积,即为吸附体积。重复这样的测定,得到各压力段平衡压力与吸附体积量,连接起来即为吸附等温线。当压力由低向高采取充入甲烷气体方式测试时,得到吸附等温线;反之,当压力由高向低采取放出甲烷气体方式测试时,得到解吸等温线。吸附等温线和解吸等温线在高压状态下是可逆的。测定二者之一,在应用上是等效的。

通过高压容量法测定煤的甲烷吸附量,选取对应的 P/P_{max} 分别为 1/7、1/6、1/5、1/4、1/3、1/2 和 1 的 7 个压力点进行阶梯压力吸附实验,根据煤样阶梯压力下吸附气体的实验数据可以拟合得到 $1/p$ 和 $1/Q$ 的关系式,拟合关系式的斜率是 $1/ab$,截距是 $1/a$,因此可计算得到吸附常数 a 和 b 的值。

第二节　实　验　系　统

煤粒瓦斯等温吸附解吸实验采用一体化装置,主要包括温度控制系统、等温吸附系统、数据采集与处理系统 3 部分。该系统采用国内外先进工艺,由精密部件组成,精度较高,实验装置结构示意如图 4-1 所示。该系统依据的基本原理为容量法中的恒体积法,即在体积不变的情况下,通过测定气体吸附解吸前后压力的变化,获得吸附量和解吸量。

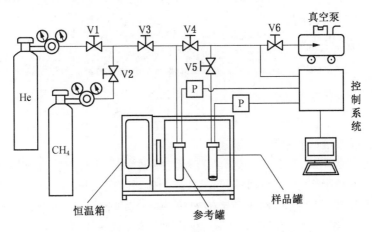

图 4-1　实验装置结构示意图

一、温度控制系统

温度控制系统的温度控制功能由智能生化培养箱实现,用于实时控制箱内实验环境的温度,从而保证实验处于设定的恒温状态。通常设定箱内温度为30 ℃。

二、等温吸附系统

等温吸附系统由瓦斯吸附罐(包括样品罐和参考罐)、高压管道、控制阀、精密真空表、高压气瓶、标准块和真空泵(包括电动机)等组成,其中高压管道、控制阀等采用进口耐高压设备,在高压条件下具备良好的气密性和可操作性。等温吸附系统实物如图4-2所示。

1—样品预处理区;2—样品罐;3—加热包;4—样品实验区;5—高精度控温装置;6—工控机;7—高压气瓶

图4-2 等温吸附系统实物

等温吸附系统的主要组成部分如下。

(1)瓦斯吸附罐:包括样品罐与参考罐(不锈钢材料),实验时,煤样放置在样品罐中,瓦斯吸附解吸量由样品罐和参考罐的体积共同求算。

(2)高压管道:管路系统由不锈钢构成,连接高压钢瓶、罐体以及真空泵等,高压管道密封性很好,最大承压高达20 MPa,完全满足实验要求。

(3)控制阀:用来控制管道闭合。

(4)精密真空表:测量范围为-0.1~0 MPa,精度为0.0005 MPa,测量吸附罐内真空度。

（5）高压气瓶：包括高压氮气瓶、高压甲烷气瓶以及高压氦气气瓶（检查系统的气密性）等，纯度均为 99.99%。

（6）标准块：2 个，用来测定样品罐和参考罐体积，体积分别为 43.424 mL 和 27.755 mL。

（7）真空泵：用来脱气。

三、数据采集与处理系统

数据采集与处理系统由压力变送器、数据采集模块、直流稳压电源、遥控模块、数据显示模块、程序界面模块等组成，装置实物如图 4-3 所示，压力数据采集处理系统界面如图 4-4 所示。压力变送器与样品罐和参考罐直接相连，用来实时采集罐内压力。

图 4-3　数据采集与处理装置实物

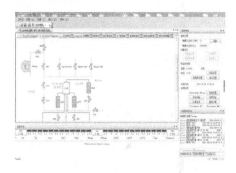

图 4-4　压力数据采集处理系统界面

数据采集与处理系统的采集程序使用 Visual Basic 语言编写，通过计算机串行 I/O 接口将采集的瓦斯压力数据保存在工控机中预先设定的目录里，并按照 1、2、3、4 号罐的排列顺序进行显示。系统每秒采集和记录一组压力数据。

四、其他辅助装置和器材

（一）称量系统
称量系统包括 FA1004 型精密电子天平、煤样杯以及玻璃器皿若干等。
（二）烘干脱气系统
烘干脱气系统主要由 DZF6020 型真空干燥箱、真空表、2×Z-4 双级高速直联结构旋片式真空泵、YC7144 型单相双值电容电动机，以及真空橡胶管路等组成。
（三）干燥器
干燥器内含有无水硫酸铜，用于保存干燥煤样。

(四)煤样制备设备

颚式破碎机、离心筛分机,用来破碎块煤和筛选不同粒径的煤样。

(五)瓦斯监测报警系统

JCB - C50甲烷监测报警仪实时监测实验室内瓦斯浓度,防止实验过程中瓦斯意外泄漏造成意外事故。

第三节 实 验 准 备 工 作

一、煤样采集与制备

近些年,考察了阳泉五矿、水峪矿六采区、水峪矿十采区、安泽矿、白芨沟矿、长春羊草沟矿和王牛滩矿等多个煤矿的煤样,完成了大量瓦斯定压/定容吸附解吸实验。实验所用的煤样取自煤矿的综采工作面,取样后用密封袋进行密封,带回实验室。将煤样放入真空干燥箱,在100 ℃下烘烤2 h,烘干后取出放入干燥器冷却至室温以供实验使用。

煤样配制过程如下。

(1)将块煤放入破碎机进行破碎。

(2)将实验筛按照目数从高到低的顺序进行叠放,将粉碎好的煤样倒入最上层筛内,盖好筛盖,在震筛机座上进行筛分。根据实验目的,选取合适的煤样,筛分出不同粒径的煤样。每种煤样各取50 g,依次编号后放入真空干燥箱进行干燥,在75 ℃下烘5 h,烘干后取出放入干燥器冷却,一直冷却到室温以供实验使用。根据煤样粒径的目数范围,可以得到煤样的粒径范围,具体目数和粒径对应关系见表4-1。

表4-1 目数和粒径对应关系

编号	目数范围/目	粒径范围/μm	编号	目数范围/目	粒径范围/μm
1	4	4750	7	24	700
2	5	4000	8	25	710
3	10	2000	9	30	550
4	14	1400	10	35	425
5	15	1180	11	50	270
6	16	1000	12	60	250

表 4 - 1(续)

编号	目数范围/目	粒径范围/μm	编号	目数范围/目	粒径范围/μm
13	80	180	17	400	37
14	100	150	18	500	25
15	120	125	19	600	23
16	200	75	20	800	18

二、煤样工业分析

依照《煤的工业分析方法》(GB/T 212—2008)中的操作方法,对煤样进行工业分析。煤样工业分析测定结果见表 4 - 2。

表 4 - 2　煤样工业分析测定结果

煤样	分析基水分 M_{ad}/%	干燥基灰分 A_d/%	可燃基挥发分 V_{daf}/%	固碳含量 FC_d/%
阳泉五矿(YQW)	0.753	14.321	8.923	76.190
水峪矿六采区 9 号煤层(SYL)	0.735	14.741	18.658	65.866
水峪矿十采区 10 号煤层(SYS)	0.726	12.840	24.744	61.693
安泽矿(AZ)	0.681	8.881	24.598	65.841
白芨沟矿(BJG)	1.124	10.922	12.998	74.956
羊草沟矿(YCG)	0.600	44.200	11.7	43.5
王牛滩矿(WNT)	6.620	3.070	41.090	49.220
大菁煤矿(DJ)	0.8	48.7	9.8	40.7
涡北矿(GB)	0.51	14.95	18.15	66.39

三、实验系统气密性检测

实验前先进行实验系统的气密性检测,以确保实验结果的准确性和实验过程的安全性。检测步骤如下。

(1)将未装煤样样品的瓦斯吸附罐连接至瓦斯吸附解吸实验系统。

(2)关闭其他阀门,打开进气管路阀门,向参考罐和样品罐充入氦气,充至一定压力时关闭进气阀。

（3）大约6 h之后，观察参考罐与样品罐的压力值变化幅度。若压力变化幅度明显，证明装置气密性不符合标准，须立即检查处理;若压力基本无变化，进行加压充气，重复步骤(2)和(3)直到压力达到或超过实验最高压力值。

四、样品罐与参考罐体积测定

煤粒瓦斯动态吸附解吸实验系统中，样品罐与参考罐的体积包含二者罐体本身体积和相对应的管接头体积、管路体积以及阀门体积等。该系统共包含两个瓦斯罐(一个样品罐和一个参考罐)。样品罐和参考罐体积测定步骤如下。

（1）在等温吸附系统中接入高压氦气钢瓶。

（2）启动培养箱的温度控制系统，使等温吸附系统维持在30 ℃的恒温环境。

（3）图4 – 1中，打开球阀2与针阀3，关闭其他阀门;打开高压氦气钢瓶总阀并调节减压阀向参考罐充入一定压力的氦气;关闭球阀2，测量参考罐与样品罐的压力，分别为P_c与P_y;打开针阀4、5使样品罐与参考罐连通并使二者压力相等，此刻二者的压力为P_t。

（4）打开排气阀门，排出罐内高压气体，将选定的标准块放入样品罐内(测定其气密性)，重复步骤(3)测定参考罐与样品罐导通前的压力分别为P'_c和P'_y，二者导通后压力为P'_t。

（5）参考罐体积V_c与样品罐体积V_y可由式(4 – 5)计算:

$$\begin{cases} \dfrac{P_c V_c}{Z_c} + \dfrac{P_y V_y}{Z_y} = \dfrac{P_t (V_c + V_y)}{Z_t} \\ \dfrac{P'_c V_c}{Z'_c} + \dfrac{P'_y (V_y - V_b)}{Z'_y} = \dfrac{P'_t (V_c + V_y - V_b)}{Z'_t} \end{cases} \qquad (4-5)$$

式中　　　　　　　V_c——参考罐体积,mL;

　　　　　　　　　V_y——样品罐体积,mL;

　　　　　　　　　V_b——标准块体积,mL;

Z_c、Z'_c、Z_y、Z'_y、Z_t、Z'_t——压缩因子,无量纲。

实验选用实际气体的状态方程,因为理想气体状态方程$PV = nRT$在高压下进行实际气体的P、V、T计算会出现较大误差。

$$PV = nZRT \qquad (4-6)$$

式中　Z——气体的压缩因子,无量纲,代表实际气体与理想气体偏离的大小。

（6）重复步骤(3)~(5)进行3次测定,求平均值即可得到参考罐与样品罐的实际体积。

五、煤样干燥

将制备好的煤样,依次编号后放入真空干燥箱进行干燥,在 75 ℃下烘 5 h,烘干后得到干燥煤样,取出后放入干燥器皿冷却,一直冷却到室温以供实验使用。

六、样品罐自由空间体积测定

样品罐自由空间体积包括:①样品罐中煤粒颗粒之间的间隙;②样品罐中除去煤样之后剩下的体积;③管路和阀门部分的体积。实验采用直接法测定样品罐自由体积:设定恒定温度,在一定的压力条件下,向样品罐和参考罐中充入氦气,利用气体状态方程计算样品罐自由体积。具体测定步骤如下。

(1)利用真空泵将实验装置抽真空,直至压力为 – 0.1 MPa 且不再变化时停止。

(2)向参考罐内充入定量压力的氦气,利用气体状态方程计算参考罐内氦气的量。打开平衡阀使瓦斯样品罐和参考罐导通,当压力平衡时,记录压力值,列出此时的气体状态方程。实验中,忽略煤粒对氦气的吸附量。

(3)重复步骤(2)3 ~ 4 次,得到气体状态方程组。

样品罐自由空间体积 V_f:

$$V_f = V_y - V_b \tag{4-7}$$

联立式(4 – 5)、式 (4 – 7)得

$$V_f = V_c \frac{(P'_c Z'_t - P'_t Z'_c) Z'_y}{(P'_t Z'_y - P'_y Z'_t) Z'_c} \tag{4-8}$$

第四节　实验步骤与内容

一、等温定压吸附解吸实验过程

在 0.5 MPa、1.0 MPa、2.0 MPa、4.0 MPa 下进行吸附解吸实验,4 个压力下的实验步骤一致,以 0.5 MPa 吸附实验为例,说明操作步骤。

(1)称样并装罐:称量煤样和烧杯总质量 G_1,从烧杯中取适量煤样(大约 50 g)装入样品罐,罐中先加一层有脱脂棉的铜网;称量剩余煤样和烧杯质量 G_2,则样品罐中的煤样质量 G 为

$$G = G_1 - G_2 \tag{4-9}$$

煤样可燃物质量 G_r 为

$$G_r = \frac{g(100 - A_d)}{100} \quad\quad (4-10)$$

$$A_{ad} = A_d(100 - M_{ad}) \quad\quad (4-11)$$

式中　A_{ad}——分析基灰分,%;

　　　A_d——干燥基灰分,%;

　　　M_{ad}——分析基水分,%。

(2)温度设定:恒温箱温度设定为30 ℃。

(3)真空脱气:对样品罐与参考罐抽真空,大约3 h后停止。

(4)瓦斯吸附实验(图4-1):①关闭阀门4、5和6,打开阀门2,向参考罐中充入1.04 MPa的瓦斯气体,待参考罐内瓦斯压力稳定后,开始计时,数据接收装置同步记录罐内压力变化;②关闭阀门2,打开阀门4和5,使参考罐和样品罐导通,待二者压力达到平衡时迅速关闭阀门3、4、5;③煤样进行瓦斯吸附,每当样品罐压力值降低0.01 MPa时,打开阀门4和5,使样品罐和参考罐连通,样品罐内压力重新达到0.5 MPa,关闭阀门4和5;④重复以上操作,直至瓦斯吸附完全。

(5)瓦斯解吸实验(图4-1):①48 h后,瓦斯吸附基本达到平衡,保存吸附压力的数据;②打开阀门2、3、6,将参考罐内气体迅速排出,此时罐内压力等于大气压;③将阀门2、6关闭,打开阀门4和5,使样品罐与参考罐导通,样品罐中压力降低,关闭阀门4、5;④重复②③,直到样品罐中的压力达到0.1 MPa左右;⑤观察记录数据,每当压力升高0.01 MPa时,打开阀门4、5,再次连通两罐,几秒后关闭阀门4和5,打开阀门2、3、6使参考罐与大气相通,然后关闭阀门2、3、6,重复以上操作,直至解吸完毕。

(6)解吸完毕后打开阀门2、4、5(图4-1),将煤样罐内瓦斯气体排出罐体后打开阀门6,进行抽真空。

(7)重复步骤(3)~(6),分别进行4种煤样在设定好的4个压力下的吸附解吸实验。

二、等温变压吸附解吸实验过程

以60~80目四老沟矿煤样为例介绍实验具体步骤。

(1)将甲烷气瓶接入实验系统。

(2)开启温度控制系统,使系统温度稳定在30 ℃。

(3)将实验系统接入真空泵进行脱气2 h。

(4)向样品罐中充入甲烷气体,对煤样进行吸附。

(5)在实验过程中升4次压,依次为0.5 MPa、1 MPa、2 MPa、4 MPa,实验装置如

图 4 - 1 所示。首先关闭阀门 4、5,打开阀门 2、3,向参考罐通入瓦斯。初始瓦斯压力为 1.04 MPa,待参考罐内压力稳定后,关闭阀门 2。打开阀门 4、5,将参考罐和样品罐连通。当样品罐压力达到 0.5 MPa 时,迅速关闭样品罐阀门 4、5。当样品罐压力下降 0.01 MPa 时,打开样品罐阀门 4、5,将参考罐与样品罐连通,使样品罐瓦斯压力恢复到 0.5 MPa,关闭样品罐阀门 4、5,继续吸附。重复充气,2 h 后,将参考罐压力升为 1.53 MPa,打开样品罐阀门 4、5,将参考罐与样品罐连通,使样品罐瓦斯压力达到 1.05 MPa 时,关闭参考罐阀门 3。当样品罐瓦斯压力稳定后,开始计时。当样品罐压力下降 0.01 MPa 时,打开样品罐阀门 4、5,将参考罐与样品罐连通。使样品罐瓦斯压力恢复到 1 MPa,关闭样品罐阀门 4、5,继续吸附。重复充气,2 h 后,将参考罐压力升为 3.09 MPa,打开样品罐阀门 4、5,将参考罐与样品罐连通,使样品罐瓦斯压力达到 2.05 MPa 时,关闭参考罐阀门 3。当样品罐瓦斯压力稳定后,开始计时,当样品罐压力下降 0.01 MPa 时,打开样品罐阀门 4、5,将参考罐与样品罐连通。使样品罐瓦斯压力恢复到 2 MPa,关闭样品罐阀门 4、5,继续吸附。重复充气,2 h 后,将参考罐压力升为 5.13 MPa,打开样品罐阀门 4、5,将参考罐与样品罐连通。使样品罐瓦斯压力达到 4.05 MPa 时,关闭参考罐阀门 3。当样品罐瓦斯压力稳定后,开始计时。当样品罐压力下降 0.01 MPa 时,打开样品罐阀门 4、5,将参考罐与样品罐连通,使样品罐瓦斯压力恢复到 4.05 MPa,关闭样品罐阀门 4、5,继续吸附。重复充气,直到吸附平衡为止。

(6)变压吸附平衡后,进行变压解吸实验,先将样品罐压力调整为 3.04 MPa,开始解吸。当样品罐压力上升 0.01 MPa 时,调整样品罐压力为 3.04 MPa。重复调节 5 次后,将样品罐压力调整为 2.04 MPa。当样品罐压力上升 0.01 MPa 时,调整样品罐压力为 2.04 MPa。重复调节 5 次后,将样品罐压力调整为 1.04 MPa。当样品罐压力上升 0.01 MPa 时,调整样品罐压力为 1.04 MPa。重复调节 5 次后,将样品罐压力调整为 0.54 MPa。当样品罐压力上升 0.01 MPa 时,调整样品罐压力为 0.54 MPa。重复调节 5 次后,将样品罐压力调整为 0.11 MPa。当样品罐压力上升 0.01 MPa 时,调整样品罐压力为 0.11 MPa。重复调节,直到解吸平衡为止。

(7)将变压解吸结束的煤样继续吸附,使其恢复到 4 MPa 吸附平衡状态,继续进行变压解吸实验,步骤同(6),只有每次调压解吸平衡后,再调节压力。其目的是为了做两次解吸:第一次是在解吸压力下没有解吸平衡就调节到下一个压力进行解吸,第二次是在基本解吸平衡后再调节到下一个压力进行解吸。软件测试结果如图 4 - 5 所示,图 4 - 5 中的曲线表示瓦斯的吸附量/解吸量随时间的变化曲线。

(a) (b)

图 4 − 5　软件测试结果

三、数据采集及吸附解吸量计算

(一)吸附量与解吸量计算

(1)单位质量煤样每秒吸附量:数据接收装置每秒一个压力值,通过气体状态方程求每秒吸附量,再除以煤样质量。

$$Q_j = \frac{P_{j-1}v_f - P_j v_f}{ZGRT_0}V_m \times 10^3 \tag{4-12}$$

式中　　Q_j——第 j 秒煤样吸附瓦斯量,mL/g;

$\quad\quad\quad P_j$——第 j 秒样品罐瓦斯压力,MPa;

$\quad\quad P_{j-1}$——第 $j-1$ 秒样品罐瓦斯压力,MPa;

$\quad\quad\quad v_f$——样品罐自由体积,mL;

$\quad\quad\quad Z$——P_i 下的气体压缩因子;

$\quad\quad\quad G$——取用的煤样质量,g;

$\quad\quad\quad T_0$——实验温度,K;

$\quad\quad\quad V_m$——摩尔体积,L/mol。

(2)单位质量煤样每秒解吸量:数据接收装置每秒一个压力值,通过气体状态方程求每秒解吸量,再除以煤样质量。

$$Q_j = \frac{P_j v_f - P_{j-1}v_f}{ZGRT_0}V_m \times 10^3 \tag{4-13}$$

式中　　Q_j——第 j 秒煤样解吸瓦斯量,mL/g;

$\quad\quad\quad P_j$——第 j 秒样品罐瓦斯压力,MPa;

$\quad\quad P_{j-1}$——第 $j-1$ 秒样品罐瓦斯压力,MPa;

$\quad\quad\quad v_f$——样品罐自由体积,mL;

$\quad\quad\quad Z$——P_i 下的气体压缩因子;

G——取用的煤样质量，g；

T_0——实验温度，K；

V_m——摩尔体积，L/mol。

（二）解吸压力、解吸量和时间之间的关系

计算机采集与处理系统每秒记录一组参考罐和样品罐的瓦斯压力值，将这些数值存入 Excel，根据真实气体的状态方程式，计算累计解吸量和解吸速度，并做出压力与时间、解吸量与时间的曲线，为研究吸附压力、吸附量与时间的关系提供了方便。

第五节　定压实验结果

针对多个煤样，分别围绕定压和定容两个实验条件，开展了大量的煤粒瓦斯等温吸附 - 解吸实验。经过 Excel 软件处理，可以得到煤样在 4 种不同初始压力下吸附量与时间的关系曲线。

一、定压吸附结果分析

定压吸附实验，即煤粒在外部瓦斯压力基本恒定不变的条件下完成的吸附过程，选用了阳泉五矿煤样、水峪矿六采区煤样、水峪矿十采区煤样和安泽矿煤样，完成了 4 种煤样在 0.5 MPa、1.0 MPa、2.0 MPa 和 4.0 MPa 压力下的定压吸附实验。经过 Excel 软件处理，得到 4 种不同煤样在不同吸附压力下累计瓦斯吸附量与时间的变化关系，如图 4 - 6 所示。由图 4 - 6 可知，每一种煤样在一定压力下，吸附量随着吸附时间的增加而增加，吸附速率随着时间的不断增加有逐渐降低的趋势。对于同一煤样，瓦斯吸附量随着压力的增大而增加。

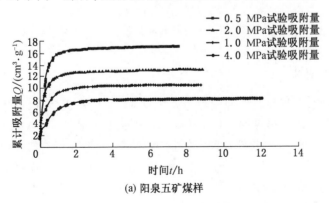

(a) 阳泉五矿煤样

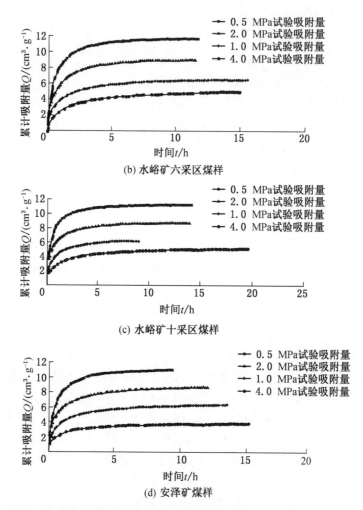

图 4-6 不同压力下不同煤样吸附量与时间的变化曲线(阳泉五矿、水峪矿、安泽矿)

二、定压解吸结果分析

定压解吸实验,即煤粒在外部压力为大气压条件下的解吸过程,选用长春羊草沟矿煤样,完成了 4 种粒径煤样在 0.5 MPa、1.0 MPa、2.0 MPa 和 4.0 MPa 压力下的定压解吸实验。经过 Excel 软件处理,得到 4 种不同煤样在不同解吸压力下累计解吸量与时间的变化关系,如图 4-7 所示。由图 4-7 可知,每一种煤样在一定压力下,解吸量随着解吸时间的增加而增加,解吸速率随着时间的不断增加有逐渐降低的趋势;同一粒径煤样,瓦斯解吸量随着压力的增大而增加。

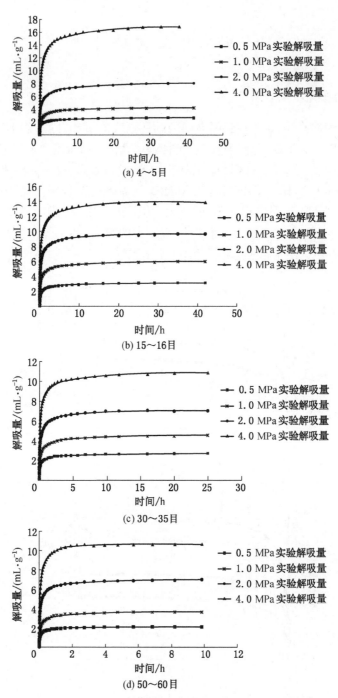

图 4-7　不同压力下羊草沟矿煤样解吸量与时间的变化曲线

第六节　定容实验结果

一、定容吸附结果分析

定容吸附实验,即煤粒在封闭空间内的瓦斯吸附过程,随着煤粒吸附瓦斯,容器内的瓦斯压力会不断下降,当煤粒达到吸附平衡时,瓦斯压力最终保持恒定。选用安泽矿煤样、水峪矿六采区煤样、白芨沟矿煤样和阳泉五矿煤样,完成了4种煤样在0.5 MPa、1.0 MPa、2.0 MPa 和3.0 MPa 压力下的定容吸附实验。经过 Excel软件处理得到4种不同煤样在不同初始压力下瓦斯累计吸附量与时间的变化关系,如图4-8所示。由图4-8可知,随着压力的增大,各个煤样的瓦斯吸附量增加。同时,褐煤和无烟煤的吸附平衡时间小于烟煤。

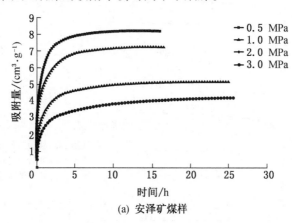

(a) 安泽矿煤样

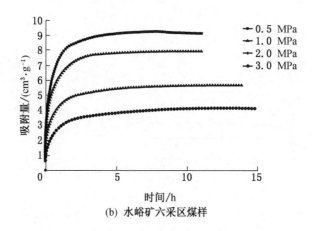

(b) 水峪矿六采区煤样

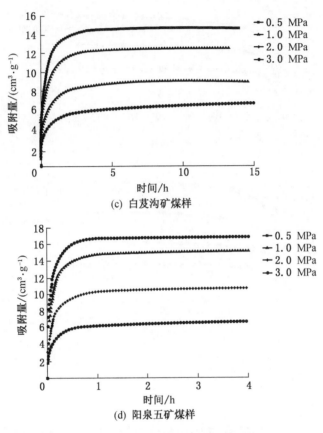

图 4-8　不同压力下不同煤样吸附量与时间的变化曲线

二、定容解吸结果分析

定容解吸实验,即煤粒在封闭空间内的瓦斯解吸过程,随着煤粒中瓦斯的解吸,容器中的瓦斯压力会不断增大,当煤粒达到解吸平衡时,瓦斯压力最终保持恒定。开展了不同粒径煤样在 0.5 MPa、1.0 MPa、2.0 MPa 和 4.0 MPa 压力下有限空间内的瓦斯放散实验,采集得到煤样的累计瓦斯放散量与时间的变化关系,如图 4-9所示。由图 4-9 可知,随着压力的增大,各个煤样的瓦斯解吸量增加。同时,粒径越小,同一压力条件下煤样的解吸量越大。

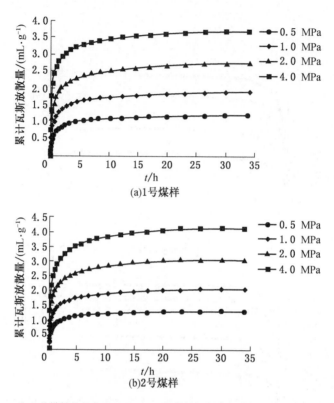

(a)1号煤样

(b)2号煤样

注:1 号煤样粒径为 42.967 mm;2 号煤样粒径为 11.600~13.880 mm

图 4-9　不同压力下瓦斯累计放散量与时间的变化曲线

第七节　定压和定容条件下瓦斯吸附特性对比

　　煤是一种复杂的具有孔隙、裂隙结构的多孔介质,是一种天然吸附剂,对瓦斯气体具有很强的吸附性,主要表现为可逆的物理吸附。目前,大家普遍认为煤吸附甲烷符合朗格缪尔单分子层理论。研究煤的等温吸附解吸特性,测定相关吸附常数在预测煤层气含量,判断煤层的含气饱和度,确定煤层的临界解吸压力等方面具有重要意义。

　　对于影响瓦斯吸附常数的各种因素,学者们进行了大量研究。文献[1]认为常数 a 是一个和煤体表面积及吸附气体有关的参数,不同煤样吸附量的差异集中反映在 a 值的不同上;常数 b 是一个和温度、被吸附气体有关的参数,温度变化引起的吸附量的变化集中反映在 b 值的不同上。文献[2、3]主要从温度、含水率等角度研究了吸附常数的变化规律,对 a 值主要存在两种观点:第一种观点认为 a 值随着温度的增大而减小,第二种观点认为 a 值只与煤体自身性质及被吸附气体有关。关于 b 值的影响因素,文献[4]认为 b 值依赖于吸附温度、吸附平衡时的压强以及煤自身物理性能;文献[2]认为 b 值随着含水率的变化呈指数衰减趋势;文献[3]认为温度变化对 b 值影响不明显,而文献[5]则认为 b 值随着温度升高而减小。文献主要从煤样孔径、粒径等因素探讨了常数 a、b 值的变化规律;文献[6]认为 a 值随着纳米级(<100 nm)孔比表面积的增加呈线性增加,b 值随着纳米级孔容积的增加呈线性增加;文献[22]则认为 a、b 值随着粒径出现阶段性变化。文献[7]认为平均孔径与 a 值呈负相关,与 b 值呈正相关。文献[8]进行了平衡水分条件下不同煤阶的煤样对甲烷的等温吸附实验,并从煤岩组分、水分等因素分析了对朗格缪尔吸附参数的影响规律。

学者们对煤吸附瓦斯做了大量研究,但目前对吸附常数 a、b 值的影响因素仍存在较多争议,以往的瓦斯等温吸附实验大多是在定容条件下进行测试的,有关定压条件下瓦斯吸附实验的文献较少,两种实验条件下关于瓦斯吸附特性差异的研究也几乎没有。因此,很有必要进一步探讨不同条件下煤粒吸附瓦斯的规律,研究吸附常数在不同条件下的变化关系,为此设计进行了恒温定容瓦斯吸附实验和恒温定压动态瓦斯吸附实验,以探究定容和定压条件下瓦斯吸附常数的规律。

一、煤样选取及实验条件

实验煤样取自王牛滩矿、安泽矿、水峪矿、白芨沟矿、阳泉五矿。先将各煤样破碎,再用样品筛筛选出 60~80 目的煤样作为实验煤样。煤样煤阶由高到低的顺序为:阳泉五矿>白芨沟矿>水峪矿>安泽矿>王牛滩矿。其中,阳泉五矿煤样、白芨沟矿煤样为无烟煤,水峪矿煤样为烟煤,安泽矿煤样为焦煤,王牛滩矿煤样为褐煤,煤化程度最低。

实验原理采用《煤的高压等温吸附试验方法》(GB/T 19560—2008)所叙述的原理。实验仪器采用高温高压气体吸附分析仪 H-Sorb 2006。实验系统主要由通气装置、温度控制系统、等温吸附系统和数据记录与处理系统组成。实验系统通过计算机程序控制可实现定容和定压两种状态下的瓦斯等温吸附实验。其中,温度控制系统的控温精度为 ±0.1 ℃,吸附剂采用纯度为 99.99% 的甲烷气体,实验测试温度设定为 35 ℃。

进行定容瓦斯吸附实验前,首先检查实验系统的气密性,检查完毕后,称量一定质量(每次约6.5 g)的煤样装入样品罐,并将样品罐接入实验仪器进行样品预处理,使煤样在 105 ℃条件下真空干燥 4 h。然后,将样品罐接入等温吸附系统进行充气吸附。测定煤样吸附常数时,选取 7 个阶梯压力平衡点 0.15 MPa、0.25 MPa、0.5 MPa、1 MPa、2 MPa、3 MPa、4 MPa 进行实验,分别进行了定容瓦斯吸附实验及定压动态瓦斯吸附实验。

定容瓦斯吸附实验与定压动态瓦斯吸附实验操作步骤类似,不同之处在于,定容实验在开始时,通气装置向样品罐内充气,当达到设定压力值时,关闭样品罐和参考罐之间的连通阀,以确保样品罐内的煤样在瓦斯吸附过程中保持密闭状态。煤样吸附过程中,瓦斯压力会不断下降,直至达到瓦斯吸附平衡。而在定压实验过程中,样品罐内瓦斯压力保持准定压状态(不可能完全达到定压),当样品罐内瓦斯压力由于煤粒吸附而下降时,仪器会自动向样品罐内补气,以确保样品罐内瓦斯压力为准定压状态。以阳泉五矿煤样为例,两种条件下瓦斯吸附曲线如图4-10所示。

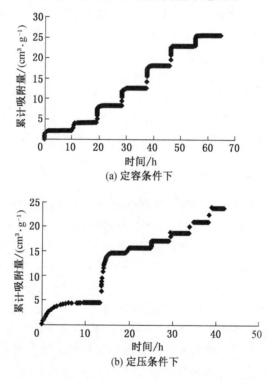

(a) 定容条件下

(b) 定压条件下

图4-10　定容和定压条件下瓦斯吸附曲线

二、实验数据及处理

煤样的瓦斯吸附常数是能够体现煤样中瓦斯吸附性能的重要参数,吸附常数 a 表征了煤样的最大瓦斯吸附量,吸附常数 b 则与瓦斯吸附速率密切相关。

(一)瓦斯吸附数学模型

若以 θ 表示任一瞬间固体表面被气体分子覆盖的分数,以 N 表示固体表面具有吸附能力的总吸附位点数，k_a 和 k_d 分别表示吸附和解吸速率常数，则吸附速率 v_a 与气体压力 p 及固体上的空位数 $(1-\theta)$ 成正比，吸附速率 v_a 的表达式为

$$v_a = k_a p N(1-\theta) \tag{4-14}$$

气体的解吸速率 v_d 与被吸附的气体分子数目 $N\theta$ 成正比，即

$$v_d = k_d N\theta \tag{4-15}$$

当吸附达到平衡时，吸附速率与解吸速率相等，即

$$k_a p N(1-\theta) = k_d N\theta \tag{4-16}$$

令 $b = k_a/k_d$

解得

$$\theta = bp/(1+bp) \tag{4-17}$$

式(4-17)即朗格缪尔方程，其中 p 为气体压力，单位为 Pa；b 为吸附速率常数与解吸速率常数的比值，表征瓦斯吸附速率，单位为 MPa^{-1}。

若以 Q 表示单位固体表面上吸附的气体的量，a 表示单位固体表面上饱和的吸附气体的量(即最大吸附能力)，则朗格缪尔方程转化为常用的形式：

$$Q = \frac{abp}{1+bp} \tag{4-18}$$

(二)实验结果及分析

分析实验数据，发现各煤样的累计瓦斯吸附量 Q 随着吸附到达平衡逐渐趋于定值，该定值即为在给定温度与压力条件下吸附达到平衡时的饱和吸附量。对煤样吸附实测曲线的变化趋势进行拟合，以安泽矿煤样和白芨沟矿煤样为例，2 种实验条件下平衡点压力倒数和平衡点累计瓦斯吸附量倒数拟合曲线如图 4-11 所示，拟合线性方程符合下式：

$$\frac{1}{Q} = \frac{1}{ab}\frac{1}{p} + \frac{1}{a} \tag{4-19}$$

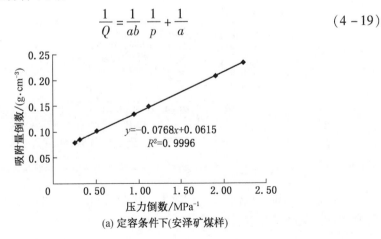

(a) 定容条件下(安泽矿煤样)

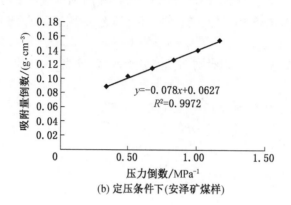

(b) 定压条件下(安泽矿煤样)

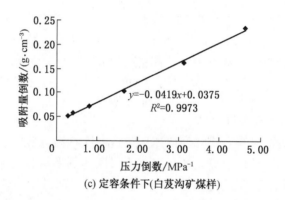

(c) 定容条件下(白芨沟矿煤样)

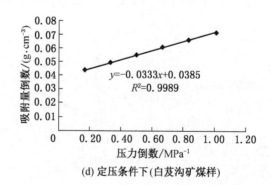

(d) 定压条件下(白芨沟矿煤样)

图 4-11　定容和定压条件下平衡点吸附数据拟合曲线

　　根据拟合曲线的线性方程及式(4-19)可计算定容和定压条件下各煤样的吸附常数 a、b 值及拟合度,计算结果见表 4-3。

表 4 - 3 定容和定压条件下不同煤样吸附常数 a、b 值及拟合度

煤样	定 容 状 态			定 压 状 态		
	吸附常数 $a/(cm^3 \cdot g^{-1})$	吸附常数 b/MPa^{-1}	拟合度 R^2	吸附常数 $a/(cm^3 \cdot g^{-1})$	吸附常数 b/MPa^{-1}	拟合度 R^2
王牛滩矿	6.5963	0.2041	0.9965	6.2228	0.4342	0.9914
安泽矿	16.2602	0.8008	0.9996	15.9490	0.8038	0.9972
水峪矿	18.7970	0.7858	0.9997	18.5874	0.5412	0.9997
白芨沟矿	26.6667	0.8950	0.9973	25.9740	1.1562	0.9989
阳泉五矿	28.4900	1.9162	0.9998	28.6533	2.1152	0.9985

由表 4 - 3 可知,2 种实验条件下各煤样平衡点压力倒数和累计吸附量倒数线性拟合后拟合度均高达 0.99,因此,运用朗格缪尔单分子层吸附模型解释煤样对瓦斯的吸附规律是可行的。定容和定压两种状态下测得的吸附常数 a 值均随着煤阶的增大逐渐增大,b 值随着煤阶的增大呈现先增大后减小再增大的趋势。分别对 2 种实验条件下测定的吸附常数 a、b 值进行误差分析,相对误差以定压条件下测定的吸附常数值为基准,计算结果见表 4 - 4。由表 4 - 4 可知,吸附常数 a 值的相对误差很小,但吸附常数 b 值的相对误差较大。其他条件相同时,除水峪矿煤样外,定压条件下测得的 b 值大于定容条件下测得的 b 值,即其他条件相同时,定压条件下瓦斯吸附速率大于定容条件下瓦斯吸附速率。因此,可以认为在误差允许范围内定容和定压 2 种实验条件对吸附常数 a 值几乎不存在影响,但对吸附常数 b 值存在较大影响。

表 4 - 4 定容和定压条件下吸附常数 a、b 值误差分析

煤样	a		b	
	绝对误差/$(cm^3 \cdot g^{-1})$	相对误差/%	绝对误差/MPa^{-1}	相对误差/%
王牛滩矿	0.3735	6.00	0.2301	52.99
安泽矿	0.3112	1.95	0.0030	0.37
水峪矿	0.2096	1.13	0.2446	45.20
白芨沟矿	0.6927	2.67	0.2612	22.59
阳泉五矿	0.1633	0.57	0.1990	9.41

(三)挥发分对 a、b 值的影响

煤阶对瓦斯吸附性能起控制作用,而挥发分与煤阶密切相关,挥发分越低,煤阶越高,因此有必要进一步将吸附常数 a、b 值与各煤样的挥发分作对比分析。研究发现定容条件下各煤样的吸附常数 a 值随着挥发分的降低呈现良好的线性关系,拟合方程见式(4-20),拟合曲线如图4-12a所示。

$$y = -0.6878x + 33.97 \quad (R^2 = 0.9769) \tag{4-20}$$

同理,获得定压条件下各煤样的吸附常数 a 值与挥发分的拟合方程,见式(4-21),拟合曲线如图4-12b所示。

$$y = -0.6945x + 33.827 \quad (R^2 = 0.9713) \tag{4-21}$$

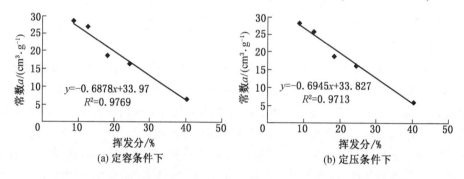

图4-12 定容和定压条件下各煤样吸附常数 a 值与挥发分的拟合关系

将各煤样挥发分与 b 值进行比较,发现煤样挥发分与 b 值未呈现明显的线性关系,主要呈现为对数关系。定容条件下煤样挥发分与 b 值的拟合方程见式(4-22),拟合曲线如图4-13a所示。

$$y = -0.961\ln x + 3.7243 \quad (R^2 = 0.8324) \tag{4-22}$$

同理,获得定压条件下各煤样的吸附常数 b 值与挥发分的拟合方程,见式(4-23),拟合曲线如图4-13b所示。

$$y = -1.0021\ln x + 3.9332 \quad (R^2 = 0.7574) \tag{4-23}$$

由以上煤样挥发分与吸附常数 b 值的拟合结果可知,煤样挥发分不是影响 b 值的主要因素。

总之,定容和定压两种条件对瓦斯饱和吸附量(即吸附常数 a 值)的影响很小,但对瓦斯吸附速率(即吸附常数 b 值)的影响较大。其他条件相同时,定压条件下测得的 b 值整体呈现大于定容条件下测得的 b 值的趋势,即其他条件相同时,定压条件下瓦斯吸附速率大于定容条件下瓦斯吸附速率。煤样挥发分对吸附常数 a 值影响较大,a 值随着煤样挥发分的增大而减小,即说明瓦斯饱和吸附量随着煤阶的

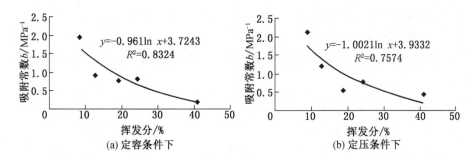

图4-13　定容和定压条件下各煤样吸附常数 b 值与挥发分的拟合关系

增大而增大。

三、分析与讨论

目前,关于吸附常数 a 值的影响因素主要存在两种观点:第一种观点认为吸附常数 a 值只与煤本身因素和被吸附气体有关;第二种观点认为除与煤质本身因素和被吸附气体有关外,温度、压力等其他因素同样对吸附常数 a 值有影响。根据朗格缪尔单分子层理论,常数 a 值表征瓦斯的饱和吸附量,其只和吸附剂表面的总吸附位数有关,而对于同种煤样来说,其总吸附位数是固定的。因此从理论上来说,定容和定压两种实验条件下测得的常数 a 值相差不大,实验结果也验证了这一点。此外,两种实验条件下测得的常数 a 值均随着煤样煤阶的升高而增大,这是因为随着煤阶升高,煤中挥发分降低,挥发分对吸附常数 a 值存在明显的影响作用。由煤样挥发分与吸附常数 b 值拟合结果可知,挥发分不是影响 b 值的主要因素,推测 b 值随着煤阶出现先增大再减小再增大的现象主要与煤孔隙的微孔和过渡孔有关。

根据朗格缪尔单分子层吸附理论,气体吸附速度 v_a 正比于 $\alpha\mu$(α 表示碰撞到表面的分子中被表面吸附的分子与碰撞到表面的分子的比值,其值一般接近于1;μ 表示每秒时间内碰撞到 1 cm² 表面上的气体分子物质的量),并且 μ 正比于压力 p。因此,压力越大瓦斯的吸附速度越大。由于两种实验条件下初始压力都相同,但是定容实验中瓦斯吸附压力会逐渐降低直到吸附平衡,而定压实验中,压力会保持在一个动态的准定压状态。因此,定压实验中每秒碰撞到煤体表面的瓦斯气体分子数量就多于相同条件下定容实验中每秒碰撞到煤体表面的瓦斯气体分子数量,定压实验中吸附瓦斯气体分子的速率更快,达到吸附平衡的时间更短,b 值也随之增大。对比两种实验条件下瓦斯吸附曲线(图4-10),也可以看出定压条件下吸附达到平衡的时间短于定容条件下吸附达到平衡的时间。表4-3 中,定压条件下的

b 值整体呈现出大于定容条件下的 b 值的趋势,但水峪矿煤样出现了一定误差,这可能是实验过程中温度波动等因素造成的。所以,定容和定压两种实验条件下测得的 b 值存在较大差异,b 值是依赖于瓦斯吸附平衡点的压力的,这也符合前述观点。

第五章　瓦斯吸附解吸扩散理论模型

第一节　浓度梯度驱动的菲克扩散模型

一、基本假设

在煤的微孔孔隙结构中,瓦斯在煤中的流动规律基本符合扩散运动并满足菲克定律。为了简化研究问题,做以下假设:①煤粒为球形颗粒;②煤粒为各向同性多孔介质;③在煤粒中扩散的瓦斯满足质量守恒定律和连续性定理。

$$J = -D \frac{\partial x}{\partial r} \tag{5-1}$$

式中　J——瓦斯扩散速度,$m^3/(m^2 \cdot d)$;

　　　D——煤粒瓦斯扩散系数,m^2/d;

　　　r——法线方向上的距离,m;

　　　x——煤粒瓦斯浓度,m^3/m^3。

二、扩散流动的连续性微分方程

对于球体煤粒,在厚度为 dr 的球壳中,设煤粒半径为 r,瓦斯在煤粒内的流动符合菲克定律,则有

$$Q = FJ = -D \frac{\partial x}{\partial r} F \tag{5-2}$$

$$F = 4\pi r^2$$

式中　Q——瓦斯流量,m^3/d;

　　　F——球壳表面积,m^2。

如图 5-1 所示,取球形煤粒中厚度为 dr 的球壳进行分析,由质量守恒定律可知流过球壳的瓦斯减小量等于球壳内部的瓦斯含量,即

$$\frac{\partial x}{\partial t}\left[\frac{4}{3}\pi (r+dr)^3 - \frac{4}{3}\pi r^3\right] + \frac{\partial Q}{\partial r} \times 4\pi r^2 dr = 0 \tag{5-3}$$

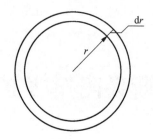

图 5 – 1　厚度为 dr 的球壳示意图

把式(5 –2)代入式(5 –3),且(dr)2 ≈ 0,(dr)3 ≈ 0,整理得

$$\frac{\partial x}{\partial t} = \frac{1}{r^2}\frac{\partial}{\partial r}\left(Dr^2\frac{\partial x}{\partial r}\right) \qquad (5-4)$$

假设扩散系数 D 为常数,式(5 –4)可变形为

$$\frac{\partial x}{\partial t} = \frac{D}{r^2}\frac{\partial}{\partial r}\left(r^2\frac{\partial x}{\partial r}\right) \qquad (5-5)$$

三、初始条件与边界条件

(一)定压条件下瓦斯解吸菲克扩散模型

模型的初始条件和边界条件为

$$\begin{cases} x = x_0 & (0 \leqslant r \leqslant R, t = 0) \\ \dfrac{\partial x}{\partial r} = 0 & (r = 0, t > 0) \\ x = x_n & (r = R, t > 0) \end{cases} \qquad (5-6)$$

式中　x_0——煤粒原始瓦斯含量,m^3/m^3,$x_0 = \dfrac{abp_0}{1 + bp_0}\rho$($p_0$ 为煤粒原始瓦斯压力,

　　　　MPa;ρ 为煤的视密度,t/m^3);

　　　x_n——煤粒表面瓦斯含量,m^3/m^3,$x_n = \dfrac{abp_n}{1 + bp_n}\rho$($p_n$ 为煤粒表面瓦斯压力,

　　　　$p_n = 0.1$ MPa);

　　　R——煤粒半径,m;

　　　t——时间,d。

(二)定容条件下瓦斯解吸菲克扩散模型

定容条件下的瓦斯解吸过程是指煤粒在一定初始压力下吸附瓦斯,达到吸附平衡时的煤粒外部瓦斯压力稳定在预定压力。之后将样品罐与外界导通,使样品

罐内瓦斯压力迅速恢复到大气压,然后将样品罐封闭,煤粒中已经吸附的瓦斯在封闭的样品罐中解吸。因此,模型的初始条件和边界条件为

$$
\begin{cases}
x = x_0 & (0 \leqslant r \leqslant R_0, t = 0) \\
\dfrac{\partial x}{\partial r} = 0 & (r = 0, t > 0) \\
x = x_n & (r = R_0, t > 0)
\end{cases}
\tag{5-7}
$$

式中　x_0——煤粒内部初始瓦斯含量,m^3/m^3;

　　　R_0——煤粒半径,m;

　　　x_n——煤粒表面瓦斯含量,m^3/m^3。

对于封闭空间内的瓦斯解吸,外部瓦斯压力会随着解吸的进行而升高,使模型的外表面边界条件随之改变。煤粒外表面的瓦斯压力可以通过理想气体状态方程求得

$$
p_w = p_{w0} + \frac{GQZRT}{V_f V_m}
\tag{5-8}
$$

式中　p_w——煤粒外表面瓦斯压力,MPa;

　　　p_{w0}——开始解吸时煤粒外表面瓦斯压力,MPa;

　　　G——取用的煤样质量,g;

　　　Q——瓦斯累计吸附量,cm^3/g;

　　　Z——气体压缩因子;

　　　R——煤粒半径,m;

　　　T——实验温度,K,对于该实验,$T = 308.15$ K;

　　　V_f——样品罐内的自由体积,mL;

　　　V_m——摩尔体积,mL/mol。

(三)定压条件下瓦斯吸附菲克扩散模型

定压条件下,瓦斯吸附过程中煤粒外部压力保持不变。模型的初始条件和边界条件为

$$
\begin{cases}
x = x_0 & (0 \leqslant r \leqslant R, t = 0) \\
\dfrac{\partial x}{\partial r} = 0 & (r = 0, t > 0) \\
x = x_n & (r = R, t > 0)
\end{cases}
\tag{5-9}
$$

式中　x_0——煤粒原始瓦斯含量,$x_0 = \dfrac{abp_0}{1 + bp_0}\rho$($p_0$ 为煤粒原始瓦斯压力,在理想条

　　　　件下,$p_0 = 0$ MPa),m^3/m^3;

x_n——煤粒表面瓦斯含量，$x_n = \dfrac{abp_n}{1+bp_n}\rho$（$p_n$ 为煤粒表面瓦斯压力，单位为 MPa；在定压条件下，p_n 不变），$\mathrm{m^3/m^3}$；

R——煤粒半径，m；

t——时间，d。

（四）定容条件下瓦斯吸附菲克扩散模型

定容条件下，瓦斯吸附过程中煤粒外部压力随着瓦斯吸附不断降低。模型的初始条件和边界条件为

$$\begin{cases} x = x_0 & (0 \leqslant r \leqslant R, t = 0) \\ \dfrac{\partial x}{\partial r} = 0 & (r = 0, t > 0) \\ x = x_n & (r = R, t > 0) \end{cases} \qquad (5-10)$$

式中　x_0——煤粒原始瓦斯含量，$x_0 = \dfrac{abp_0}{1+bp_0}\rho$（$p_0$ 为煤粒原始瓦斯压力，MPa；在理想条件下，$p_0 = 0$ MPa），$\mathrm{m^3/m^3}$；

x_n——煤粒表面瓦斯含量，$x_n = \dfrac{abp_n}{1+bp_n}\rho$（$p_n$ 为煤粒表面瓦斯压力，MPa），$\mathrm{m^3/m^3}$；

R——煤粒半径，m；

t——时间，d。

煤粒外部的瓦斯压力值可通过理想气体状态方程求得

$$p_n = p_{n0} - \dfrac{GQZRT}{V_f V_m} \qquad (5-11)$$

式中　p_{n0}——样品罐内初始时刻的瓦斯压力，即实验时设定的瓦斯吸附压力，MPa；

G——取用的煤样质量，g；

Q——瓦斯累计吸附量，$\mathrm{cm^3/g}$；

Z——气体压缩因子；

R——煤粒半径，m；

T——实验温度，K，对于该实验，$T = 308.151$ K；

V_f——样品罐内的自由体积，mL；

V_m——摩尔体积，mL/mol。

第二节　压力梯度驱动的达西渗流模型

一、基本假设

基于达西定律建立了瓦斯达西渗流模型,该模型的主要假设有:①煤粒是均质各向同性的,瓦斯压力变化不影响煤粒中的孔隙率和透气性系数;②煤粒中的瓦斯由吸附态瓦斯和游离态瓦斯组成,满足朗格缪尔方程;③瓦斯在煤粒中流动可视为等温流动;④在实验条件下,瓦斯可视为理想气体,满足理想气体状态方程;⑤瓦斯在煤体中以层流的形式运动。

因此,煤体中的瓦斯含量为

$$x = \frac{abp}{1 + bp} + Bnp \tag{5-12}$$

式中　x——煤粒单位质量中含有的瓦斯含量,$\mathrm{m^3/t}$;

$\quad\quad a$——吸附常数,$\mathrm{m^3/t}$;

$\quad\quad b$——吸附常数,$\mathrm{MPa^{-1}}$;

$\quad\quad p$——煤粒内部瓦斯压力,MPa;

$\quad\quad B$——系数,$\mathrm{m^3/(g \cdot MPa)}$;

$\quad\quad n$——煤的孔隙率。

$$Bn_0 p = \frac{n_0 \rho_s}{\rho \rho_0} = \frac{n_0}{\rho} \frac{T_0}{p_0 T} p = \frac{T_0}{\rho p_0 T} n_0 p \tag{5-13}$$

由式(5-13)可得

$$B = \frac{T_0}{\rho_c p_0 T} \tag{5-14}$$

式中　T_0——标准状况下温度,取值为 273.15 K;

$\quad\quad T$——理想气体的热力学温度,K;

$\quad\quad \rho_c$——煤的视密度,$\mathrm{g/m^3}$;

$\quad\quad p_0$——标准大气压,取值为 0.101325 MPa。

瓦斯在煤粒中的运移符合达西定律,有

$$u = -\frac{K}{\mu} \nabla p \tag{5-15}$$

式中　u——瓦斯流速,$\mathrm{m/s}$;

$\quad\quad K$——煤粒瓦斯的渗透率,$\mathrm{m^2}$;

$\quad\quad \mu$——瓦斯黏性系数,$\mathrm{MPa \cdot s}$;

∇p——瓦斯压力梯度,MPa/m。

二、扩散流动的连续性微分方程

将流过的瓦斯量转化为压力 p_n 为标准大气压、温度为煤体温度 T 时的体积流量,则可将式(5-15)改为

$$q = -\lambda \nabla P \tag{5-16}$$

式中　q——瓦斯比流量,$m^3/(m^2 \cdot s)$;

　　　λ——透气性系数,$m^2/(MPa^2 \cdot s)$,$k = K/2\mu p_n$;

　　　P——瓦斯压力平方,$P = p^2$,MPa^2。

根据质量守恒定律,有

$$\frac{\partial x}{\partial t} = \nabla(\rho_g u) \tag{5-17}$$

式中　　t——时间,s;

　　　ρ_g——瓦斯密度,kg/m^3;

　　　∇——哈密顿算符。

设煤粒内部瓦斯压力为 p_0,煤粒外部空间压力为 p_w,煤粒半径为 r,则有

$$Q = qF = -\lambda \frac{\partial P}{\partial r}F \tag{5-18}$$

式中　F——球体表面积,m^2;

　　　Q——瓦斯流量,m^3/d。

取煤粒中厚度为 dr 的球壳进行分析,由质量守恒定律可知:

$$\frac{\partial x}{\partial t}\rho\left[\frac{4}{3}\pi(r+dr)^3 - \frac{4}{3}\pi r^3\right] + \frac{\partial Q}{\partial r} \times 4\pi r^2 dr = 0 \tag{5-19}$$

将式(5-18)代入式(5-19),可得

$$\frac{\partial x}{\partial t} = \frac{\lambda}{\rho}\left(\frac{\partial^2 P}{\partial r^2} + \frac{2}{r}\frac{\partial P}{\partial r}\right) \tag{5-20}$$

对式(5-20)进行转化,有

$$\frac{\partial x}{\partial t} = \frac{\lambda}{\rho}\frac{1}{r^2}\frac{\partial}{\partial r}\left(r^2\frac{\partial P}{\partial r}\right) \tag{5-21}$$

将式(5-12)代入式(5-21)有

$$\frac{\partial\left(\dfrac{a}{1+\dfrac{1}{b\sqrt{P}}} + \dfrac{Bn\sqrt{b^2 P}}{b}\right)}{\partial t} = \frac{\lambda}{\rho}\frac{1}{r^2}\frac{\partial}{\partial r}\left(r^2\frac{\partial P}{\partial r}\right) \tag{5-22}$$

三、初始条件与边界条件

(一)定压条件下瓦斯解吸达西渗流模型

定压条件下瓦斯解吸时,煤粒外部压力是标准大气压,因此其初始条件和边界条件为

$$\begin{cases} P = P_0 = p_0^2 & (t=0, 0 \leq r \leq R) \\ \dfrac{\partial P}{\partial r} = 0 & (r=0, t>0) \\ P = P_w = p_w^2 & (r=R, t>0) \end{cases} \qquad (5-23)$$

式中　P_0——煤粒初始瓦斯压力,MPa;

P_w——煤粒外表面瓦斯压力,MPa,$P_w = 0.1$ MPa;

R——煤粒半径,m。

(二)定容条件下瓦斯解吸达西渗流模型

定容条件和定压条件是对于瓦斯吸附来说的,因此定容条件下瓦斯解吸达西渗流模型的初始条件与式(5-23)相同,边界条件与式(5-8)相同。

(三)定压条件下瓦斯吸附达西渗流模型

定压条件下煤粒外部瓦斯压力不变,因此,其初始条件和边界条件为

$$\begin{cases} P = 0 & (t=0) \\ \dfrac{\partial P}{\partial r} = 0 & (r=0) \\ P = P_w & (r=R) \end{cases} \qquad (5-24)$$

式中　P——煤粒内部瓦斯压力平方,MPa^2;

P_w——煤粒外部瓦斯压力平方,即实验设定的吸附压力平方,MPa^2;

R——煤粒半径,m。

(四)定容条件下瓦斯吸附达西渗流模型

定容条件下煤粒外部压力会随着瓦斯吸附而不断减小,其初始条件和边界条件为

$$\begin{cases} P = 0 & (t=0) \\ \dfrac{\partial P}{\partial r} = 0 & (r=0) \\ P = P_w & (r=R) \end{cases} \qquad (5-25)$$

式中,$P_w = p_w^2$。

煤粒外部瓦斯压力可通过理想气体状态方程求得

$$p_w = p_{u0} - \frac{GQZRT}{V_f V_m} \qquad (5-26)$$

式中　p_{u0}——样品罐内初始时刻的瓦斯压力,即实验时设定的瓦斯吸附压
　　　　　　力,MPa;

　　　G——取用的煤样质量,g;

　　　Q——瓦斯累计吸附量,cm^3/g;

　　　Z——气体压缩因子;

　　　R——煤粒半径,m;

　　　T——实验温度,K;

　　　V_f——样品罐内的自由体积,mL;

　　　V_m——摩尔体积,22400 mL/mol。

第三节　游离瓦斯密度梯度驱动的新扩散模型

一、基本假设

　　瓦斯流动数学模型建立的前提假设包括:①煤粒为各向同性多孔介质,其孔隙率和渗透性能均匀一致,且不受煤粒内部瓦斯压力变化的影响;②瓦斯含量为吸附态与游离态瓦斯含量之和;③瓦斯在煤粒中流动时,温度的影响很小,故可视为等温流动;④瓦斯压力和密度的变化满足理想气体状态方程。

　　基于此,提出了一个新的煤体微孔道中瓦斯流动假说,即单位时间内通过单位面积的瓦斯质量与该单位面积处的瓦斯密度梯度成正比,数学表达式如下:

$$J_m = -D_m \frac{d\rho_g}{dn} \qquad (5-27)$$

式中　J_m——煤粒中瓦斯质量通量,即单位时间内通过单位面积的瓦斯质量,
　　　　　　$kg/(m^2 \cdot s)$;

　　　D_m——微孔道游离瓦斯扩散系数,m^2/s;

　　　ρ_g——游离态瓦斯密度,kg/m^3。

本假说与菲克扩散定律的主要区别为:菲克扩散定律中的瓦斯浓度,即瓦斯含量没有区分吸附态瓦斯与游离态瓦斯,而吸附态瓦斯是不参与扩散的,煤粒微孔道内的瓦斯扩散只与游离态瓦斯有关。本假说只考虑了微孔道中游离态瓦斯的运移情况。由于煤体瓦斯的吸附平衡是动态平衡状态,当煤体吸附瓦斯时,微孔道中游离态瓦斯碰撞煤体表面,部分瓦斯分子固定在吸附位上,转变为吸附态瓦斯;与此

同时,吸附位上的吸附态瓦斯也会有少部分脱离煤体表面,解吸出来形成游离态瓦斯。只是对于宏观过程来说,表现为瓦斯吸附。

二、扩散流动的连续性微分方程

煤粒内部的气体包括吸附态和游离态,煤粒中气体的含量为

$$X = \frac{abp}{1 + bp} + Bn_0 p \tag{5-28}$$

式中　X——单位质量煤粒的气体含量,m^3/g;

$\quad\quad a$——极限吸附量,m^3/g;

$\quad\quad b$——吸附常数,MPa^{-1};

$\quad\quad p$——气体压力,MPa;

$\quad\quad n_0$——煤的孔隙率;

$\quad\quad B$——系数,$m^3/(g \cdot MPa)$。

对于理想气体,有

$$v = \frac{R_m T}{Mp} = R_g \frac{T}{p} \tag{5-29}$$

式中　　v——理想气体的比容,m^3/g;

$\quad\quad R_m$——通用气体常数,$8.314\ J/(mol \cdot K)$;

$\quad\quad T$——理想气体的热力学温度,K;

$\quad\quad p$——气体压力,MPa;

$\quad\quad M$——物质的摩尔质量,g/mol;

$\quad\quad R_g$——气体常数,$J/(g \cdot K)$。

由式(5-29)可得

$$\frac{1}{v} = \frac{p}{R_g T} = \rho_g \tag{5-30}$$

将式(5-30)代入式(5-27)可得在定温条件下:

$$J_m = -D_m \frac{1}{R_g T} g \frac{dp}{dn} = -K_m \frac{dp}{dn} \tag{5-31}$$

式中　K_m——微孔道渗透系数,$g/(MPa \cdot m \cdot s)$。

实质上 D_m 和 K_m 都是表示游离瓦斯密度梯度驱动的关键微孔道扩散系数。

在 dt 时间内,球壳内流入的气体质量为

$$M_{in} = -J_{m1} \times 4\pi (r + dr)^2 \tag{5-32}$$

式中　M_{in}——流入厚度为 dr 球壳内的气体质量,g/s;

$\quad\quad J_{m1}$——球壳外侧的气体质量通量,$g/(m^2 \cdot s)$;

r——球壳半径,m。

流出的气体质量为

$$M_{\text{out}} = -J_{m2} \times 4\pi r^2 \qquad (5-33)$$

式中　M_{out}——厚度为 dr 球壳内流出的气体质量,g/s;

　　　J_{m2}——球壳内侧的气体质量通量,g/(m^2·s)。

球壳内净流入的气体质量为

$$M_1 = M_{\text{in}} - M_{\text{out}} = -\frac{\partial(J_m \times 4\pi r^2)}{\partial r}\text{d}r \qquad (5-34)$$

式中　M_1——单位时间内球壳中流入与流出的气体质量差,g/s;

　　　r——煤粒中的球壳半径,m。

因此,将式(5-31)代入式(5-34)可得

$$M_1 = \frac{\partial}{\partial r}\left(K_m \frac{\partial p}{\partial r} \times 4\pi r^2\right)\text{d}r \qquad (5-35)$$

另外,厚度为 dr 的球壳体积为

$$V_{\text{球壳}} = 4\pi r^2 \text{d}r \qquad (5-36)$$

由式(5-35)可得球壳质量为

$$M_{\text{球壳}} = \rho_c \times 4\pi r^2 \text{d}r \qquad (5-37)$$

式中　ρ_c——球壳的视密度,g/m^3。

厚度为 dr 球壳在 dt 时间内的气体质量变化量为

$$M_2 = \frac{\partial(X\rho_c\rho_s)}{\partial t} \times 4\pi r^2 \text{d}r \qquad (5-38)$$

式中　M_2——单位时间内球壳的气体含量变化量,g/s;

　　　ρ_s——气体的标准密度,即标准状况下的气体密度。

由质量守恒定律可知,厚度为 dr 的球壳在 dt 时间内流入和流出的气体质量之差等于球壳内部的气体质量变化量,即

$$M_1 = M_2 \qquad (5-39)$$

将式(5-35)和式(5-38)代入式(5-39)可得

$$\frac{\partial}{\partial r}\left(K_m \frac{\partial p}{\partial r} \times 4\pi r^2\right)\text{d}r = \frac{\partial(X\rho_c\rho_s)}{\partial t} 4\pi r^2 \text{d}r \qquad (5-40)$$

整理式(5-40)可得

$$\frac{\partial X}{\partial t} = \frac{K_m}{\rho_c \rho_s} \frac{1}{r^2} \frac{\partial}{\partial r}\left(r^2 \frac{\partial p}{\partial r}\right) \tag{5-41}$$

将式(5-28)代入式(5-40)可得

$$\frac{\partial\left(\dfrac{a}{1+\dfrac{1}{bp}} + \dfrac{Bn_0 bp}{b}\right)}{\partial t} = \frac{K_m}{\rho_c \rho_s} \frac{1}{r^2} \frac{\partial}{\partial r}\left(r^2 \frac{\partial p}{\partial r}\right) \tag{5-42}$$

三、初始条件与边界条件

(一)定压条件下瓦斯解吸密度扩散模型

初始条件和边界条件为

$$\begin{cases} p = p_0 & (0 \leqslant r \leqslant R, t = 0) \\ \dfrac{\partial p}{\partial r} = 0 & (r = 0, t \geqslant 0) \\ p = p_w & (r = R, t \geqslant 0) \end{cases} \tag{5-43}$$

煤粒内部的初始压力 p_0、外表面压力 p_w 始终不变。

(二)定容条件下瓦斯解吸密度扩散模型

初始条件和边界条件为

$$\begin{cases} p = p_0 & (0 \leqslant r \leqslant R, t = 0) \\ \dfrac{\partial p}{\partial r} = 0 & (r = 0, 0 < t) \\ p = p_w & (r = R, 0 < t) \end{cases} \tag{5-44}$$

式中 p_0——煤粒内部初始瓦斯压力,MPa;

p_w——煤粒外表面瓦斯压力,MPa。

在解吸过程中,煤粒外表面瓦斯压力不断增加,计算公式如下:

$$p_w = p_{w0} + \frac{R_u TG}{MV_f} Q_m \tag{5-45}$$

式中 p_{w0}——煤粒外表面初始瓦斯压力,MPa;

G——煤粒质量,g;

V_f——样品罐的自由体积,m^3;

Q_m——单位质量煤粒瓦斯累计解吸质量,g/g。

(三)定压条件下瓦斯吸附密度扩散模型

初始条件和边界条件为

$$\begin{cases} p = p_0 & (0 \leqslant r \leqslant R, t = 0) \\ \dfrac{\partial p}{\partial r} = 0 & (r = 0, t \geqslant 0) \\ p = p_w & (r = R, t \geqslant 0) \end{cases} \qquad (5-46)$$

与定压解吸实验条件一致,煤粒内部的初始压力 p_0 为 0,外表面压力 p_w 始终不变。

(四)定容条件下瓦斯吸附密度扩散模型

初始条件和边界条件为

$$\begin{cases} p = p_0 & (0 \leqslant r \leqslant R, t = 0) \\ \dfrac{\partial p}{\partial r} = 0 & (r = 0, 0 < t) \\ p = p_w & (r = R, 0 < t) \end{cases} \qquad (5-47)$$

式中　p_0——煤粒内部初始瓦斯压力为 0,MPa;

　　　p_w——煤粒外表面瓦斯压力,MPa。

在定容吸附过程中,煤粒外表面的瓦斯压力不断减小,计算公式如下:

$$p_w = p_{u0} - \frac{R_u T G}{M V_f} Q_m \qquad (5-48)$$

式中　p_{u0}——煤粒外表面初始瓦斯压力,MPa;

　　　G——煤粒质量,g;

　　　V_f——样品罐的自由体积,m^3;

　　　Q_m——单位质量煤粒瓦斯累计解吸质量,g/g。

第六章 基于有限差分法的瓦斯扩散数值解算

第一节 有限差分数学方程

一、菲克差分方程

首先将球形煤粒沿球径划分 N 个节点,节点编号为 0、1、2、3、$\cdots$、N,节点间距采用等比变化,以两个节点间的中心做同心球面,得到以 0 点为中心的实心球和节点 i 对应的球壳,以 i 表示节点位置($i = 1$、2、3、$\cdots$、$N-1$),j 表示时间位置,Δt 为 j 和 $j-1$ 的时间步长(以下公式中均为相同定义),如图 6-1 所示。

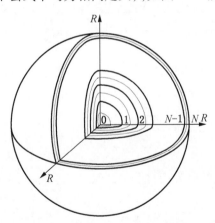

图 6-1 球坐标中的节点划分

有限差分模型的建立分为 3 部分:以 0 点为中心的实心球、节点 i 对应的球壳和球形煤粒的外表面。

(1)在流动中,节点 i 对应的球壳都遵循质量守恒定律,球壳瓦斯减少量 = 流出瓦斯量 – 流入瓦斯量,即

$$\Delta Q_i = Q_{i2} - Q_{i1} \tag{6-1}$$

其中

$$
\begin{cases}
\text{球壳瓦斯减少量}: \Delta Q_i = \dfrac{4}{3}\pi \left[\left(\dfrac{r_{i+1} + r_i}{2} \right)^3 - \left(\dfrac{r_{i-1} + r_i}{2} \right)^3 \right] \dfrac{x_i^{j-1} - x_i^j}{\Delta t} \\[4mm]
\text{流入瓦斯量}: Q_{i1} = D \dfrac{\left(\dfrac{x_{i-1}^j - x_i^j}{2} + \dfrac{x_{i-1}^{j-1} - x_i^{j-1}}{2} \right)}{r_i - r_{i-1}} \times 4\pi \left(\dfrac{r_i + r_{i-1}}{2} \right)^2 \\[4mm]
\text{流出瓦斯量}: Q_{i2} = D \dfrac{\left(\dfrac{x_i^j - x_{i+1}^j}{2} + \dfrac{x_i^{j-1} - x_{i+1}^{j-1}}{2} \right)}{r_{i+1} - r_i} \times 4\pi \left(\dfrac{r_i + r_{i+1}}{2} \right)^2
\end{cases} \tag{6-2}
$$

根据能量守恒定律,把式(6-1)代入式(6-2),求得

$$
\frac{4}{3}\pi \left[\left(\frac{r_{i+1} + r_i}{2} \right)^3 - \left(\frac{r_{i-1} + r_i}{2} \right)^3 \right] \frac{x_i^{j-1} - x_i^j}{\Delta t} =
$$

$$
D \frac{\left(\dfrac{x_i^j - x_{i+1}^j}{2} + \dfrac{x_i^{j-1} - x_{i+1}^{j-1}}{2} \right)}{r_{i+1} - r_i} \times 4\pi \left(\frac{r_i + r_{i+1}}{2} \right)^2 -
$$

$$
D \frac{\left(\dfrac{x_{i-1}^j - x_i^j}{2} + \dfrac{x_{i-1}^{j-1} - x_i^{j-1}}{2} \right)}{r_i - r_{i-1}} \times 4\pi \left(\frac{r_i + r_{i-1}}{2} \right)^2 \tag{6-3}
$$

(2)对于球心点,即 0 点所在的球体,没有瓦斯流入,根据质量守恒定律可得流出瓦斯量等于球内部瓦斯减少量。由内部节点方程类推出

$$
D \frac{\dfrac{x_0^j - x_1^j}{2} + \dfrac{x_0^{j-1} - x_1^{j-1}}{2}}{r_1} \times 4\pi \left(\frac{r_1}{2} \right)^2 = \frac{4}{3}\pi \left(\frac{r_1}{2} \right)^3 \frac{x_0^{j-1} - x_0^j}{\Delta t} \tag{6-4}
$$

(3)对于球状煤粒的外表面,即 $r = R$ 时,其瓦斯含量可由压力计算为一常数:

$$
x_n = \frac{abp_n}{1 + bp_n} \rho \tag{6-5}
$$

式(6-3)、式(6-4)、式(6-5)为第 n 时刻球形煤粒瓦斯非稳态流动的差分方程,其中含量为未知量。在差分方程中,时间步长是程序中设定的,为已知条件,对于未知数——含量,只要知道上一时刻的值,就可以求出下一时刻的值,以此类推,便可以得出每个节点的含量值。考虑到瓦斯在解吸过程中,速度会随着时间的延长而逐渐减小,所以可以让时间步长等比增大,这样既可以保障计算精度又可以

节省计算时间。

在第 j 时刻,球形煤粒内部瓦斯含量为 0 节点对应的实心球和节点 i 对应的球壳内部瓦斯含量之和,即

$$Q' = \sum_{1}^{N-1} Q_i' + Q_0' \tag{6-6}$$

节点 i 对应的球壳内部瓦斯含量为

$$Q_i' = \frac{4}{3}\pi\left[\left(\frac{r_{i+1}+r_i}{2}\right)^3 - \left(\frac{r_{i-1}+r_i}{2}\right)^3\right]x_i^j \tag{6-7}$$

0 点对应的实心球内部瓦斯含量为

$$Q_0' = \frac{4}{3}\pi\left(\frac{r_1}{2}\right)^3 x_0^j \tag{6-8}$$

将式(6-7)、式(6-8)代入式(6-6)得

$$Q' = \sum_{1}^{N-1}\frac{4}{3}\pi\left[\left(\frac{r_{i+1}+r_i}{2}\right)^3 - \left(\frac{r_{i-1}+r_i}{2}\right)^3\right]x_i^j + \frac{4}{3}\pi\left(\frac{r_1}{2}\right)^3 x_0^j \tag{6-9}$$

在时间 Δt 的步长内,球形煤粒瓦斯解吸量为

$$\Delta Q = D\frac{x_{N-1}^j - x_N^j}{r_N - r_{N-1}} \times 4\pi R^2 \Delta t \tag{6-10}$$

球形煤粒累计瓦斯解吸量为各个时间段瓦斯解吸量之和。

二、达西差分方程

与菲克定律中单元划分相同,首先将球形煤粒沿球径划分 N 个节点,节点编号为 0、1、2、3、…、N,节点间距采用等比变化,以两个节点间的中心做同心球面,得到以 0 点为中心的实心球和节点 i 对应的球壳,以 i 表示节点位置($i=1$、2、3、…、$N-1$),n 表示时间位置,Δt 为 n 和 $n-1$ 的时间步长(以下公式中均为相同定义),如图 6-1 所示。

有限差分模型的建立分为 3 部分:以 0 点为中心的实心球、节点 i 对应的球壳和球形煤粒的外表面。

(1)在流动中,节点 i 对应的球壳遵循质量守恒定律,球壳瓦斯减少量 = 流出瓦斯量 - 流入瓦斯量,即

$$\Delta Q_i = Q_{i2} - Q_{i1} \tag{6-11}$$

其中

煤粒微孔游离瓦斯扩散理论与应用

球壳瓦斯减少量：

$$\Delta Q_i = \frac{4}{3}\pi\left[\left(\frac{r_{i+1}+r_i}{2}\right)^3 - \left(\frac{r_{i-1}+r_i}{2}\right)^3\right]\left[\frac{ab\rho}{2\left(1+b\sqrt{\frac{P_i^n+P_i^{n-1}}{2}}\right)^2\sqrt{\frac{P_i^n+P_i^{n-1}}{2}}} + \right.$$

$$\left.\frac{Bn\rho}{2\sqrt{\frac{P_i^n+P_i^{n-1}}{2}}}\right]\frac{P_i^{n-1}-P_i^n}{\Delta t}$$

流入瓦斯量：$Q_{i1} = \lambda\dfrac{\left(\dfrac{P_{i-1}^n-P_i^n}{2}+\dfrac{P_{i-1}^{n-1}-P_i^{n-1}}{2}\right)}{r_i-r_{i-1}}\times 4\pi\left(\dfrac{r_{i-1}+r_i}{2}\right)^2$

流出瓦斯量：$Q_{i2} = \lambda\dfrac{\left(\dfrac{P_i^n-P_{i+1}^n}{2}+\dfrac{P_i^{n-1}-P_{i+1}^{n-1}}{2}\right)}{r_{i+1}-r_i}\times 4\pi\left(\dfrac{r_{i+1}+r_i}{2}\right)^2$ $(i=1,2,\cdots,N-1)$

$$(6-12)$$

根据能量守恒定律，求得

$$\lambda\frac{\left(\frac{P_i^n-P_{i+1}^n}{2}+\frac{P_i^{n-1}-P_{i+1}^{n-1}}{2}\right)}{r_{i+1}-r_i}\times 4\pi\left(\frac{r_{i+1}+r_i}{2}\right)^2 - k\frac{\left(\frac{P_{i-1}^n-P_i^n}{2}+\frac{P_{i-1}^{n-1}-P_i^{n-1}}{2}\right)}{r_i-r_{i-1}}\times$$

$$4\pi\left(\frac{r_{i-1}+r_i}{2}\right)^2 = \frac{4}{3}\pi\left[\left(\frac{r_{i+1}+r_i}{2}\right)^3 - \left(\frac{r_{i-1}+r_i}{2}\right)^3\right]$$

$$\left[\frac{ab\rho}{2\left(1+b\sqrt{\frac{P_i^n+P_i^{n-1}}{2}}\right)^2\sqrt{\frac{P_i^n+P_i^{n-1}}{2}}} + \frac{Bn\rho}{2\sqrt{\frac{P_i^n+P_i^{n-1}}{2}}}\right]\frac{P_i^{n-1}-P_i^n}{\Delta t} \quad (i=1,2,\cdots,N-1)$$

$$(6-13)$$

（2）对于球心点，即 0 点所在的球体，没有瓦斯流入，根据质量守恒定律可得流出瓦斯量等于小球内部瓦斯减少量。由内部节点方程类推，得出

$$\lambda\frac{\frac{P_0^n-P_1^n}{2}+\frac{P_0^{n-1}-P_1^{n-1}}{2}}{r_1}\times 4\pi\left(\frac{r_1}{2}\right)^2 =$$

$$\frac{4}{3}\pi\left(\frac{r_1}{2}\right)^3\left[\frac{ab\rho}{2\left(1+b\sqrt{\frac{P_0^n+P_0^{n-1}}{2}}\right)^2\sqrt{\frac{P_0^n+P_0^{n-1}}{2}}} + \frac{Bn\rho}{2\sqrt{\frac{P_0^n+P_0^{n-1}}{2}}}\right]$$

96

$$\frac{P_0^{n-1} - P_0^n}{\Delta t} \quad (i = 1、2、\cdots、N-1) \tag{6-14}$$

（3）对于球状煤粒外表面，即 $r = R$ 时：

$$P = P_w \tag{6-15}$$

式（6-13）、式（6-14）、式（6-15）为第 n 时刻球形煤粒瓦斯非稳态流动的差分方程，其中压力为未知量。求解压力时，采用迭代方法，$P_i^n = cP_i^{n-1}$，编制程序，当两次解算得出的 P_i^i 值相对误差小于 0.0001 时为止，便得出压力值。在差分方程中，时间步长是程序中设定的，为已知条件，对于未知数——压力，只要知道上一时刻的值，就可以求出下一时刻的值，以此类推，便可以得出每个节点的压力。考虑到瓦斯在解吸过程中，速度会随着时间的延长逐渐减小，所以可以让时间步长等比增大，这样既可以保障计算精度又可以节省计算时间。

在第 n 时刻，球形煤粒内部瓦斯含量为 0 节点对应的实心球和节点 i 对应的球壳内部瓦斯含量之和，即

$$Q' = \sum_{1}^{N-1} Q_i' + Q_0' \tag{6-16}$$

节点 i 对应的球壳内部瓦斯含量为

$$Q_i' = \frac{4}{3}\pi\left[\left(\frac{r_{i+1} + r_i}{2}\right)^3 - \left(\frac{r_{i-1} + r_i}{2}\right)^3\right]\left(\frac{ab\rho\sqrt{P_i^n}}{1 + b\sqrt{P_i^n}} + Bn\sqrt{P_i^n}\right) \tag{6-17}$$

0 点对应的实心球内部瓦斯含量为

$$Q_0' = \frac{4}{3}\pi\left(\frac{r_1}{2}\right)^3\left(\frac{ab\rho\sqrt{P_0^n}}{1 + b\sqrt{P_0^n}} + Bn\sqrt{P_0^n}\right) \tag{6-18}$$

将式（6-17）、式（6-18）代入式（6-16）得

$$Q' = \sum_{1}^{N-1} \frac{4}{3}\pi\left[\left(\frac{r_{i+1} + r_i}{2}\right)^3 - \left(\frac{r_{i-1} + r_i}{2}\right)^3\right]\left(\frac{ab\rho\sqrt{P_i^n}}{1 + b\sqrt{P_i^n}} + Bn\sqrt{P_i^n}\right) +$$

$$\frac{4}{3}\pi\left(\frac{r_1}{2}\right)^3\left(\frac{ab\rho\sqrt{P_0^n}}{1 + b\sqrt{P_0^n}} + Bn\sqrt{P_0^n}\right) \tag{6-19}$$

在 Δt 时刻煤球瓦斯累计解吸量为各个时间段瓦斯解吸量之和：

$$\Delta Q = \lambda\frac{P_{N-1}^n - P_N^n}{r_N - r_{N-1}}4\pi R^2\Delta t \tag{6-20}$$

三、密度差分方程

模型设定作为研究对象的煤粒是规则的球体,将球形煤粒沿球的半径划分为 N 个节点,越靠近煤粒表面处,气体压力和含量的变化越剧烈,因此节点间距等比变小,节点编号为 0、1、2、$\cdots$、N,各节点半径为

$$
\begin{cases}
r_0 = 0 \\
r_1 = R\dfrac{1-c}{1-c^N} \qquad (c<1) \\
r_i = r_{i-1} + r_1 c^{i-1}
\end{cases}
\qquad (6-21)
$$

以两个相邻节点的中点做同心球面,球形煤粒被分为 3 部分:$N-1$ 个包含节点 i 的中间球壳、以 0 节点为中心的实心球体和球形煤粒外表面,球形煤粒节点划分如图 6-1 所示。

对上述 3 部分进行有限差分处理。

(1)以包含节点 i 的中间球壳为研究对象,可知单位时间内从球壳内流出的气体质量为

$$
Q_{i1} = K_m \frac{\dfrac{p_i^j - p_{i-1}^j}{2} + \dfrac{p_i^{j-1} - p_{i-1}^{j-1}}{2}}{r_i - r_{i-1}} \times 4\pi \left(\frac{r_i + r_{i-1}}{2}\right)^2 \qquad (6-22)
$$

式中,压力 p 的上标 j 表示时间节点编号,下标 i 表示煤粒球壳节点编号。

(2)单位时间内流入球壳的气体质量为

$$
Q_{i2} = K_m \frac{\dfrac{p_{i+1}^j - p_i^j}{2} + \dfrac{p_{i+1}^{j-1} - p_i^{j-1}}{2}}{r_{i+1} - r_i} \times 4\pi \frac{r_i + r_{i+1}}{2}^2 \qquad (6-23)
$$

(3)单位时间内包含节点 i 的中间球壳内气体增加量为

$$
\Delta Q_i = \frac{4}{3}\pi\left[\left(\frac{r_i + r_{i+1}}{2}\right)^3 - \left(\frac{r_i + r_{i-1}}{2}\right)^3\right]\left[\frac{ab\rho_c\rho_s}{\left(1 + b\dfrac{p_i^j + p_i^{j-1}}{2}\right)^2} + Bn_0\rho_c\rho_s\right]\frac{p_i^j - p_i^{j-1}}{\Delta t_j}
$$

$$
(6-24)
$$

因此,根据质量守恒定律,单位时间内球壳内部的气体增加量为

$$
Q_{i2} - Q_{i1} = \Delta Q_i \qquad (6-25)
$$

将式(6-22)、式(6-23)和式(6-24)代入式(6-25),对于煤粒内部的球壳,气体流动的差分方程为

$$K_m \frac{\frac{p_{i+1}^j - p_i^j}{2} + \frac{p_{i+1}^{j-1} - p_i^{j-1}}{2}}{r_{i+1} - r_i} \times 4\pi \left(\frac{r_i + r_{i+1}}{2}\right)^2 - K_m \frac{\frac{p_i^j - p_{i-1}^j}{2} + \frac{p_i^{j-1} - p_{i-1}^{j-1}}{2}}{r_i - r_{i-1}} \times 4\pi \left(\frac{r_i + r_{i-1}}{2}\right)^2$$

$$= \frac{4}{3}\pi \left[\left(\frac{r_i + r_{i+1}}{2}\right)^3 - \left(\frac{r_i + r_{i-1}}{2}\right)^3\right] \left[\frac{ab\rho_c\rho_s}{\left(1 + b\frac{p_i^j + p_i^{j-1}}{2}\right)^2} + Bn_0\rho_c\rho_s\right] \frac{p_i^j - p_i^{j-1}}{\Delta t_j}$$

$$(i = 1、2、\cdots、N-1) \qquad\qquad (6-26)$$

对于以 0 节点为中心的实心小球,吸附过程中只有气体流入没有流出,因此其内部气体含量变化的差分方程为

$$K_m \frac{\frac{p_1^j - p_0^j}{2} + \frac{p_1^{j-1} - p_0^{j-1}}{2}}{r_1} \left(\frac{r_1}{2}\right)^2 = \frac{1}{3}\left(\frac{r_1}{2}\right)^3 \left(\frac{ab\rho_c\rho_s}{1 + b\frac{p_0^j + p_0^{j-1}}{2}} + Bn_0\rho_c\rho_s\right) \frac{p_0^j - p_0^{j-1}}{\Delta t_j}$$

$$(6-27)$$

煤粒外表面,即 $r = R$ 处的压力为

$$p_N^j = p_w = p_{w0} - \frac{R_g TG}{V_f} Q_{j-1} \qquad\qquad (6-28)$$

式中　Q_{j-1}——第 $j-1$ 个时间步长前单位质量煤样累计气体吸附质量。

单位质量规则球形煤粒累计气体吸附质量:

$$Q = \frac{3}{\rho_c 4\pi R^3} \int_0^t 4\pi R^2 K_m \frac{\partial p_w}{\partial r} \mathrm{d}t = \frac{3}{\rho_c R} \int_0^t K_m \frac{\partial p_w}{\partial r} \mathrm{d}t \qquad (6-29)$$

第二节　有限差分数学方程的无因次化

一、菲克无因次差分方程

整理式(5-5)得

$$\frac{\partial x}{\partial \frac{tD}{R^2}} = \frac{1}{\frac{r^2}{R^2}} \frac{\partial}{\partial \frac{r}{R}} \left(\frac{r^2}{R^2} \frac{\partial x}{\partial \frac{r}{R}}\right) \qquad\qquad (6-30)$$

菲克方程组中的无因次准数:

无因次半径:

$$Y = \frac{r}{R} \qquad\qquad (6-31)$$

无因次时间：

$$T = \frac{tD}{R^2} \tag{6-32}$$

为方便解算，整理式(6-3)，把相同时刻的项放在一起：

$$\frac{D\Delta t}{2}\frac{(x_i^j - x_{i+1}^j)}{r_{i+1} - r_i}\left(\frac{r_i + r_{i+1}}{2}\right)^2 - \frac{D\Delta t}{2}\frac{(x_{i-1}^j - x_i^j)}{r_i - r_{i-1}}\left(\frac{r_i + r_{i+1}}{2}\right)^2 +$$

$$\frac{1}{3}\left[\left(\frac{r_{i+1} + r_i}{2}\right)^3 - \left(\frac{r_{i-1} + r_i}{2}\right)^3\right]x_i^j =$$

$$\frac{D\Delta t}{2}\frac{(x_{i-1}^j - x_i^j)}{r_i - r_{i-1}}\left(\frac{r_i + r_{i-1}}{2}\right)^2 - \frac{D\Delta t}{2}\frac{(x_i^j - x_{i+1}^j)}{r_{i+1} - r_i}\left(\frac{r_i + r_{i+1}}{2}\right)^2 +$$

$$\frac{1}{3}\left[\left(\frac{r_{i+1} + r_i}{2}\right)^3 - \left(\frac{r_{i-1} + r_i}{2}\right)^3\right]x_i^{j-1} \tag{6-33}$$

将无因次准数公式[式(6-30)]和式(6-31)代入式(6-32)，进行无因次化为

$$\frac{\Delta T}{2}\frac{(x_i^j - x_{i+1}^j)}{Y_{i+1} - Y_i}\left(\frac{Y_{i+1} + Y_i}{2}\right)^2 - \frac{\Delta T}{2}\frac{(x_{i-1}^j - x_i^j)}{Y_i - Y_{i-1}}\left(\frac{Y_{i-1} + Y_i}{2}\right)^2 +$$

$$\frac{1}{3}\left[\left(\frac{Y_{i+1} + Y_i}{2}\right)^3 - \left(\frac{Y_{i-1} + Y_i}{2}\right)^3\right]x_i^j =$$

$$\frac{\Delta T}{2}\frac{(x_{i-1}^{j-1} - x_i^{j-1})}{Y_i - Y_{i-1}}\left(\frac{Y_{i-1} + Y_i}{2}\right)^2 - \frac{\Delta T}{2}\frac{(x_i^{j-1} - x_{i+1}^{j-1})}{Y_{i+1} - Y_i}\left(\frac{Y_{i+1} + Y_i}{2}\right)^2 +$$

$$\frac{1}{3}\left[\left(\frac{Y_{i+1} + Y_i}{2}\right)^3 - \left(\frac{Y_{i-1} + Y_i}{2}\right)^3\right]x_i^{j-1} \tag{6-34}$$

对 0 节点的流动公式[式(6-4)]进行无因次化：

$$\Delta T\frac{\frac{x_0^j + x_0^{j-1}}{2} - \frac{x_1^j + x_1^{j-1}}{2}}{Y_1}\left(\frac{Y_1}{2}\right)^2 = \frac{1}{3}\left(\frac{Y_1}{2}\right)^3(x_0^{j-1} - x_0^j) \tag{6-35}$$

对于球状煤粒的外表面，即 $r = R$、$Y = 1$ 时，其瓦斯含量可由压力计算为一常数：

$$x_n = \frac{abp_n}{1 + bp_n}\rho$$

瓦斯含量计算公式无因次化，对式(6-9)进行无因次化：

$$\frac{Q'}{R^3} = \sum_1^{N-1}\frac{4}{3}\pi\left[\left(\frac{Y_{i+1} + Y_i}{2}\right)^3 - \left(\frac{Y_{i-1} + Y_i}{2}\right)^3\right]x_i^j + \frac{4}{3}\pi\left(\frac{Y_1}{2}\right)^3 x_0^j \tag{6-36}$$

引入含量的无因次准数 M_A ：

$$M_A = \frac{Q}{R^3}$$

得

$$M'_A = \sum_{1}^{N-1} \frac{4}{3}\pi\left[\left(\frac{Y_{i+1}+Y_i}{2}\right)^3 - \left(\frac{Y_{i-1}+Y_i}{2}\right)^3\right]x_i^j + \frac{4}{3}\pi\left(\frac{Y_1}{2}\right)^3 x_0^j \quad (6-37)$$

累计解吸量计算公式无因次化：

对式(6-10)进行无因次化为

$$\frac{\Delta Q}{R^3} = \Delta T\frac{x_{N-1}^j - x_N^j}{Y_N - Y_{N-1}} \times 4\pi$$

即

$$\frac{\Delta Q}{R^3 \Delta T} = \frac{x_{N-1}^j - x_N^j}{Y_N - Y_{N-1}} \times 4\pi \quad (6-38)$$

引入新的无因次准数 M_B ：

$$M_B = \frac{\Delta Q}{R^3 \Delta T} \quad (6-39)$$

得

$$\Delta M_B = \frac{x_{N-1}^j - x_N^j}{Y_N - Y_{N-1}} \times 4\pi \quad (6-40)$$

二、达西无因次差分方程

整理式(6-21)可得

$$\frac{\partial\left(\dfrac{1}{1+\dfrac{1}{\sqrt{b^2P}}} + \dfrac{Bn\sqrt{b^2P}}{ab}\right)}{\partial\dfrac{tk}{\rho aR^2 b^2}} = \frac{R^2}{r^2}\frac{\partial}{\partial\dfrac{r}{R}}\left(\frac{r^2}{R^2}\frac{\partial(b^2P)}{\partial\dfrac{r}{R}}\right) \quad (6-41)$$

由式(6-41)可以得出达西方程组中的无因次准数：

(1)无因次半径：

$$Y = \frac{r}{R} \quad (6-42)$$

（2）无因次压力：

$$Z = b^2 P \qquad (6-43)$$

（3）无因次时间：

$$T = \frac{t\lambda}{\rho a b^2 R^2} \qquad (6-44)$$

整理式（6 – 41）得

$$\frac{\partial\left(\dfrac{1}{1+\dfrac{1}{\sqrt{Z}}} + \dfrac{Bn\sqrt{Z}}{ab}\right)}{\partial T} = \frac{1}{Y^2}\frac{\partial}{\partial Y}\left(Y^2\frac{\partial Z}{\partial Y}\right) \qquad (6-45)$$

为方便解算，整理式（6 – 13），把相同时刻的项放在一起：

$$\frac{\lambda\Delta t}{ab\rho}\frac{P_i^n - P_{i+1}^n}{r_{i+1} - r_i}\left(\frac{r_{i+1}+r_i}{2}\right)^2 - \frac{\lambda\Delta t}{ab\rho}\frac{P_{i-1}^n - P_i^n}{r_i - r_{i-1}}\left(\frac{r_{i-1}+r_i}{2}\right)^2 +$$

$$\frac{1}{3}\left[\left(\frac{r_{i+1}+r_i}{2}\right)^3 - \left(\frac{r_{i-1}+r_i}{2}\right)^3\right]\left[\frac{1}{\left(1+b\sqrt{\frac{P_i^n+P_i^{n-1}}{2}}\right)^2\sqrt{\frac{P_i^n+P_i^{n-1}}{2}}} + \frac{Bn}{ab\sqrt{\frac{P_i^n+P_i^{n-1}}{2}}}\right]P_i^n =$$

$$\frac{1}{3}\left[\left(\frac{r_{i+1}+r_i}{2}\right)^3 - \left(\frac{r_{i-1}+r_i}{2}\right)^3\right]\left[\frac{1}{\left(1+b\sqrt{\frac{P_i^n+P_i^{n-1}}{2}}\right)^2\sqrt{\frac{P_i^n+P_i^{n-1}}{2}}} + \frac{Bn}{ab\sqrt{\frac{P_i^n+P_i^{n-1}}{2}}}\right]P_i^{n-1} -$$

$$\frac{\lambda\Delta t}{ab\rho}\frac{P_i^{n-1} - P_{i+1}^{n-1}}{r_{i+1} - r_i}\left(\frac{r_{i+1}+r_i}{2}\right)^2 + \frac{\lambda\Delta t}{ab\rho}\frac{P_{i-1}^{n-1} - P_i^{n-1}}{r_i - r_{i-1}}\left(\frac{r_{i-1}+r_i}{2}\right)^2 \quad (i=1、2、\cdots、N-1)$$

$$(6-46)$$

即

$$\frac{\lambda\Delta t}{ab^2R^2\rho}\frac{b^2P_i^n - b^2P_{i+1}^n}{\frac{r_{i+1}}{R}-\frac{r_i}{R}}\left(\frac{\frac{r_{i+1}}{R}+\frac{r_i}{R}}{2}\right)^2 - \frac{\lambda\Delta t}{ab^2R^2\rho}\frac{b^2P_{i-1}^n - b^2P_i^n}{\frac{r_i}{R}-\frac{r_{i-1}}{R}}\left(\frac{\frac{r_{i-1}}{R}+\frac{r_i}{R}}{2}\right)^2 +$$

$$\frac{1}{3}\left[\left(\frac{\frac{r_{i+1}}{R}+\frac{r_i}{R}}{2}\right)^3 - \left(\frac{\frac{r_{i-1}}{R}+\frac{r_i}{R}}{2}\right)^3\right]\left[\frac{1}{\left(1+\sqrt{\frac{b^2P_i^n+b^2P_i^{n-1}}{2}}\right)^2\sqrt{\frac{b^2P_i^n+b^2P_i^{n-1}}{2}}} + \frac{Bn}{ab\sqrt{\frac{b^2P_i^n+b^2P_i^{n-1}}{2}}}\right]^{b^2P_i^n} =$$

$$\frac{1}{3}\left[\left(\frac{\frac{r_{i+1}}{R}+\frac{r_i}{R}}{2}\right)^3-\left(\frac{\frac{r_{i-1}}{R}+\frac{r_i}{R}}{2}\right)^3\right]\left[\frac{1}{\left(1+\sqrt{\frac{b^2P_i^n+b^2P_i^{n-1}}{2}}\right)^2\sqrt{\frac{b^2P_i^n+b^2P_i^{n-1}}{2}}}+\frac{Bn}{ab\sqrt{\frac{b^2P_i^n+b^2P_i^{n-1}}{2}}}\right]b^2P_i^{n-1}-$$

$$\frac{\lambda\Delta t}{ab^2\rho r}\frac{b^2P_i^{n-1}-b^2P_{i+1}^{n-1}}{\frac{r_{i+1}}{R}-\frac{r_i}{R}}\left(\frac{\frac{r_{i+1}}{R}+\frac{r_i}{R}}{2}\right)^2+\frac{\lambda\Delta t}{ab^2\rho R}\frac{b^2P_{i-1}^{n-1}-b^2P_i^{n-1}}{\frac{r_i}{R}-\frac{r_{i-1}}{R}}\left(\frac{\frac{r_{i-1}}{R}+\frac{r_i}{R}}{2}\right)^2$$

$$(i=1,2,\cdots,N-1)\tag{6-47}$$

将无因次准数公式[式(6-42)、式(6-43)、式(6-44)]代入式(6-47),整理得

$$\Delta T\frac{Z_i^n-Z_{i+1}^n}{Y_{i+1}-Y_i}\left(\frac{Y_{i+1}+Y_i}{2}\right)^2-\Delta T\frac{Z_{i+1}^n-Z_i^n}{Y_i-Y_{i-1}}\left(\frac{Y_{i-1}+Y_i}{2}\right)^2+$$

$$\frac{1}{3}\left[\left(\frac{Y_{i+1}+Y_i}{2}\right)^3-\left(\frac{Y_{i-1}+Y_i}{2}\right)^3\right]\left[\frac{1}{\left(1+\sqrt{\frac{Z_i^n+Z_i^{n-1}}{2}}\right)^2\sqrt{\frac{Z_i^n+Z_i^{n-1}}{2}}}+\frac{Bn}{ab\sqrt{\frac{Z_i^n+Z_i^{n-1}}{2}}}\right]Z_i^n=$$

$$\frac{1}{3}\left[\left(\frac{Y_{i+1}+Y_i}{2}\right)^3-\left(\frac{Y_{i-1}+Y_i}{2}\right)^3\right]\left[\frac{1}{\left(1+\sqrt{\frac{Z_i^n+Z_i^{n-1}}{2}}\right)^2\sqrt{\frac{Z_i^n+Z_i^{n-1}}{2}}}+\frac{Bn}{ab\sqrt{\frac{Z_i^n+Z_i^{n-1}}{2}}}\right]Z_i^{n-1}-$$

$$\Delta T\frac{Z_i^{n-1}-Z_{i+1}^{n-1}}{Y_{i+1}-Y_i}\left(\frac{Y_{i+1}+Y_i}{2}\right)^2+\Delta T\frac{Z_{i-1}^{n-1}-Z_i^{n-1}}{Y_i-Y_{i-1}}\left(\frac{Y_{i-1}+Y_i}{2}\right)^2\quad(i=1,2,\cdots,N-1)\tag{6-48}$$

整理 0 节点的流动公式[式(6-14)]得

$$\frac{\lambda\Delta t}{b^2a\rho R}\frac{(b^2P_0^n-b^2P_1^n)+(b^2P_0^{n-1}-b^2P_1^{n-1})}{\frac{r_1}{R}}\left(\frac{r_1}{2R}\right)^2=$$

$$\frac{1}{3}\left(\frac{r_1}{2R}\right)^3\left[\frac{1}{\left(1+\sqrt{\frac{b^2P_0^n+b^2P_0^{n-1}}{2}}\right)^2\sqrt{\frac{b^2P_0^n+P_0^{n-1}}{2}}}+\frac{Bn}{ab\sqrt{\frac{b^2P_0^n+P_0^{n-1}}{2}}}\right](b^2P_0^{n-1}-b^2P_0^n)$$

$$(i=1,2,\cdots,N-1)\tag{6-49}$$

进行无因次化:

$$\Delta T \frac{Z_0^n - Z_1^n + Z_0^{n-1} - Z_1^{n-1}}{Y_1}\left(\frac{Y_1}{2}\right)^2 =$$

$$\frac{1}{3}\left(\frac{Y_1}{2}\right)^3\left[\frac{1}{\left(1+\sqrt{\frac{Z_0^n + Z_0^{n-1}}{2}}\right)^2\sqrt{\frac{Z_0^n + Z_0^{n-1}}{2}}} + \frac{Bn}{ab\sqrt{\frac{Z_0^n + Z_0^{n-1}}{2}}}\right](Z_0^{n-1} - Z_0^n)$$

$$(i = 1、2、\cdots、N-1) \qquad (6-50)$$

$X = 1$ 时,$Z_n = b^2 P_n$。

同时得到

$$Z_N = Z_n \qquad (6-51)$$

对式 (6-19) 进行无因次化:

$$\frac{Q'}{a\rho R^3} = \sum_1^{N-1}\frac{4}{3}\pi\left[\left(\frac{x_{i+1}+x_i}{2R}\right)^3 - \left(\frac{x_{i-1}+x_i}{2R}\right)^3\right]\left(\frac{\sqrt{b^2 P_i^n}}{1+\sqrt{b^2 P_i^n}} + \frac{Bn\sqrt{b^2 P_i^n}}{ab\rho}\right) +$$

$$\frac{4}{3}\pi\left(\frac{r_1}{2R}\right)^3\left(\frac{\sqrt{b^2 P_0^n}}{1+\sqrt{b^2 P_0^n}} + \frac{Bn\sqrt{b^2 P_0^n}}{ab\rho}\right) =$$

$$\sum_1^{N-1}\frac{4}{3}\pi\left[\left(\frac{X_{i+1}+X_i}{2}\right)^3 - \left(\frac{X_{i-1}+X_i}{2}\right)^3\right]\left(\frac{\sqrt{Y_i^n}}{1+\sqrt{Y_i^n}} + \frac{Bn\sqrt{Y_i^n}}{ab\rho}\right) +$$

$$\frac{4}{3}\pi\left(\frac{X_1}{2}\right)^3\left(\frac{\sqrt{Y_0^n}}{1+\sqrt{Y_0^n}} + \frac{Bn\sqrt{Y_0^n}}{ab\rho}\right) \quad (i = 1、2、\cdots、N-1) \qquad (6-52)$$

引入新的无因次准数:

$$M_H = \frac{Q}{a\rho R^3} \qquad (6-53)$$

得

$$M'_H = \sum_1^{N-1}\frac{4}{3}\pi\left[\left(\frac{Y_{i+1}+Y_i}{2}\right)^3 - \left(\frac{Y_{i-1}+Y_i}{2}\right)^3\right]\left(\frac{\sqrt{Y_i^n}}{1+\sqrt{Y_i^n}} + \frac{Bn\sqrt{Y_i^n}}{ab\rho}\right) +$$

$$\frac{4}{3}\pi\left(\frac{Y_1}{2}\right)^3\left(\frac{\sqrt{Z_0^n}}{1+\sqrt{Z_0^n}} + \frac{Bn\sqrt{Z_0^n}}{ab\rho}\right)$$

对式(6-20)进行无因次化,整理得

$$\frac{\Delta Q}{a\rho R^3} = \frac{k\Delta t}{ab^2\rho R^2}\frac{b^2 P_{N-1}^n - b^2 P_N^n}{\frac{r_N - r_{N-1}}{R}}\times 4\pi = \Delta T\frac{Z_{N-1}^n - Z_N^n}{Y_N - Y_{N-1}}\times 4\pi$$

即

$$\frac{\Delta Q}{a\rho R^3 \Delta T} = \frac{Z_{N-1}^n - Z_N^n}{Y_N - Y_{N-1}} \times 4\pi \qquad (6-54)$$

引入新的无因次准数:

$$M_B = \frac{Q}{a\rho R^3 \Delta T} \qquad (6-55)$$

得

$$\Delta M_B = \frac{Z_{N-1}^n - Z_N^n}{Y_N - Y_{N-1}} \times 4\pi \qquad (6-56)$$

三、密度无因次差分方程

整理式(5-42)可得

$$\frac{\partial\left(\dfrac{1}{1+\dfrac{1}{bp}} + \dfrac{Bn_0 bp}{ab}\right)}{\partial \dfrac{K_m t}{\rho_c \rho_s a R^2 b}} = \frac{R^2}{r^2} \frac{\partial}{\partial \dfrac{r}{R}}\left(\frac{r^2}{R^2} \frac{\partial(bp)}{\partial \dfrac{r}{R}}\right) \qquad (6-57)$$

设无因次半径为

$$L = \frac{r}{R} \qquad (6-58)$$

无因次压力为

$$Z = bp \qquad (6-59)$$

无因次时间为

$$S = \frac{K_m t}{\rho_c \rho_s a R^2 b} \qquad (6-60)$$

无因次孔隙率为

$$N = \frac{Bn_0}{ab} \qquad (6-61)$$

无因次压降系数为

$$U = \frac{Ga}{V_f} bp_0 \frac{T}{T_0} \qquad (6-62)$$

将无因次准数代入式(6-56),无因次化后可得

$$\frac{\partial\left(\cfrac{1}{1+\cfrac{1}{Z}}+NZ\right)}{\partial S}=\frac{1}{L^2}\frac{\partial}{\partial L}\left(L^2\frac{\partial Z}{\partial L}\right) \tag{6-63}$$

将式(6-58)~式(6-62)代入式(6-26)~式(6-29)进行无因次化。对式(6-26)进行无因次化可得

$$\Delta S_j\frac{Z_{i+1}^{j-1}-Z_i^{j-1}}{L_{i+1}-L_i}\left(\frac{L_{i+1}+L_i}{2}\right)^2-\Delta S_j\frac{Z_i^{j-1}-Z_{i-1}^{j-1}}{L_i-L_{i-1}}\left(\frac{L_{i-1}+L_i}{2}\right)^2+$$

$$\frac{1}{3}\left[\left(\frac{L_{i+1}+L_i}{2}\right)^3-\left(\frac{L_{i-1}+L_i}{2}\right)^3\right]\left[\frac{1}{\left(1+\cfrac{Z_i^j+Z_i^{j-1}}{2}\right)^2}+N\right]Z_i^{j-1}=$$

$$\frac{1}{3}\left[\left(\frac{L_{i+1}+L_i}{2}\right)^3-\left(\frac{L_{i-1}+L_i}{2}\right)^3\right]\left[\frac{1}{\left(1+\cfrac{Z_i^j+Z_i^{j-1}}{2}\right)^2}+N\right]Z_i^j-$$

$$\Delta S_j\frac{Z_{i+1}^j-Z_i^j}{L_{i+1}-L_i}\left(\frac{L_{i+1}+L_i}{2}\right)^2+\Delta S_j\frac{Z_i^j-Z_{i-1}^j}{L_i-L_{i-1}}\left(\frac{L_{i-1}+L_i}{2}\right)^2$$

$$(i=1、2、\cdots、N-1,j=1、2、\cdots、N) \tag{6-64}$$

对式(6-27)进行无因次化可得

$$\Delta S\frac{Z_1^{j-1}-Z_0^{j-1}}{L_1}\left(\frac{L_1}{2}\right)^2+\frac{1}{3}\left(\frac{L_1}{2}\right)^3\left[\frac{1}{\left(1+\cfrac{Z_0^j+Z_0^{j-1}}{2}\right)^2}+N\right]Z_0^{j-1}=$$

$$\frac{1}{3}\left(\frac{L_1}{2}\right)^3\left[\frac{1}{\left(1+\cfrac{Z_0^j+Z_0^{j-1}}{2}\right)^2}+N\right]Z_0^j-\Delta S\frac{Z_1^j-Z_0^j}{L_1}\left(\frac{L_1}{2}\right)^2 \quad (j=1、2、\cdots、N)$$

$$\tag{6-65}$$

对式(6-28)进行无因次化可得

$$Z=Z_w=Z_{w0}-3U\int_0^s\frac{\partial Z_w}{\partial L}\mathrm{d}S \quad (L=1) \tag{6-66}$$

将无因次准数代入式(6-29)可得无因次累计气体吸附量:

$$M_B=\frac{Q}{\rho_s a}=3\int_0^s\frac{\partial Z}{\partial L}\mathrm{d}S \tag{6-67}$$

第三节　解算程序编写与运行

一、菲克扩散模型计算程序流程

图 6-2 为菲克扩散模型计算程序流程,图中未知数为含量。在差分方程中,时间步长是程序中设定的,为已知条件,只要知道上一时刻的含量值,就可以求出下一时刻的含量值,以此类推,便可以得出每个节点的含量值。考虑到瓦斯在解吸过程中,速度会随着时间的延长而逐渐减小,所以可以让时间步长等比增大,这样既可以保障计算精度又可以节省计算时间。

程序开始时,先对所需的无因次常量进行定义、赋值,如吸附常数 a、b,半径,初始含量和煤粒瓦斯扩散系数等;设定时间步长,并赋初始值;建立无因次矩阵方程,定义系数矩阵、含量矩阵和解矩阵,并初始化;编写高斯求解子程序,并对矩阵方程进行求解,得出每一点的含量值,再进行循环,直至找到最后一点的含量。

开始第一个时间点的计算,首先对线性方程组进行赋值,这是该程序中最核心、最重要的一步。由第六章第一节中离散化的瓦斯流动方程可以看出,第一项可以看作第 $i+1$ 单元分别对第 i 点和第 $i+1$ 点的贡献,第二项则是第 i 单元分别对第 $i-1$ 点和第 i 点的贡献,按照这一原则对系数矩阵进行赋值,其常数项也按照同样的原则进行赋值。在菲克扩散模型中,含量前的系数都为常数项,直接调用高斯程序,对菲克扩散模型组进行求解,得到下一时刻的瓦斯含量值,打印各点瓦斯压力值、瓦斯含量、解吸速度和解吸量,然后进入下一时刻的循环。一直到达到预定值,输出瓦斯解吸速度、累计解吸量和煤粒瓦斯含量,程序结束。实质上,无因次解算过程与有因次是类似的。

二、达西渗流模型计算程序流程

图 6-3 中,未知数为压力平方。求解压力时,采用迭代方法,$P_i^n = cP_i^{n-1}$,编制程序,当两次解算得出的 P_i 值相对误差小于 0.0001 时为止,便得出压力值。在差分方程中,时间步长是程序中设定的,为已知条件,对于未知数——压力,只要知道上一时刻的值,就可以求出下一时刻的值,以此类推,便可以得出每个节点的压力。考虑到瓦斯在解吸过程中,速度会随着时间的延长而逐渐减小,所以可以让时间步长等比增大,这样既可以保障计算精度又可以节省计算时间。

在程序开始阶段首先对程序过程中所需要的常量进行定义,其中有吸附常数 a 和 b、煤粒透气性系数、煤粒半径、煤粒内部压力、煤壁处压力,还有在后期对未知

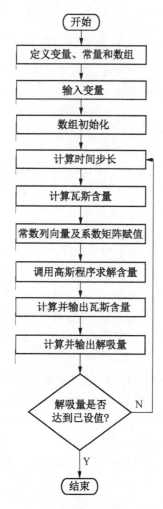

图 6-2　菲克扩散模型计算程序流程

压力取值时用到的系数和单元步长系数。之后定义了数组,其中有线性方程组中的系数数组、前一时刻的压力数组、后一时刻的压力数组、常数项数组和临时存放数据的数组,以及煤粒内部各节点瓦斯含量的点含量数组。同时也对程序中用到的变量进行了定义,如时间、单元步长、单元数,等等。接下来对各个常量进行了赋值,并将其转化为无因次量,其原始取值在每个常量赋值后进行了标注。之后重新定义了每个数组的大小,然后对定义的各个矩阵进行了初始化(即赋值为0),按照等比数列的格式对空间步长矩阵进行赋值,对时间步长也按照等比数列的格式进行了计算。

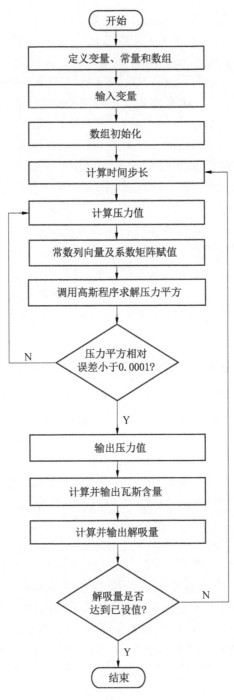

图 6－3　达西渗流模型计算程序流程

煤粒微孔游离瓦斯扩散理论与应用

开始第一个时间点的计算,首先对线性方程组进行赋值,这是该程序中最核心、最重要的一步。由第六章第一节中离散化的瓦斯流动方程可以看出,第一项可以看作第 $i+1$ 单元分别对第 i 点和第 $i+1$ 点的贡献,第二项则是第 i 单元分别对第 $i-1$ 点和第 i 点的贡献,按照这一原则对系数矩阵进行赋值,其常数项也按照同样的原则进行赋值。对瓦斯流动方程进行分析可以看出,在系数矩阵中也含有下一时刻压力平方值,其为变量,考虑到前后两时刻间瓦斯压力差距不是很大,由此在赋常数项之前,取下一时刻瓦斯压力平方为上一时刻的 c 倍,这样赋值的常数项就是常数了,就可以调用线性方程组求解的子程序对瓦斯流动的线性方程组进行求解。得到下一时刻的瓦斯压力平方值用求解得到的瓦斯压力平方值,与初始设定的瓦斯压力平方值进行对比,如果大于 0.0001,说明其初始设置存在误差,将计算出来的值赋到下一时刻的数组中,重新对常数矩阵进行赋值。如果其误差达不到 0.0001,继续进行循环赋值,当误差符合要求,跳出循环,打印各点瓦斯压力值,计算各点瓦斯含量,计算这一时间段瓦斯解吸速度和瓦斯解吸量,并打印瓦斯含量、瓦斯解吸速度和瓦斯解吸量,然后进入下一时刻的循环。时间循环次数达到预设时间循环次数后,输出瓦斯解吸速度、累计解吸量和煤粒瓦斯含量,程序结束。

三、密度梯度模型计算程序流程

密度梯度模型计算程序流程如图 6-4 所示。首先对常量进行定义,包括吸附常数 b、煤粒的无因次半径 L、煤粒内部和外部的无因次压力、单元步长系数、对未知无因次压力取值时用到的系数。之后定义数组,其中有线性方程组中的系数数组和常数项数组,临时存放数据的数值以及前后时刻的无因次压力数组。同时,定义程序中的无因次时间、单元步长、单元数等变量。之后就是赋值过程,包括各常量的赋值、各矩阵的初始化赋值、以等比数列的形式进行的空间步长和时间步长的赋值。

对线性方程组进行赋值,开始第一个时间点的计算,这是程序中最重要的一步。在给常数项赋值之前,取下一时刻无因次压力为上一时刻的 c 倍,之后调用子程序求解线性方程组。将求解得到的无因次压力与预先设定的无因次压力进行比较,如果两者的相对误差大于 0.0001,则需要重新赋值计算。当两者的误差小于 0.0001,循环结束,输出各点无因次压力、无因次瓦斯含量、瓦斯吸附速度和无因次瓦斯吸附量。第一个时间点结束后进行下一时刻的运算,当循环次数达到预定值时,输出瓦斯吸附速度和煤粒瓦斯含量,程序运行结束。

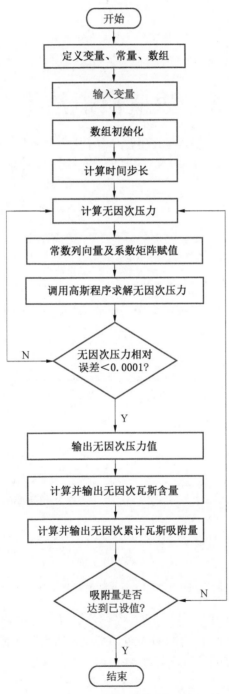

图6-4 密度梯度模型计算程序流程

第七章 数值模拟结果分析及实验验证

第一节 无因次模拟结果分析

一、菲克扩散模型无因次结果分析

对无因次数据进行处理,得到不同初始压力下煤粒内部瓦斯含量、解吸速度、累计解吸量的变化。以羊草沟煤矿煤样在平均粒径 50 mm、0.5 MPa 定压情况下的变化进行简单展示,如图 7-1~图 7-3 所示。

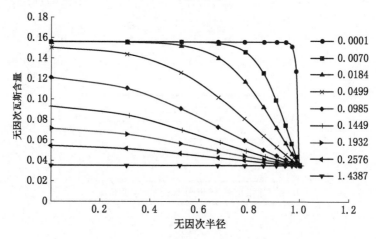

图 7-1 0.5 MPa 下煤粒内部瓦斯含量变化

由图 7-1 可以看出,开始解吸时,煤粒外层含量变化较大,内部变化较小,内外层之间形成浓度差,产生浓度梯度,进而带动瓦斯流动,内部含量逐渐降低,直至内外浓度差消失,这时解吸达到平衡,煤粒内部各点含量相同。

由图 7-2 可以看出,煤粒开始解吸时,浓度差较大,解吸速度较快,但随着时

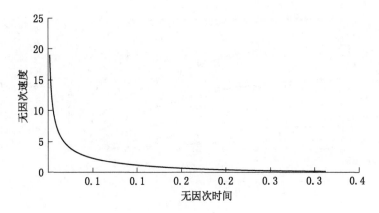

图7-2 0.5 MPa下煤粒解吸时速度变化

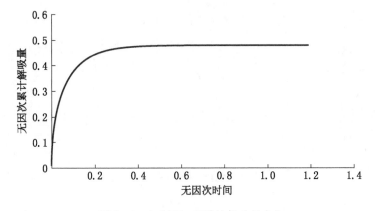

图7-3 0.5 MPa下累计解吸量变化

间的增长,浓度梯度越来越小,解吸速度逐渐趋向于零,解吸达到平衡。图7-3反映了累计解吸量随时间变化的曲线,解吸量随着时间的增加而增加。在解吸过程中,煤粒内部含量逐渐减少,解吸出来的瓦斯含量增大,但增加到一定数值后不变。这是因为煤粒中瓦斯吸附解吸处于动态平衡,并不会完全解吸出来。

二、达西渗流模型无因次结果分析

对无因次数据进行处理,得到不同初始压力下煤粒内部瓦斯压力、解吸速度、累计解吸量的变化,继续以羊草沟煤矿煤样在平均粒径50 mm、0.5 MPa定压情况下的变化进行简单展示,如图7-4~图7-6所示。

由图7-4、图7-5可以看出,开始解吸时煤粒外层压力变化较大,且与内外层

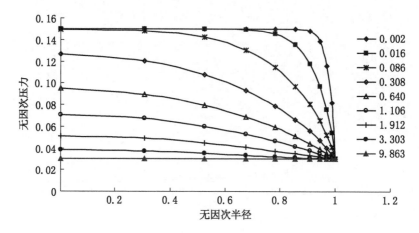

图 7-4　0.5 MPa 下煤粒内部瓦斯压力分布

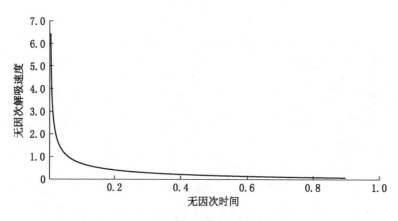

图 7-5　煤粒解吸时速度变化

之间形成压力梯度,带动内部压力降低,直至解吸平衡,此时煤粒内部各点压力相同;开始解吸时,解吸速度较快,随着时间的延长,解吸速度逐渐趋向于零。

图 7-6 反映了累计解吸量随时间变化的曲线。开始时由于煤粒内外部压力差较大,解吸速度较快,因此解吸量快速增大。随着时间的进行,内外部压力梯度逐渐减小,内部瓦斯也逐渐减少,解吸量增加速度也相应减缓,最终趋于稳定。

三、密度梯度模型无因次结果分析

对无因次数据进行处理,得到不同初始压力(0.5 MPa、1 MPa、2 MPa、3 MPa)封闭空间下煤粒内部瓦斯压力、累计解吸量的变化,以阳泉五矿煤样在平均粒径0.215 mm 情况下的变化进行简单展示,如图 7-7、图 7-8 所示。

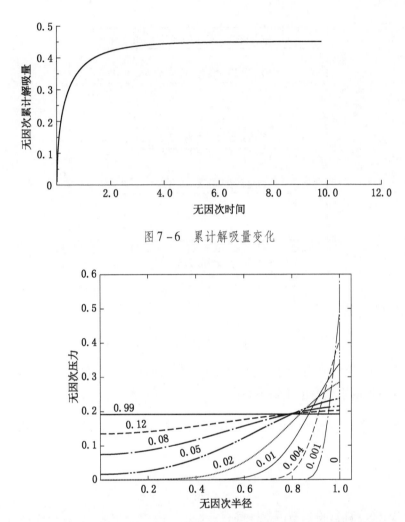

图 7-6　累计解吸量变化

图 7-7　0.5 MPa 下阳泉五矿煤粒内部无因次瓦斯压力分布模拟结果

　　由图 7-7 可知,随着无因次时间的增加,煤粒表面无因次瓦斯压力不断下降,煤粒内部无因次瓦斯压力不断上升,最终煤粒内部与外部的无因次瓦斯压力处处相等,即煤粒达到吸附平衡。随着初始吸附压力的增大,平衡时的无因次压力也会变大。

　　由图 7-8 可知,随着模拟压力的增大,无因次累计吸附量也会随之增大,最终随着无因次时间 S 的增加趋于平衡。各压力下的解吸量差异是煤粒内外部压力梯度的不同造成的,由于它们不同,使同一无因次时间下的外部无因次压力和解吸量不同。

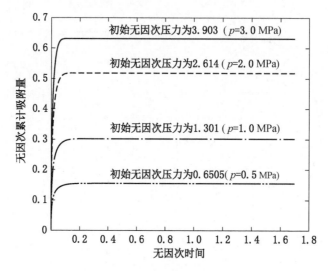

图7-8　阳泉五矿煤样不同压力下无因次累计吸附量模拟结果

第二节　有因次模拟结果分析

一、菲克扩散模型有因次结果分析

将无因次数据导入 Excel,通过式(6-30)、式(6-31)对无因次数据进行有因次转化。

整理式(6-30),得出有因次半径:

$$r = YR \qquad (7-1)$$

整理式(6-31),得出有因次时间:

$$t = DTR^2 \qquad (7-2)$$

整理式(6-38)、式(6-39),得出有因次累计吸附解吸量:

$$\Delta Q = \Delta M_B R^3 \Delta T \qquad (7-3)$$

实验研究的是单位质量煤粒含的瓦斯体积,所以 Q 要除以煤粒质量,表达式为

$$Q = \frac{\Delta Q}{\frac{4}{3}\pi R^3 \rho} = \frac{\Delta M_B R^3 \Delta T}{\frac{4}{3}\pi R^3 \rho} = \frac{\Delta M_B \Delta T}{\frac{4}{3}\pi \rho} \qquad (7-4)$$

对无因次数据进行转换,绘制不同粒径在不同压力下有因次模拟量与时间的

关系曲线,具体的曲线趋势和形状大体和无因次曲线相似,不同的是无因次和有因次的时间、吸附解吸量的数量级不相同。因此,这里不再赘述有因次的变化曲线。

二、达西渗流模型有因次结果分析

将无因次数据导入 Excel,对无因次数据进行转化。

根据式(6-41)将无因次半径转化为有因次半径:

$$r = YR \tag{7-5}$$

根据式(6-42)将无因次时间转化为有因次时间:

$$t = \frac{\rho a R^2 b^2 T}{k} \tag{7-6}$$

根据式(6-53)将无因次含量转化为有因次含量:

$$\Delta Q = \Delta M_H a \rho R^3 \Delta T \tag{7-7}$$

实验研究的是单位质量煤粒含的瓦斯体积,所以 Q 要除以煤粒质量,表达式为

$$Q = \frac{\Delta Q}{\frac{4}{3}\pi R^3 \rho} = \frac{\Delta M_H a \rho R^3 \Delta T}{\frac{4}{3}\pi R^3 \rho} = \frac{\Delta M_H a \Delta T}{\frac{4}{3}\pi} \tag{7-8}$$

对无因次数据进行转换,可以绘制不同粒径在不同压力下模拟量与时间的关系曲线,这里不再赘述。

三、密度梯度模型有因次结果分析

将无因次数据导入 Excel,对无因次数据进行转化。

根据式(6-57)将无因次半径转化为有因次半径:

$$r = LR \tag{7-9}$$

根据式(6-59)将无因次时间转化为有因次时间:

$$t = \frac{\rho_c \rho_s a R^2 b}{K_m} S_j \tag{7-10}$$

实验研究的是单位质量煤粒含的瓦斯体积,所以 Q 要除以煤粒质量,根据式(6-65)将无因次含量转化为有因次含量:

$$Q_m = \frac{Q}{\rho_s} = \frac{M_B \rho_s a}{\rho_s} = a M_B \tag{7-11}$$

式中　　Q——单位质量煤样累计气体吸附质量,g/g;

　　　　Q_m——单位质量煤样累计气体吸附量,cm^3/g。

第三节　实验数据与模拟结果对比

菲克扩散模型长期以来一直被用于研究煤颗粒中的气体运移。该模型在不区分游离瓦斯和吸附瓦斯的情况下,以煤颗粒总瓦斯含量作为瓦斯浓度,考虑瓦斯扩散通量与瓦斯含量梯度成正比。这里,着重研究达西渗流模型和密度梯度模型相对菲克扩散模型与实验数据的匹配程度,从实验数据的角度具体验证这 3 种模型的预测结果是否合理。

一、吸附解吸流动系数的反演

模拟过程中的其他参数都可以通过实验等方法获得,只有关键流动系数(菲克扩散模型中的 D、达西渗流模型中的 λ、密度梯度模型中的 K_m)是未知的,需要通过实验数据和模拟数据匹配法反演得到。实际上,模拟结果的反演过程是模拟结果从无因次转变为有因次,并将模拟结果与实验数据进行匹配,从而找到与实验数据相匹配的 K_m 值。以反演密度梯度模型中的 K_m 值为例,进行展示。通过式(7 - 12)将模拟结果从无因次转化为有因次:

$$\begin{cases} t_j = \dfrac{\rho_c \rho_s a R^2 b}{K_m} S_j \\ Q_m = \dfrac{Q}{\rho_s} = \dfrac{M_B \rho_s a}{\rho_s} = a M_B \end{cases} \tag{7-12}$$

以定容瓦斯吸附实验为例,具体反演步骤如下。

(1)根据相关实验得到煤样瓦斯吸附的基本参数,包括吸附常数 a、b 值,煤粒视密度,孔隙率及半径。

(2)根据设定实验条件进行定容瓦斯吸附实验,得到不同煤样不同吸附初始压力下的煤粒瓦斯吸附实验数据。

(3)根据自行编写的解算软件计算得到无因次瓦斯累计吸附量随无因次时间变化的数据。

(4)将测得的煤粒基本参数和假定的微孔道扩散系数代入式(7 - 12),可以得到模拟的煤粒瓦斯累计吸附曲线。

(5)将假定的煤粒瓦斯累计吸附曲线与实验实测的吸附曲线进行比较,不断改变 K_m 值,将模拟吸附曲线与实测吸附曲线进行匹配,从而确定煤粒微孔道扩散系数 K_m。

为了更好地说明反演过程,以白芨沟矿煤样在 0.5 MPa 下的吸附实验曲线与模拟曲线进行说明,如图 7 – 9 所示。为了更清楚地显示吸附初始时刻与中间过程模拟数据与实验数据的匹配程度,图 7 – 9 的横坐标取对数坐标,如图 7 – 10 所示。

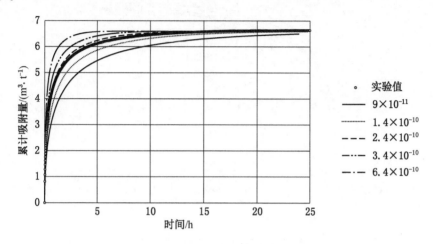

图 7 – 9　0.5 MPa 下白芨沟矿煤样 K_m 值的反演过程

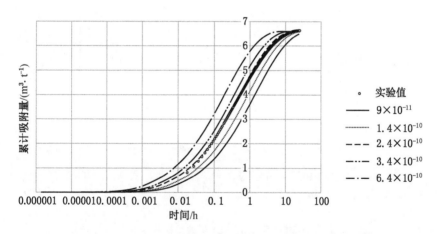

图 7 – 10　0.5 MPa 下白芨沟矿煤样 K_m 值的反演过程(对数坐标)

由图 7 – 9 和图 7 – 10 可知,当 $K_m = 2.4 \times 10^{-10}$ t/(MPa·m·d)时,模拟值与实验值的匹配度最高,而其他 K_m 值对应的模拟值与实验值明显不能很好地匹配,因此,吸附初始压力为 0.5 MPa 下白芨沟矿煤样的 K_m 值为 2.4×10^{-10} t/(MPa·m·d)。其他反演具体过程不再赘述,只展示反演的示意图,具体如图 7 – 11 和图 7 – 12 所示。

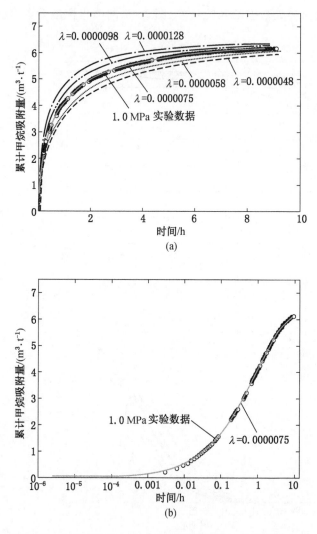

图 7 - 11　0.5 MPa 下水峪矿 10 号煤层煤样 λ 值的反演过程

　　以上是瓦斯吸附解吸以及扩散等流动系数的反演过程,利用该方法可以对不同煤矿煤样不同初始吸附压力以及不同粒径等条件下的流动系数进行反演。同样,菲克扩散模型、达西渗流模型、密度梯度模型也用此方法进行反演。接下来,进一步全方位验证此反演方法得到的模拟结果与实验数据的匹配程度。

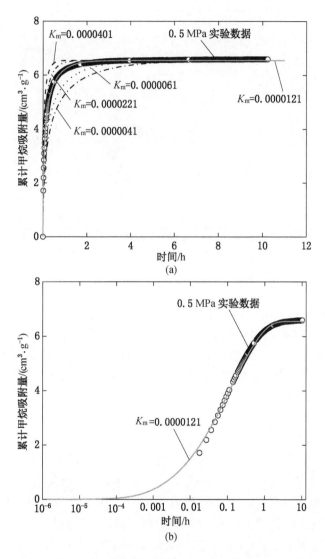

图 7-12　0.5 MPa 下水峪矿 10 号煤层煤样 K_m 值的反演过程

二、定压实验数据与解算结果的对比验证

以阳泉五矿及白芨沟矿的煤样为例,可以发现在整个吸附过程中,密度梯度的模拟曲线与实验曲线是一致的(图 7-13),但是无论如何调整菲克扩散模型系数

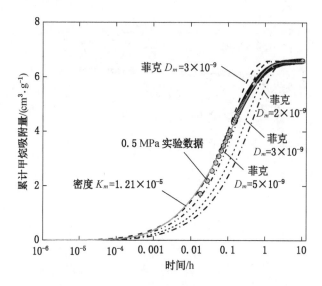

图 7 – 13　菲克扩散模型和密度梯度模型模拟结果与定压吸附实验数据匹配对比

的值,菲克扩散模型曲线都不能与实验曲线完全吻合。在反演过程中,即使菲克扩散系数变化很大,其模拟曲线也只是上下移动,部分重叠,而不能与整个实验结果相匹配。菲克扩散模型计算错误的主要原因是错误地假设了吸附气体参与了气体扩散。而由自由气体密度梯度驱动的气体输运模型更加真实,该模型具有与时间无关的微孔道扩散系数。

　　以水峪矿 10 号煤层煤样的定压瓦斯吸附实验数据为例,观察菲克扩散模型模拟数据与达西渗流模型模拟数据的准确性。由图 7 – 14 可得:在不同的初始压力情况下,基于达西理论和游离瓦斯密度梯度理论假说得到的煤粒瓦斯吸附模拟结果的变化趋势均与实验数据保持一致。由于数值模拟理想化的假设条件,导致一些模拟数值点和实验点存在些许误差,但从整体上来看是可以接受的。这在一定程度上说明了新提出的理论假说能够描述煤粒瓦斯的流动过程。

　　在菲克扩散模型中,对于给定的煤粒半径和初始瓦斯压力与含量,只有扩散系数 D 对瓦斯解吸速度有影响。然后分别解算得出不同粒径煤粒在不同初始瓦斯压力下,当外部压力为一个标准大气压时煤粒累计瓦斯解吸量,并与实验结果进行对比。图 7 – 15 为 1 ~ 4 号煤样在初始压力 4 MPa 条件下及 4 号煤样初始压力 1 MPa、2 MPa 条件下实验与计算曲线对比。其中 1 ~ 4 号煤样为长春羊草沟矿 3 号煤层煤样,对应的粒径范围分别为:1 号煤样 4 ~ 4.75 mm、2 号煤样 1 ~ 1.18 mm、3 号煤样 0.425 ~ 0.55 mm、1 号煤样 0.25 ~ 0.27 mm。为了更容易看出曲线匹配程

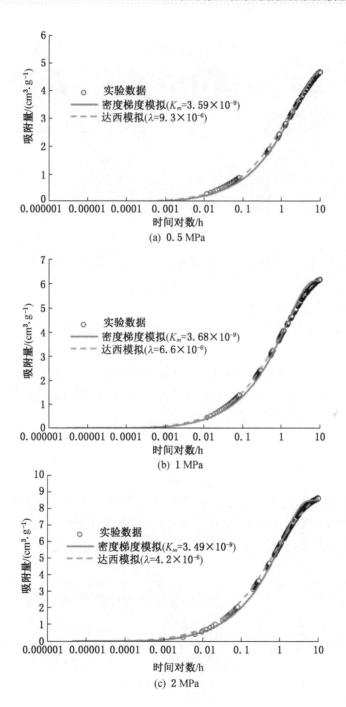

(a) 0.5 MPa

(b) 1 MPa

(c) 2 MPa

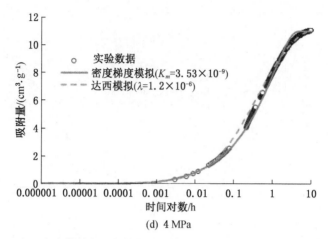

(d) 4 MPa

图 7 – 14　达西渗流模型和密度梯度模型模拟结果与定压吸附实验数据匹配对比

度,各图采用对数坐标表示。由图 7 – 15 可知,对于不同粒径的煤样,在各种初始瓦斯压力下均呈现如下规律。

(1)达西渗流模型模拟结果与实验结果变化趋势基本相同,但菲克模拟量与之相差较大。

(2)达西渗流模型模拟结果与实验结果在大部分时间段内比较吻合,只在初始时间段有一定的差异,由于实验条件的限制,初始阶段外部瓦斯压力不能实现恒压,因此实验与理论计算的条件在初始阶段就存在差异。

(3)当瓦斯扩散系数 D 较大时,菲克模拟与实验在初始阶段较接近,但模拟计算比实验提前达到平衡,菲克模拟与实验结果在后期出现了很大偏差。

(4)当瓦斯扩散系数 D 较小时,菲克模拟与实验结果在快达到平衡时接近,但菲克模拟解吸速度表现为初始小、后期大,累计解吸量与实验结果相差极大,无论瓦斯扩散系数 D 如何变化,菲克曲线与实验曲线始终不能较好地吻合。综上所述,依据达西定律所模拟结果的拟合程度远高于菲克定律。

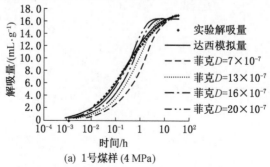

(a) 1号煤样 (4 MPa)

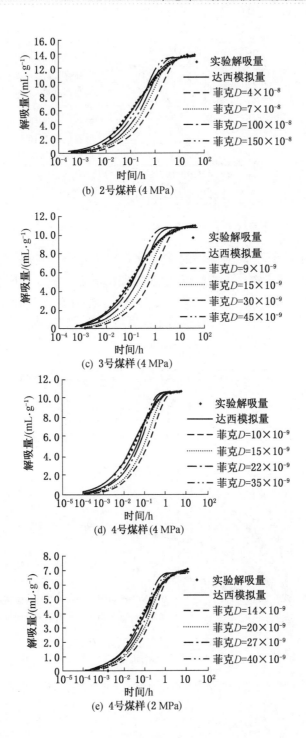

(b) 2号煤样(4 MPa)

(c) 3号煤样(4 MPa)

(d) 4号煤样(4 MPa)

(e) 4号煤样(2 MPa)

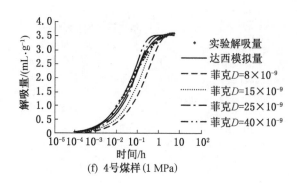

(f) 4号煤样(1 MPa)

图 7 – 15 菲克扩散模型和达西渗流模型模拟结果与定压解吸实验数据匹配对比

图 7 – 16 中的实验数据是涡北矿煤样在定压情况下的解吸实验结果。由图 7 – 4可以看出,除少数几个实验点外,在煤粒瓦斯定压解吸过程中,模型模拟结果与实验数据较吻合。由于实验过程中仪器和操作中存在不可避免的误差以及模型假设,模拟结果和实验数据之间的偏差在可接受范围内。游离瓦斯密度梯度扩散模型可以更好地描述煤粒中的瓦斯流动过程。

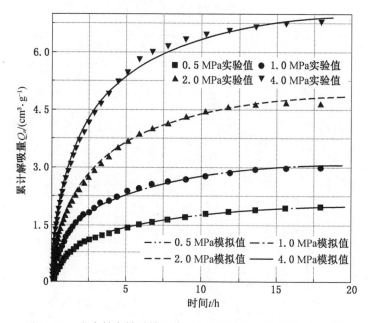

图 7 – 16 密度梯度模型模拟结果与定压解吸实验数据匹配对比

三、定容实验数据与解算结果的对比验证

图 7 – 17 展示了菲克扩散模型和达西渗流模型模拟结果与定容吸附实验数据匹配对比情况。由图 7 – 17 可以看出,在菲克模拟中,当扩散参数 B 取不同值时,其结果均为斜率不同的直线。当 B 取值较大时,模拟曲线只有在初始阶段与实验结果比较吻合,随着时间的延长二者偏离越来越大;当 B 取值较小时,模拟曲线与实验曲线只有初始点和终点两个值比较一致,吸附过程偏离很大。而达西渗流模型模拟曲线与实验曲线的变化趋势基本一致,只是由于实验存在一定的误差,某些点会有所差异。由此可见,无论在何种条件下,达西渗流模型模拟结果与实验结果均能很好地匹配,而菲克模拟结果却不能,这说明封闭空间内煤粒瓦斯吸附过程可以用达西定律表述。

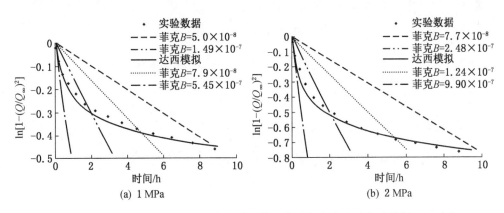

图 7 – 17　菲克扩散模型和达西渗流模型模拟结果与定容吸附实验数据匹配对比

图 7 – 18 显示了不同气体种类情况下的密度梯度模型模拟结果与定容解吸实验数据匹配对比情况。图 7 – 18 中的扩散系数是一个定值,可以看出当微孔道扩散系数取合适的常数时,数值模拟曲线与实验数据的变化趋势一致。虽然个别模拟曲线与实验数据存在一定误差,但对整体趋势影响不大,在可接受的范围内。实测数据的验证表明,游离瓦斯密度梯度驱动模型是可靠的,适用于研究不同条件下煤颗粒内的气体运移。另一个发现是扩散系数不会随时间发生改变。但是,菲克定律中存在常数扩散系数,会导致理论计算与实验数据之间存在较大偏差。由此可见,游离瓦斯密度梯度驱动的气体流动模型相对于浓度梯度驱动的菲克扩散模型的优势是显而易见的。

图 7 - 19 为 1～4 号煤样(取自云南大菁矿)在初始压力为 4 MPa 条件下及 4 号煤样在初始压力为 1 MPa、2 MPa 条件下,菲克扩散模型和达西渗流模型模拟曲线与定容解吸实验数据对比。1～4 号煤样的粒径分别为 42.976 mm、11.6～13.800 mm、3.350～4.000 mm 和 1.180～1.400 mm。由图 7 - 19 可以看出:

(1)在菲克扩散模型模拟中,当扩散参数 B 取不同值时,其结果为几条斜率不同的直线,这说明若煤粒中的瓦斯流动服从菲克定律,则 $\ln[1-(Q_t/Q_\infty)_2]$ 与时间 t 应是线性关系。

(2)各个煤样在不同初始压力条件下,实验曲线均不是直线。在菲克扩散模

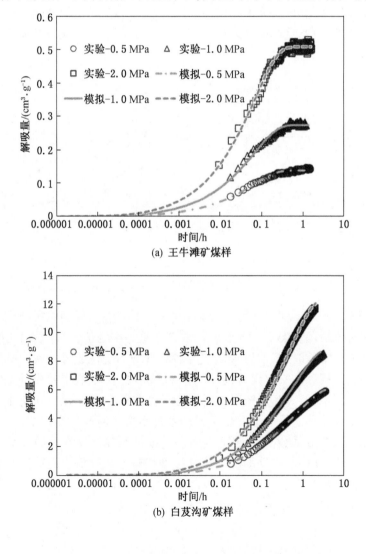

(a) 王牛滩矿煤样

(b) 白芨沟矿煤样

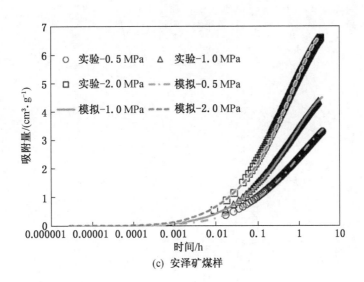

(c) 安泽矿煤样

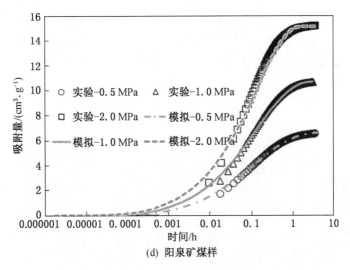

(d) 阳泉矿煤样

图 7-18 密度梯度模型模拟结果与定容吸附实验数据匹配对比

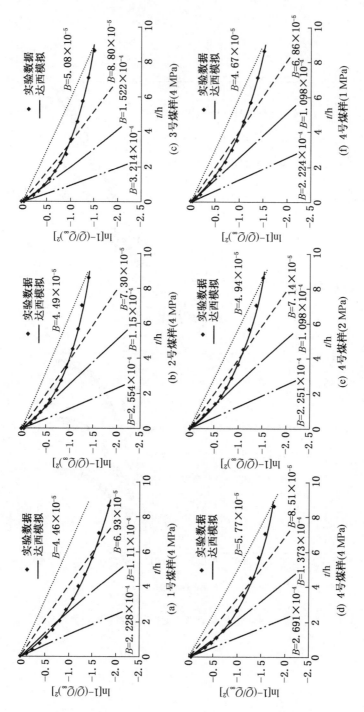

图7-19 菲克扩散模型和达西渗流模型模拟结果与定容解吸实验数据对比

型中,当 B 取值较大时,在初始阶段与实验结果相吻合,但随着时间的延长模拟曲线与实验曲线偏离越来越大;当 B 取值较小时,尽管可以使模拟曲线与实验曲线的初始点和终点两个值一致,但解吸过程中却出现了较大偏差。不同粒径、不同初始压力下的模拟与实验结果均出现这种差异。因此,无论在何种条件下,模拟曲线都无法与实验曲线相匹配,说明瓦斯流动不应遵循菲克扩散定律。

(3)达西渗流模型模拟结果与实验结果的变化趋势完全相同且数值非常接近,只是在某些点上有所差异。由于实验存在一定的误差,数值模拟假设条件过于理想化,出现这种数据偏差是可以理解的。各种条件下达西渗流模型模拟结果与实验结果的一致性,说明煤粒中的瓦斯流动在某种程度上可以用达西定律来表示。

通过绘制 $\ln[1-(Q_v/Q_\infty)_2]$ 与 t 的关系曲线,将菲克和游离瓦斯密度梯度(FGDG)模型得到的数值结果与煤样 OD 和 JMS 的实测数据进行对比,如图 7 - 20 所示。由图 7 - 20 可以看出,实验测得的解吸曲线具有明显的曲线特征。在菲克扩散模型数值模拟结果中,无论扩散系数 D 如何变化,$\ln[1-(Q_v/Q_\infty)_2]$ 与 t 的关系都是线性的。当 D 较大时,仿真曲线与初始阶段实测曲线基本一致,但之后偏差逐渐增大。当扩散系数 D 较小时,模拟曲线与实验曲线在整个解吸过程中也存在较大偏差。如此大的偏差表明,基于经典菲克定律建立的扩散模型在一定程度上与实际情况不符,即气体扩散机制可能不遵循菲克理论。综上所述,经典的菲克扩散模型只能在初始阶段的短时间内应用。FGDG 模型计算的解吸曲线与实测数据吻合较好。因此,FGDG 模型比菲克扩散模型更合理、更准确。

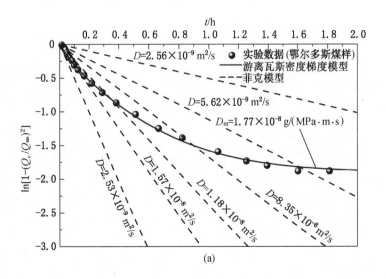

(a)

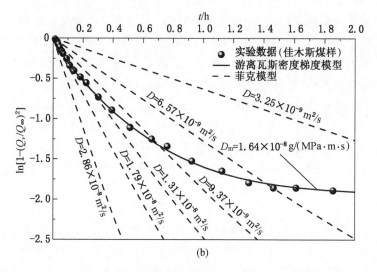

图 7-20　菲克扩散模型和密度梯度模型数值结果与定容解吸实验数据对比

第八章　煤中三种瓦斯扩散模型探讨

第一节　模型理论基础探讨

　　煤粒中气体运移主要有 3 种模型,分别是菲克扩散模型、达西渗流模型和密度梯度模型,见表 8－1。由表 8－1 可以发现,由于对煤颗粒中气体运移的驱动因素理解不同,建模中使用的势方程变化很大,导致 3 种模型之间存在很大差异。本书梳理了 3 种煤粒/煤基质中瓦斯等气体扩散相关模型,本章主要从煤粒简化成何种规则形状、模型理论基础以及影响关键系数的多因素等方面对这 3 种扩散模型进行更细致的探讨。

表 8－1　煤粒中 3 种瓦斯扩散运输建模比较

名称	菲克扩散模型 [a]	达西渗流模型 [b]	密度梯度模型
平衡方程	$J_D = -D \dfrac{\partial X}{\partial r}$	$q = -\lambda \dfrac{\partial P}{\partial r}$	$J_m = -K_m \dfrac{\partial p}{\partial r}$
守恒方程	$\dfrac{\partial (X\rho_c\rho_s)}{\partial t}\left[\dfrac{4}{3}\pi(r+\mathrm{d}r)^3 - \dfrac{4}{3}\pi r^3\right] = \dfrac{\partial}{\partial r}\left(\rho_c\rho_s D \dfrac{\partial X}{\partial r}\right)\mathrm{d}r \times 4\pi r^2$	$\dfrac{\partial (X\rho_c\rho_s)}{\partial t}\left[\dfrac{4}{3}\pi(r+\mathrm{d}r)^3 - \dfrac{4}{3}\pi r^3\right] = \dfrac{\partial}{\partial r}\left(\rho_s\lambda \dfrac{\partial P}{\partial r}\right)\mathrm{d}r \times 4\pi r^2$	$\dfrac{\partial (X\rho_c\rho_s)}{\partial t}\left[\dfrac{4}{3}\pi(r+\mathrm{d}r)^3 - \dfrac{4}{3}\pi r^3\right] = \dfrac{\partial}{\partial r}\left(K_m \dfrac{\partial p}{\partial r} \times 4\pi r^2\right)\mathrm{d}r$
微分方程	$\dfrac{\partial X}{\partial t} = \dfrac{D}{r^2}\dfrac{\partial}{\partial r}\left(r^2 \dfrac{\partial X}{\partial r}\right)$	$\dfrac{\partial X}{\partial t} = \dfrac{\lambda}{\rho_c r^2}\dfrac{\partial}{\partial r}\left(r^2 \dfrac{\partial P}{\partial r}\right)$	$\dfrac{\partial X}{\partial t} = \dfrac{K_m}{\rho_c\rho_s r^2}\dfrac{\partial}{\partial r}\left(r^2 \dfrac{\partial p}{\partial r}\right)$

注:[a] J_D 表示浓度梯度扩散量, $\mathrm{m^3/(m^2 \cdot s)}$;$D$ 表示菲克扩散系数, $\mathrm{m^2/s}$。
　　[b] λ 表示透气性系数, $\mathrm{m^2/(MPa^2 \cdot s)}$;$q$ 表示气体比流量, $\mathrm{m^3/(m^2 \cdot s)}$;$P$ 表示气体压力平方, MPa。

一、菲克扩散模型

　　在煤气输送基础理论方面,对煤粒/煤基质内气体流动机理的研究还没有达成广泛的共识。大多数研究人员认为,煤基质中的气体流动符合菲克定律(由浓度梯度驱动),也有人认为达西定律(由压力梯度驱动)更适合描述。菲克定律指出,气体流量与气体含量梯度成正比。在煤颗粒微孔体系中,含气量以吸附气为主,且处于相对静止状态。煤颗粒中气体的流动主要是自由气体的流动,其流动速率与含气量无关。在使用菲克定律时,许多研究人员往往忽略自由气体,导致不准确的结果。此外,菲克定律因其微分方程易于求解而被广泛接受,从而可以得到理论解。理论计算结果与实际数据之间往往存在很大误差。

二、达西渗流模型

基于达西定律的模型与基于菲克定律的模型相比,能够准确地描述整个时间尺度上煤基质中的气体流动过程。达西流动模型主要描述气体在大孔隙体系中的流动。在该模型中,假定大孔隙中存在边界层。在此基础上,煤基质中气体的体积流量与压力梯度成正比。煤基质中存在大量的微孔隙(无边界层),大多数学者普遍认为达西定律在这些微孔隙中不成立。因此压力梯度在短时间内曾被认为是煤基质中游离气运移的驱动力。Li 等报道煤储层渗透率与压力梯度的平方有很强的相关性。Airey 很久以前就提出,从破碎的煤中解吸的气体应该遵守达西定律。之前的工作论证了这一观点,即每个煤样的整个吸附过程与达西渗流模型模拟曲线是一致的,但仍然存在一些明显的缺陷。随着压力的增加,每个煤样的渗透性显著降低,当压力增加一倍时渗透性降低50% 。即使煤骨架因吸附气体而膨胀堵塞气体流动,也不太可能导致渗透率急剧下降。有研究表明,高压吸附甲烷后,煤的体积膨胀率仅为 0.09% ~ 0.5% 。自由气体质量流量的引入可以降低温度、压力等外部因素对气体输运行为的影响,因此密度梯度应该是自由气体在煤基体中运移的驱动力。

三、密度梯度模型

煤基质中孔隙系统结构极为复杂,孔隙大小范围较大。许多学者推测,气体在煤基质中的运移是一个渗透、扩散等机理的过程。因此,仅用菲克定律或达西定律来描述煤基中的气体流动行为在理论上是有问题的。如果同时考虑达西定律和菲克定律来建立煤基质中气体流动模型,将涉及多种孔隙尺度和流动机理。同时定义扩散孔和渗透孔是一项具有挑战性的工作,可能导致非常复杂的数值计算。

事实上,自由态和吸附态是煤体中仅有的两种含气形式。它们不仅在数量上不同,而且在气体输运行为上也不同。吸附气不参与流动,但其数量与煤孔隙表面积有关,而游离气由于气体分子的自由运动而与孔隙空间有关。采用菲克扩散法时,没有将游离气体与煤基质中的吸附状态区分开来,而是将煤质量中的总气体含量视为气体的弥散浓度,从理论上增大了参与输送的气体量。因此,研究气体在煤基质中的运移需要将游离气与吸附气区分开。

密度梯度理论模型从传质和密度的角度出发,将浓度梯度和压力梯度统一为游离瓦斯密度梯度,如图 8 - 1 所示。达西渗流和菲克型扩散都是传质机理。密度梯度理论模型则认为,煤基质气体的质量流量与煤基质游离瓦斯梯度成正比。该

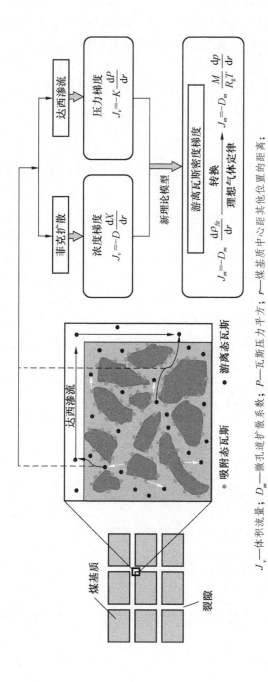

图8-1 煤基质中瓦斯流动模型的发展

J_v—体积流量；D_m—微孔道扩散系数；P—瓦斯压力平方；r—煤基质中心距其他位置的距离；J_m—质量流量；K—透气性系数；D—游离瓦斯密度；X—瓦斯含量；p—瓦斯压力

理论的优点是,无论孔隙大小如何,气体在大孔、中孔或微孔中的流动都可以认为是由自由气体的密度梯度驱动的,而不区分扩散和渗流的边界。此外,基于该理论建立的数学模型相对简单,得到的数值解与实验数据吻合较好。

第二节　关键系数敏感性探讨

一、时间因素

通过图 8－2 分析时间因素对菲克扩散模型和密度梯度模型的影响。将菲克扩散模型与提出的 FGDG(Free Gas Density Gradient)模型进行比较,可见扩散系数不随时间变化的 TID(Time Independent Diffusion)模型并不能很好地描述煤颗粒的气体解吸行为。菲克定律的假设之一是扩散系数恒定,这导致计算结果与实测数据之间存在较大偏差。TID 模型的预测结果是近似解,可能导致结果不精确。扩散系数呈现函数关系变化的 TDD(Time Dependent Diffusion)模型和 FGDG 模型的计算结果与实测数据基本吻合。这表明在关键扩散系数为常值的条件下,FGDG 模型计算的数值解比 TDD 模型的近似解更精确。FGDG 模型中的关键参数 D_m 是一个常数,而 TDD 模型中的 $D(t)$ 包含了更多的未确定参数,将导致计算工作更加复杂。另外,TDD 模型的扩散系数被设定为一个时变变量,违反了经典的菲克理论

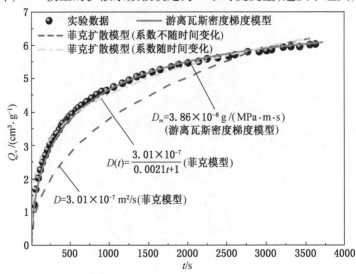

图 8－2　基于菲克扩散模型和密度梯度模型的预测结果与实验数据对比

假设。在一定程度上,TDD 模型的物理意义和理论基础不是很明确,其适用性也存在争议。因此,用 FGDG 模型计算的数值解比 TDD 模型推导的解析解更合理。已经有文献记载数值方法优先于解析方法,这也证实了工作的正确性。

以水峪矿煤样的实验数据及模拟曲线对比为例,分析时间因素对达西渗流模型和密度梯度模型的影响,如图 8-3 所示。实验和模拟得到的是累计瓦斯吸附体积含量与时间的变化关系。由于程序数值解算中的时间步长采用等比方式,导致时间数据的波动情况太大,甚至是几千至几万倍的变化。因此取时间的对数值为横坐标,吸附量为纵坐标,分别绘制不同初始压力情况下的曲线趋势。由图 8-3 可得,在不同初始压力情况下,基于达西理论和游离瓦斯密度梯度理论模型得到的煤粒瓦斯吸附模拟结果的变化趋势均与实验数据保持一致。由于数值模拟理想化的假设条件,导致一些模拟数值点和实验点存在误差,但从整体上来看也是可以接受的。这在一定程度上说明达西渗流模型和密度梯度模型能够描述煤粒瓦斯的流动过程。这两种模型的关键透气性系数 λ 和微孔道扩散系数 K_m 均不随时间发生改变。

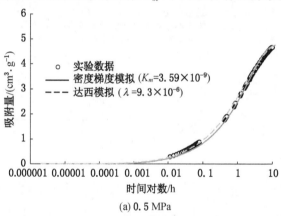

(a) 0.5 MPa

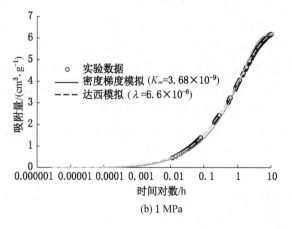

(b) 1 MPa

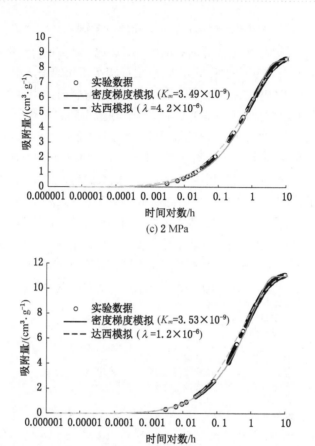

图 8-3　基于达西理论和密度理论的预测结果与实验数据对比

　　由于实验的局限性和数学求解的难度,许多学者试图将菲克定律应用于煤或黏土等多孔介质中,他们喜欢将扩散系数(D)视为常数量。虽然这种方法在工程应用中极为简便,但其理论计算结果与实验值在整个解吸时间和压力尺度上存在显著的偏差。一些学者表示在菲克扩散模型中引入时间依赖性或压力依赖性的动扩散系数,可以用来描述整个时间尺度的解吸过程,并且理论计算结果与实验解吸数据吻合。这种方法虽然能够保证结果的准确性,但是扩散系数不能摆脱对时间和压力的依赖,数学模型中可能存在较多的待定参数,计算过程比较复杂,不利于工程应用。之前的研究工作认为基于达西定律得到的数值模拟结果与实验数据在整个解吸时间尺度下保持一致,其中的关键参数–渗透系数(K)是一个与时间无关的量。相对于扩散系数,渗透系数和微孔道扩散系数均可以摆脱对时间的依赖,这在工程应用中十分简便,如图 8-4 所示。

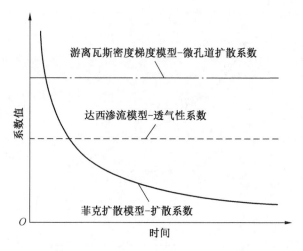

图 8 - 4　3 种不同系数与时间的关系示意图

二、压力因素

图 8 - 5 为达西渗流模型中的透气性系数与密度梯度模型中的微孔道扩散系数随压力的变化情况,可以看出随着压力的增加气体透气性系数 λ 急剧下降,当吸附压力增加 8 倍时,气体渗透系数下降了 70% 。有文献报道吸附压力增加时,渗透率不会发生显著变化。总体来说,对于微孔道扩散系数 K_m 和透气性系数 λ,当压力增大一倍时,K_m 几乎没有减小,但有一些小的波动,而 λ 则大幅度减小。显然,达西渗流模型也不能很好地解释气体在煤基质中的运移。

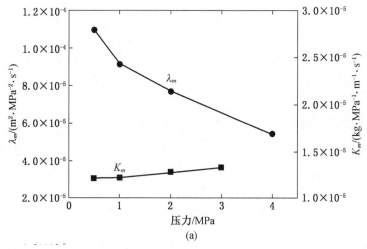

(a)

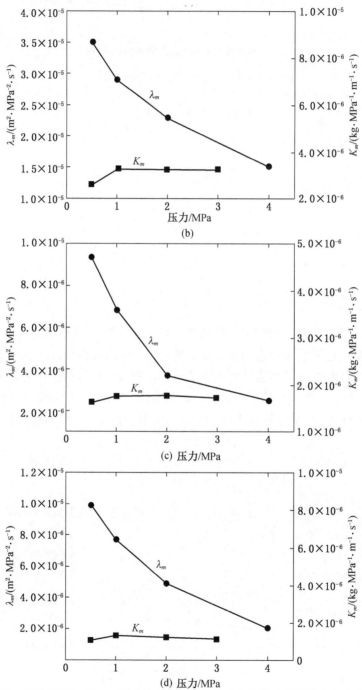

图 8-5　达西渗流模型中的透气性系数与密度梯度模型中的微孔道扩散系数随压力的变化

　　为了进一步确认微孔道扩散系数不随压力发生改变,分析了4种煤样中微孔道扩散系数与压力的关系,如图8-6所示。由图8-6可以看出,微孔道扩散系数随压力的变化不大,说明压力的影响不大。较高的压力值可能会引起微孔道扩散系数显著变化。因此,在更大的压力范围内,微孔道扩散系数的特征趋势将在今后的工作中进一步探索。

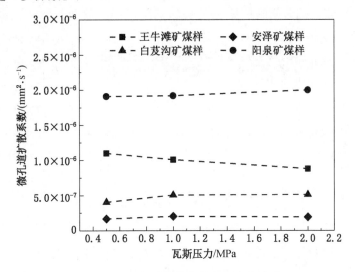

图8-6　微孔道扩散系数与压力的关系

　　重新提取文献中煤颗粒菲克扩散系数、达西透气性系数及密度微孔道扩散系数随压力变化的历史数据,如图8-7所示。结果表明达西透气性系数随着压力的增大呈负幂函数减小,菲克扩散系数随着压力的增大呈正幂函数增大。这表明两个系数受压力的强烈影响,但这些系数在此压力下的变化显然与实际情况不符。在微孔道扩散系数(1.87×10^{-7} mm^2/s)不变的情况下,计算得到的累计吸附趋势与实验值基本一致。这意味着微孔道扩散系数随着压力的变化范围可以忽略,因此认为微孔道扩散系数消除了对吸附压力的依赖。

三、煤阶因素

　　挥发分是大多数国家用来划分煤阶的重要指标之一,褐煤挥发分一般在40%～60%之间,烟煤挥发分一般在10%～50%之间,无烟煤挥发分一般在10%以下。煤的挥发分越低,说明煤的变质程度越高,煤的煤阶越高。挥发性物质来源于煤基质中含氧基团和含氢基团的热分解。这些基团与煤的孔隙表面粗糙度直接相关。因此,煤的等级对煤的渗透性也有重要影响。图8-8为气体渗透系数与挥发分的关系。由图 8-8 可以发现,随着挥发分的增加,气体渗透系数呈指数递减。这说明煤阶越低,瓦斯渗透系数越低,如果两种煤样挥发分基本相同,瓦斯渗透系数可能相等。例如,在相同的压力下,AZ 和 SY 号 10 样品的挥发分都在 24% 左右,渗透率系数非常接近。煤阶对透气性系数的影响可能是由于微观上褐煤的孔隙表面由许多相对疏松的空间结构组成,这些结构具有较高的氢氧含量、较大的芳香片间距和较长的侧链,但氢、氧和长侧链在高阶煤中都

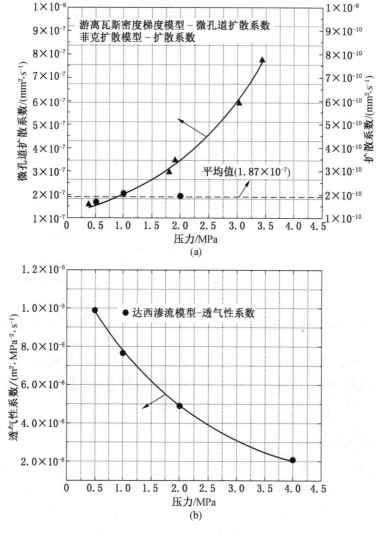

图 8-7　3 种关键系数与压力的关系

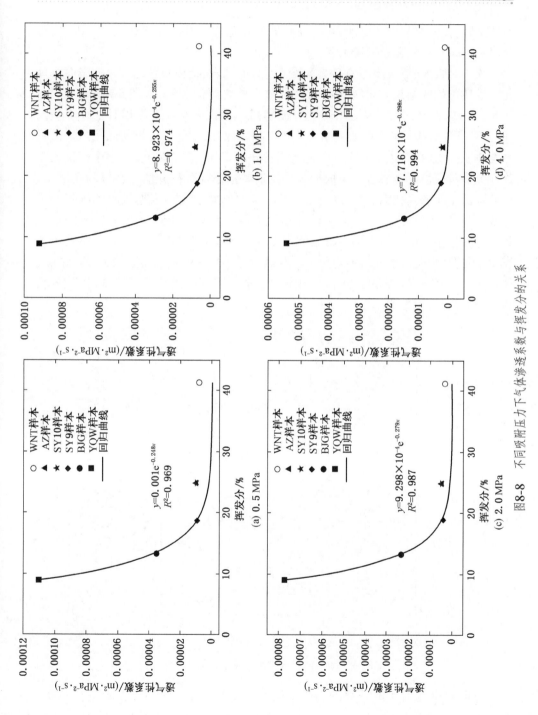

图8-8　不同吸附压力下气体渗透系数与挥发分的关系

有所下降,使芳香片排列更加紧密,高阶煤的孔隙表面更加规则和光滑。因此,高阶煤粒具有较高的瓦斯渗透系数。

煤阶对吸附/解吸能力的影响本质上是煤的孔隙、结构和煤化引起的表面物理化学性质作用的结果。煤阶和微孔道扩散系数之间的关系,如图8-9所示。由图8-9可以看出,挥发分越少,煤的等级越高。微孔道扩散系数相对于煤阶呈现非对称"U"形,这与前人的研究结果一致。除贫煤外,中低煤阶煤的微孔道扩散系数均小于高煤阶煤,主要原因可能是当挥发分在23%~28%之间时,煤中有机质在这一变质阶段恰好是液态烃生成的高峰。这些液态烃分散并填充在煤的孔隙中,从而降低了煤的真孔隙能力,降低了原本较差的吸附性能。根据吸附和解吸的可逆性,在相同条件下,气体的解吸性能也会下降。煤颗粒中约90%的气体以吸附状态存在于微孔中。由于高煤阶煤的高变质程度,高煤阶煤的微孔和过渡孔更加发育,因此高煤阶煤的储气能力更大。高煤阶煤的微孔道扩散系数较大,解吸的气体较多,从而为气体提供了更平滑的流动通道。贫煤的微孔发育较差,挥发分较高,微孔道扩散系数 D_m 较小。

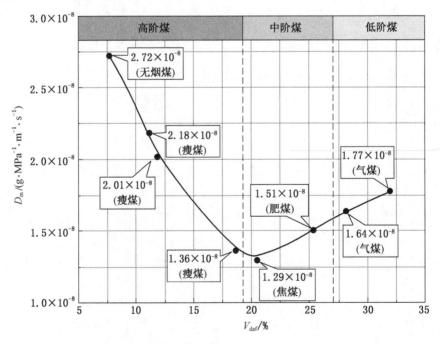

图8-9 煤阶和微孔道扩散系数之间的关系

煤阶对微孔道扩散系数的影响如图8-10所示,挥发分与煤阶呈负相关。

由图 8 - 10 可以看出,在不同压力下,微孔道扩散系数随着挥发分的增加先减小后增大,说明微孔道扩散系数相对于煤阶数呈非对称"U"形分布,且与压力和瓦斯类型无关。YQ 样品在 4 个煤样中排名最高,微孔道扩散系数最大,主要原因是煤阶越高,微孔隙度越高,微孔隙度越发达,为气体流动提供了更通畅的通道。

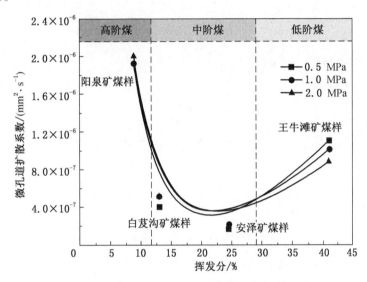

图 8 - 10　不同气体吸附煤阶与微孔道扩散系数之间的关系

之前的研究认为,煤颗粒中的 CH_4 流动遵循菲克定律或达西定律。重新查阅并提取了菲克扩散系数和达西透气性系数的 CH_4 吸附历史数据,考察煤阶对这两类系数以及微孔道扩散系数的影响,如图 8 - 11 所示。一方面,达西渗透系数随着煤阶的减小先急剧减小后缓慢减小;另一方面,随着煤阶的减小,菲克扩散系数和微孔道扩散系数都呈现不对称的"U"形趋势,而且这种趋势在微孔道扩散系数上表现得更为明显。事实上,扩散系数随着煤阶的减小先迅速减小后缓慢增大,这与其他科学家的研究结果一致。煤化过程中地温、地压的升高和埋深的增加会导致煤中孔隙结构的变化。研究发现,在煤化过程中(煤阶逐渐增大),微孔比表面积和孔隙体积先减小后增大("U"形)。扩散系数与比表面积、孔容呈正相关。因此,图 8 - 11 中的"U"形分布可以认为在一定程度上是由微孔的比表面积和孔容主导的。此外,含氧官能团的总量随着煤变质作用的深入,以及不同变质程度煤体内含氧官能团的类型表现出不同特点。此外,不同煤级煤的孔隙结构和变质作用差异较大,部分孔隙可能含有残余水和矿物杂质,这也可能导致煤颗粒中气体流动的关键参数存在差异。

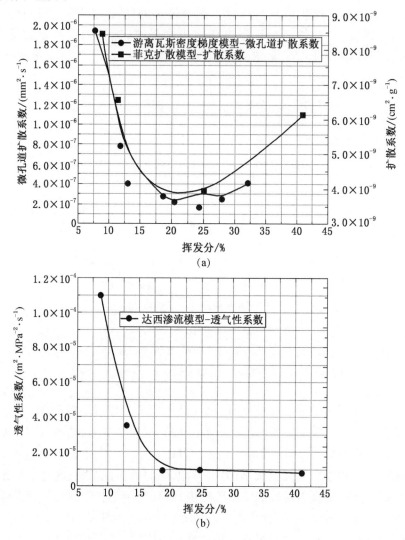

图 8-11 不同煤级 3 种关键流动系数对比

第三节 扩散模型适用性探讨

菲克扩散模型长期以来一直被用于研究煤颗粒中的气体运移。模型在不区分游离瓦斯和吸附瓦斯的情况下,以煤颗粒总瓦斯含量作为瓦斯浓度,瓦斯扩散通量与瓦斯含量梯度成正比。通过对比菲克扩散模型和密度梯度模型与实验数据匹配的模拟结果可以发现,在整个吸附过程中,密度梯度的模拟曲线与实验数据点是一致的,但是菲克扩散模型的模拟曲线中,无论如何调整菲克扩散系数都不能与实验数据点完全吻合。在反演过程中,即使菲克扩散扩散系数变化很大,其模拟曲线也只是上下移动,部分重叠,不能与整个实验结果相匹配。有文献报道了菲克扩散模型的匹配结果较差,但进一步解释了当菲克扩散系数随时间衰减时,匹配程度会显著增加。菲克扩散系数通常被认为是一个常数,主要取决于煤的种类和温度。自20世纪中叶以来,菲克扩散模型一直被使用的主要原因有两个:一是当时的计算机水平还不发达,采用菲克型扩散的气体输运模型容易得到解析解;二是在初始阶段,菲克型扩散的结果与实验数据更吻合,造成菲克定律适用的错误印象。总之,菲克扩散模型计算错误的主要原因是错误地假设了吸附气体参与了气体扩散。

达西渗流模型最初用来评估煤层瓦斯涌出量,后来引入了新的参数甲烷比流量,将游离气的压力梯度转化为压力的平方梯度,从而避免了求解压力平方根的复杂过程。基于达西定律建立了煤颗粒的气体吸附模型,采用反演方法得到了煤颗粒的气体透气性系数,但气体透气性系数对吸附压力的依赖关系仍然存在。达西渗流模型模拟曲线与实验过程吻合较好,但随着压力的增加,气体渗透系数急剧下降,当吸附压力增加8倍时,气体渗透系数下降了70%。虽然有人认为煤基质在高压下吸附气体膨胀后会导致渗透率显著降低,但相关实验并不支持这一观点。Levine认为在2.1 MPa下,烟煤吸附甲烷后,体积膨胀仅为0.3%。另外Wang等也对圆柱形无烟煤(ϕ50mm×100mm)在4种甲烷压力下的渗透率进行了测试,结果证明当压力从0.5 MPa提高到3 MPa时,甲烷渗透率仅降低15%。总之,当吸附压力增加时,渗透率不会发生显著变化。通过气体渗透系数λ和微孔道扩散系数K_m与压力的对比图,发现当压力增大一倍时,K_m几乎没有减小,但有一些小的波动,而λ则大幅度减小。显然,达西渗流模型也不能很好地解释气体在煤基质中的运移。如果将自由气体视为理想气体,则自由气体的密度与压力成正比,单个实验结果符合达西流动就不足为奇了。事实上,根据达西定律,气体流动速度与压力梯度成正比,这是造成不同压力条件下渗透率变化较大的根本原因。

综上所述,菲克扩散模型和达西渗流模型都存在一些缺陷,受外界因素影响较多,而自由气体质量流量的引入可以降低温度、压力等外部因素对气体输运行为的影响。因此游离瓦斯密度梯度应该是自由气体在煤基体中运移的驱动力。由游离瓦斯密度梯度驱动的气体输运模型更加真实,该模型具有与时间和压力无关的微孔道扩散系数,它比菲克扩散模型和达西渗流模型更合理准确。

第九章 不同形状瓦斯吸附模型对比

第一节 引 言

　　煤粒形状是研究煤瓦斯运移机理及数值模拟的重要因素,当前有关瓦斯在煤粒中的吸附解吸流动模型大多都局限于将煤粒看作一个球体。在实际采煤过程中,受煤层地质条件、煤体自身属性和采煤工艺等诸多因素的影响,煤粒形状往往多种多样,因此将煤粒仅看作单一的规则球状可能是片面甚至不准确的。当前关于不同形状煤粒的瓦斯扩散研究较少,这一领域还有大量空白有待弥补探索。本章以密度梯度模型为例,将煤粒简化成不同形状(球形、无限长圆柱或无限大平板),如图9-1所示,结合定压条件下的瓦斯吸附实验检验建模预测的合理性。

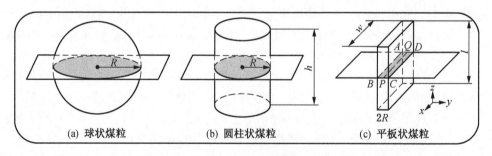

(a) 球状煤粒　　　　　　(b) 圆柱状煤粒　　　　　　(c) 平板状煤粒

图9-1　不同形状煤粒模型

第二节 球状煤粒瓦斯吸附模型

　　将煤粒看作一个半径为 R 的球体建立球状煤粒瓦斯吸附模型,从球心出发,沿球半径等比加密取点,将半径划分为 N 段,节点依次记为 0、1、2、$\cdots$、$N-1$、N,取相邻节点中点做球面,得到一个以 0 为球心的实心球和 $N-1$ 个球壳,如图9-2所示。根据第五、第六章相关内容,可以对球状煤粒瓦斯吸附模型分别建立基于密度梯度理论的数学模型和有限差分模型。以下着重讨论圆柱状煤粒和平板状煤粒的瓦斯吸附模型。

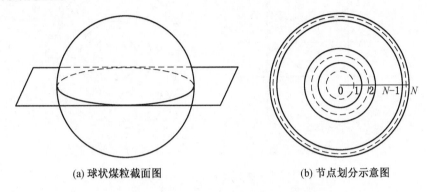

(a) 球状煤粒截面图　　　　　　　(b) 节点划分示意图

图 9 - 2　球状煤粒截面图和节点划分示意图

第三节　圆柱状煤粒瓦斯吸附模型

一、数学模型

将煤粒看作一个半径为 R、高为 $h(h \gg R)$ 的圆柱建立圆柱状煤粒瓦斯吸附模型,从圆面圆心出发,沿半径等比加密取点,将半径划分为 N 段,节点依次记为 0、1、2、…、$N-1$、N,取相邻节点中点做圆柱面,得到一个以 0 为中心的实心圆柱和 $N-1$ 个圆柱壳,如图 9 - 3 所示。取厚度为 dr 的圆柱壳分析,可以建立连续性方程:

$$\frac{\partial\left(\dfrac{abp}{1+bp}+Bn_0 p\right)}{\partial t}=\frac{K_m}{\rho_c \rho_s}\ \frac{1}{r}\ \frac{\partial}{\partial r}\left(r\ \frac{\partial p}{\partial r}\right) \tag{9-1}$$

由于吸附在恒压条件下进行,所以边界条件为

$$\begin{cases} p=0 & (0 \leqslant r \leqslant R, t=0) \\ \dfrac{\partial p}{\partial r}=0 & (r=0, t \geqslant 0) \\ p=p_w & (r=R, t \geqslant 0) \end{cases} \tag{9-2}$$

二、有限差分数值解算

根据圆柱状煤粒划分的节点,节点 1 至节点 $N-1$ 所在圆柱壳分别建立单独的

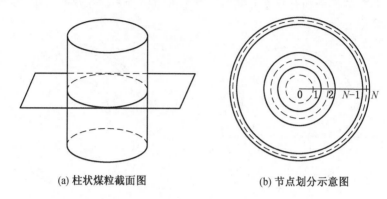

(a) 柱状煤粒截面图　　　　(b) 节点划分示意图

图 9-3　柱状煤粒截面图和节点划分示意图

圆柱壳瓦斯流动非稳态差分方程,记节点为 i,则有

$$K_m \frac{\dfrac{p_{i+1}^j - p_i^j}{2} + \dfrac{p_{i+1}^{j-1} - p_i^{j-1}}{2}}{r_{i+1} - r_i} \times 2\pi h \frac{r_{i+1} + r_i}{2} - K_m \frac{\dfrac{p_i^j - p_{i-1}^j}{2} + \dfrac{p_i^{j-1} - p_{i-1}^{j-1}}{2}}{r_i - r_{i-1}} \times 2\pi h \frac{r_i + r_{i-1}}{2} =$$

$$\pi h \left[\left(\frac{r_i + r_{i+1}}{2} \right)^2 - \left(\frac{r_i + r_{i-1}}{2} \right)^2 \right] \left[\frac{ab\rho_c\rho_s}{\left(1 + b \dfrac{p_i^j + p_i^{j-1}}{2} \right)^2} + Bn_0\rho_c\rho_s \right] \frac{p_i^j - p_i^{j-1}}{\Delta t_j}$$

$$(9-3)$$

第 0 节点所在实心圆柱控制体可建立瓦斯流动非稳态差分方程:

$$K_m \frac{\dfrac{p_1^j - p_0^j}{2} + \dfrac{p_1^{j-1} - p_0^{j-1}}{2}}{r_1} \times 2\pi h \frac{r_1}{2} =$$

$$\pi h \left(\frac{r_1}{2} \right)^2 \left[\frac{ab\rho_c\rho_s}{\left(a + b \dfrac{p_0^j + p_0^{j-1}}{2} \right)^2} + Bn_0\rho_c\rho_s \right] \frac{p_0^j - p_0^{j-1}}{\Delta t_j} \qquad (9-4)$$

最外层第 N 节点所在圆柱壳可建立瓦斯流动非稳态差分方程:

$$p = p_w \qquad (9-5)$$

式(9-3)~式(9-5)构成了第 j 时刻包含 N 个节点以瓦斯压力为未知量的完备方程组,采用迭代方法,依据上一时刻的压力值便可得到下一时刻的压力值,由此计算出每一时刻的瓦斯含量,累计后便可得到每一时刻的累计瓦斯含量:

$$Q_s = \frac{2K_m}{\rho_c R} \sum_{j=0}^{n} \frac{p_N^j - p_{N-1}^j}{r_N - r_{N-1}} \Delta t_j \qquad (9-6)$$

第四节 平板状煤粒瓦斯吸附模型

一、数学模型

将煤粒看作一个厚度为 $2R$、板面长为 l、宽为 $w(l \gg R, w \gg R)$ 的平板建立平板状煤粒瓦斯吸附模型,在厚度为 R 处作平行于板面的平面,取该平面上一点沿厚度方向向外等比加密取点,将厚度为 R 的平板划分为 N 段,节点依次记为 0、1、2、$\cdots$、$N-1$、N,取相邻节点中点做平行面,得到一个以 0 为中心的实心平板和 $N-1$ 个薄板,如图 9 - 4 所示。取厚度为 dr 的薄板分析,可以建立连续性方程:

$$\frac{\partial\left(\dfrac{abp}{1+bp} + Bn_0p\right)}{\partial t} = \frac{K_m}{\rho_c\rho_s}\frac{\partial^2 p}{\partial r^2} \qquad (9-7)$$

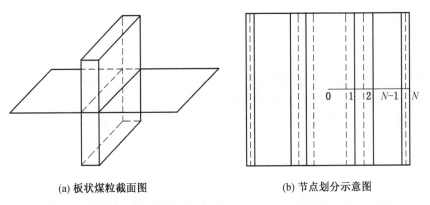

(a) 板状煤粒截面图   (b) 节点划分示意图

图 9 - 4　板状煤粒截面图和节点划分示意图

由于吸附在恒压条件下进行,所以边界条件为

$$\begin{cases} p = 0 & (0 \leqslant r \leqslant R, t = 0) \\ \dfrac{\partial p}{\partial r} = 0 & (r = 0, t \geqslant 0) \\ p = p_w & (r = R, t \geqslant 0) \end{cases} \qquad (9-8)$$

二、有限差分数值解算

根据平板状煤粒划分的节点,节点 1 至节点 $N-1$ 所在薄板可分别建立单独薄

板的瓦斯流动非稳态差分方程,记节点为 i,则有

$$K_m \frac{\left(\frac{p_{i+1}^j - p_i^j}{2}\right) + \left(\frac{p_{i+1}^{j-1} - p_i^{j-1}}{2}\right)}{r_{i+1} - r_i} wl - K_m \frac{\left(\frac{p_i^j - p_{i-1}^j}{2}\right) + \left(\frac{p_i^{j-1} - p_{i-1}^{j-1}}{2}\right)}{r_i - r_{i-1}} wl =$$

$$wl \left[\left(\frac{r_i + r_{i+1}}{2}\right) - \left(\frac{r_i + r_{i-1}}{2}\right) \right] \left[\frac{ab\rho_c\rho_s}{\left(1 + b\frac{p_i^j + p_i^{j-1}}{2}\right)^2} + Bn_0\rho_c\rho_s \right] \frac{p_i^j - p_i^{j-1}}{\Delta t_j}$$

$$(9-9)$$

第 0 节点所在实心平板控制体可建立瓦斯流动非稳态差分方程:

$$K_m \frac{\left(\frac{p_1^j - p_0^j}{2}\right) + \left(\frac{p_1^{j-1} - p_0^{j-1}}{2}\right)}{r_1} wl =$$

$$wl \frac{r_1}{2} \left[\frac{ab\rho_s\rho_c}{\left(1 + b\frac{p_0^j + p_0^{j-1}}{2}\right)^2} + Bn_0\rho_c\rho_s \right] \frac{p_0^j - p_0^{j-1}}{\Delta t_j} \qquad (9-10)$$

最外层第 N 节点所在薄板可建立瓦斯流动非稳态差分方程:

$$p = p_w \qquad (9-11)$$

式(9-9)~式(9-11)构成了第 j 时刻包含 N 个节点以瓦斯压力为未知量的完备方程组,采用迭代方法,依据上一时刻的压力值便可得到下一时刻的压力值,由此计算每一时刻的瓦斯含量,累计后便可得到每一时刻的累计瓦斯含量:

$$Q_s = \frac{K_m}{\rho_c R} \sum_{j=0}^{n} \frac{p_N^j - p_{N-1}^j}{r_N - r_{N-1}} \Delta t_j \qquad (9-12)$$

第五节 煤粒简化成不同规则形状适用性探讨

一、实验与模拟结果对比

对比 3 种形状的模拟结果与实验数值的吻合程度,以时间为横坐标、瓦斯累计吸附量为纵坐标,分别绘制球、圆柱和平板在不同初始压力条件下模拟曲线与实验结果的对比情况,如图 9-5 所示。实验煤样为涡北矿煤样,实验条件为定压吸附。由于初始时刻吸附速率较快随后逐渐减缓,因此时间步长采用等比增大的处理方法。为了能够清晰地描述模拟曲线与实验结果的匹配程度,将时间采用常数坐标和对数坐标进行绘图,前者可以更好地展示吸附初始时刻的匹配

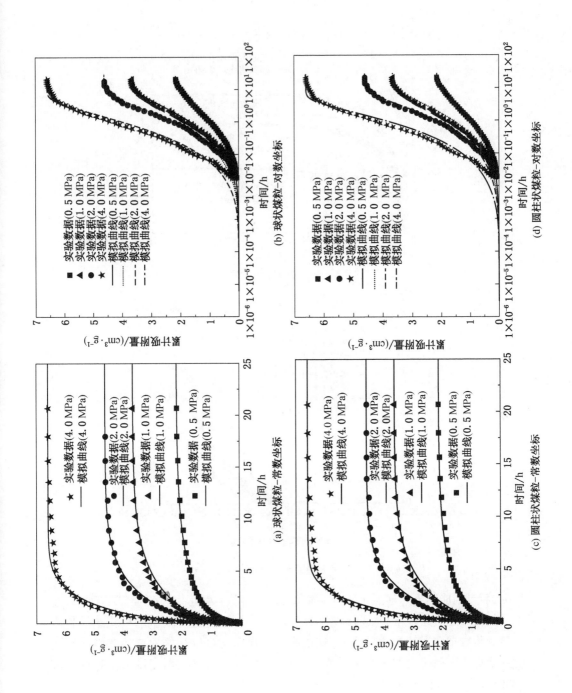

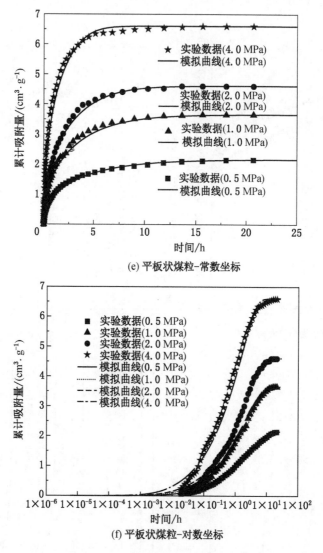

(e) 平板状煤粒-常数坐标

(f) 平板状煤粒-对数坐标

图 9-5　累计吸附量与时间的关系曲线

程度,后者则能够更好地展示吸附平衡时刻的匹配程度。由图 9-5 可以看出,在不同的初始压力条件下,基于游离瓦斯密度梯度理论所建立模型的模拟结果均能够与实验数据取得较高的吻合度,这说明 3 种模型均可以很好地描述煤粒从初始时刻至最终平衡时刻的吸附全过程,也进一步验证了游离瓦斯密度梯度理论的准确性和可靠性。

为了对比不同形状煤粒之间的模拟差异,取同一压力条件下球、圆柱和平板3种不同形状模型的模拟值及实验数据绘图,绘制同一压力条件下不同形状煤粒的累计瓦斯吸附量与时间的关系曲线,如图9-6所示。由图9-6可以看出 K_m 值不随时间的变化而变化。无论压力值取0.5 MPa、1.0 MPa、2.0 MPa还是4.0 MPa,在同一初始压力条件下,不论将煤粒看作球状、圆柱状或平板状,基于游离瓦斯密度梯度理论所建立模型的模拟结果均能够与实验数据取得较高的吻合度,这说明煤粒累计瓦斯吸附量与时间的变化及煤粒的形状关系不大,将煤粒看作这3种形状建立游离瓦斯密度梯度模型均可以描述煤粒瓦斯的吸附过程。

二、不同煤粒形状的微孔道扩散系数分析

下面重点分析煤粒简化成不同的规则形状之后,密度梯度模型中的关键系数——微孔道扩散系数的变化情况。微孔道扩散系数是描述煤粒瓦斯扩散的重要参数,如图9-7所示,重新提取了水峪矿十采区和阳泉五矿2个煤样的定压瓦斯吸附实验数据来进一步验证所建立的模型。结果发现2种煤样的模拟结果与实验数据相匹配。下面分析涡北矿、水峪矿十采区和阳泉五矿3种煤样在4个压力点下不同形状煤粒的 K_m 值。可以看出,不论何种煤样,不同形状煤粒之间 K_m 值均有较大的差异。其中,球状煤粒的 K_m 值最小,圆柱状煤粒次之,平板状煤粒最大。这种差异是由于气体在不同形状煤粒中的有效扩散速率不同引起的,最主要的原因可能是不同形状煤粒之间的有效扩散截面积不同。除此之外,还发现相比于球状煤粒,圆柱状煤粒的 K_m 值大约升高了一倍,平板状煤粒的 K_m 值则升高了4~5倍,这样的数量大小和倍数关系可能与煤粒的几何形状有密切的关系,但还需要进一步研究。

由图9-7可以看出,对于同一煤样,不同压力条件下同一形状煤粒的 K_m 值大致相等,为了更清晰地反映同一形状煤粒 K_m 值在不同压力之间的差异,分别计算了3种煤样不同形状煤粒的 K_m 均值并作相对偏差,如图9-8所示。由图9-8可以看出,不论是球状、圆柱状还是平板状,对于同一形状煤粒,3种煤样的 K_m 值存在不等关系: K_m (阳泉五矿)> K_m (涡北矿)> K_m (水峪矿十采区),且阳泉五矿煤样 K_m 值比涡北矿煤样和水峪矿十采区煤样的 K_m 值高出一个数量级,如此大的差别可能是煤阶不同所导致的。涡北矿煤样和水峪矿十采区煤样属于烟煤,阳泉五矿煤样属于无烟煤,其挥发分含量较少,内部孔隙结构更发育,因而煤粒中气体的扩散能力越强,造成 K_m 值偏大,这与Liu等的研究结果相一致。观察3种煤样的 K_m 值相对偏差,可以发现涡北矿煤样 K_m 值相对偏差最大,但其相对偏差仍在±10%范围内,表明同一形状煤粒 K_m 值几乎不随压力的改变而发生变化,这与Qin等的研究结果相一致。因此,推测 K_m 值可能与煤粒本身的孔隙结构、煤粒形状和表面物理化学性质等因素有关。

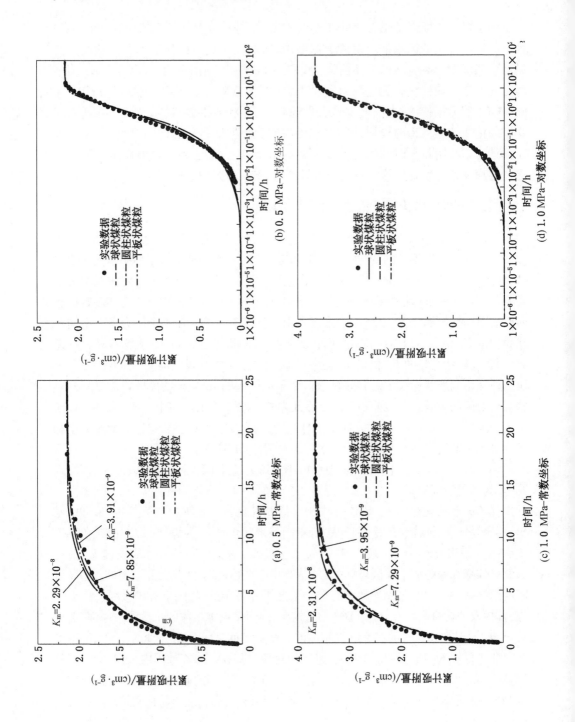

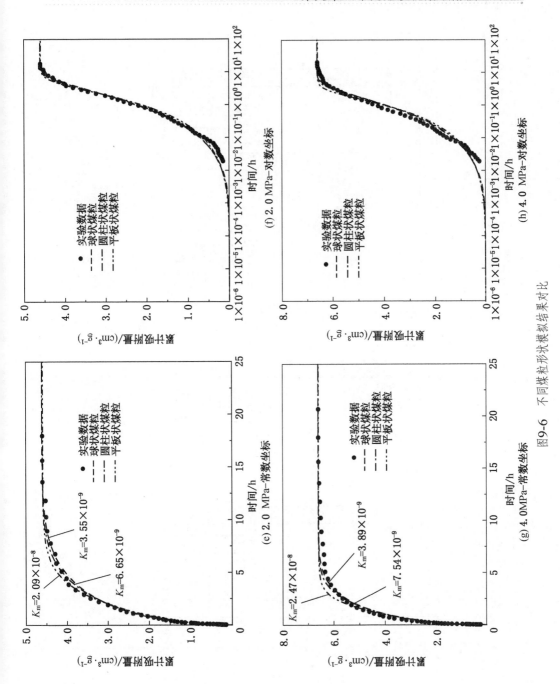

图9-6　不同煤粒形状模拟结果对比

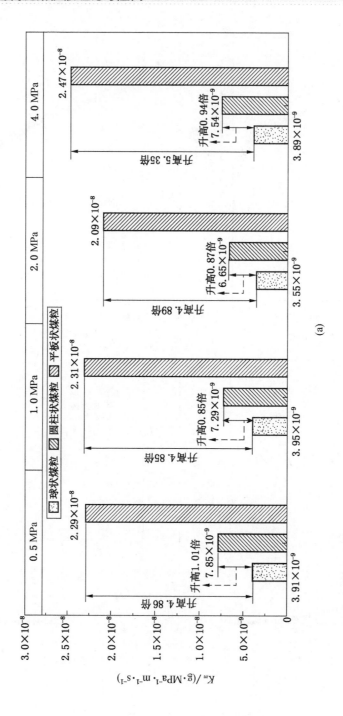

(a)

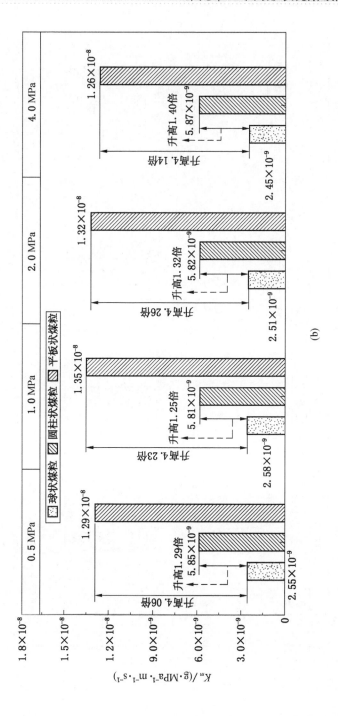

(b)

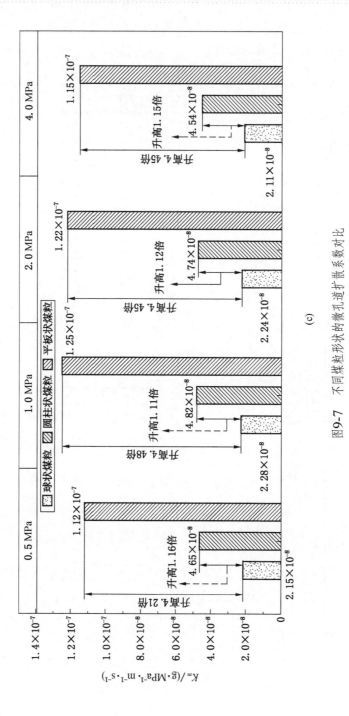

图9-7 不同煤粒形状的微孔道扩散系数对比

(c)

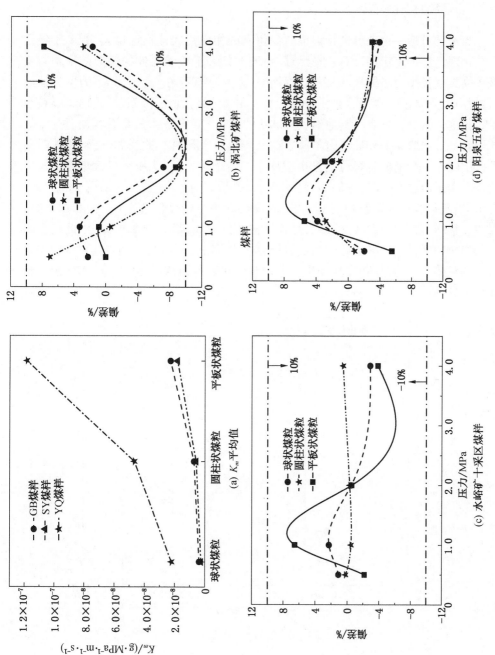

图9-8　K_m 值敏感性分析

三、煤粒的当量直径

当量是对某一物理量进行标准化后得到的相应代表性物理量,它有助于将复杂的物理量进行简化和计算。虽然球状、圆柱状和平板状煤粒的模拟结果均与实验数据具有较高的匹配程度,但其微孔道扩散系数却存在较大差异。为了方便解算各种复杂形状煤粒的瓦斯吸附过程,基于相同的微孔道扩散系数,提出了煤粒当量直径这一概念。它表示其他形状和球状的煤粒的微孔道扩散系数相同时的等效球形直径。选取 0.5 MPa 压力条件下球状煤粒的微孔道扩散系数,分别代入对应条件下圆柱状和平板状煤粒的模拟程序中。当球状、圆柱状和平板状煤粒的模拟曲线与实验数据吻合时,它们的直径(厚度)关系如图 9-9 所示。由图 9-9 可以看出,当微孔道扩散系数相同时,圆柱状煤粒和平板状煤粒的直径(厚度)与球状煤粒直径均存在明显的线性关系,且线性拟合优度 R_2 都大于 0.995。由此建立圆柱状煤粒和平板状煤粒的球形当量直径表达式,见式(9-13)。通过建立煤粒当量直径的转化公式,圆柱状煤粒和平板状煤粒均可看作对应当量直径尺寸下的球状煤粒来处理。

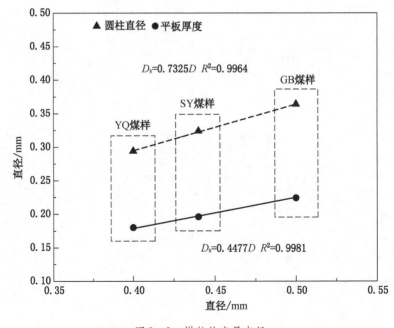

图 9-9　煤粒的当量直径

$$D_s = qD \tag{9-13}$$

式中　D_s——模型的煤粒当量直径,mm;

　　　q——当量系数,圆柱状煤粒当量系数为 0.7325,平板状煤粒当量系数
　　　　　为 0.4477;

　　　D——模型煤粒的建模直径,mm。

　　大量研究发现,菲克扩散理论和达西渗流理论中的扩散系数对时间具有较强的依赖性,而渗透性系数会随着压力的升高大幅度减小,但参数本身应当是一个与时间和压力无关的常量,因此它们用来描述煤粒瓦斯的吸附解吸过程是不够有效的。密度梯度理论的关键参数——微孔道扩散系数,摆脱了对时间和压力的依赖性。在此基础上,研究发现同一形状煤粒的微孔道扩散系数随着压力的改变波动很小,但不同形状煤粒之间的微孔道扩散系数存在显著差异。在等厚度(直径)条件下,平板状煤粒 K_m 值最大,圆柱状次之,球状煤粒最小。这是由于不同形状煤粒的有效扩散截面积不同引起的。众所周知,煤粒表面上存在大量的裂隙和微孔隙通道,这是煤粒吸附瓦斯的必经之路。煤粒在吸附瓦斯的过程中,瓦斯分子首先受到周围气体扰动场的作用,与煤粒外表面发生碰撞,当碰撞到煤粒外表面上的裂隙等大孔径通道时,进入煤体的裂隙中。在压力梯度的作用下,瓦斯分子在裂隙中渗流并渗流入煤基质内。基质内的瓦斯分子受密度梯度的作用扩散,并最终与煤基质表面的吸附位点产生吸附作用。因此,煤粒表面的裂隙和微孔隙越多,裂隙和微孔隙的断面积越大,煤粒 K_m 值越大,这些断面共同构成了煤粒的有效扩散截面积。鉴于不同形状煤粒之间的 K_m 值存在较大差异,且将煤粒简化为规则的球状十分便捷。引入煤粒当量直径,并探讨了不同形状的煤粒当量直径转化公式。由于球状、圆柱状和平板状煤粒代表了极端紧凑和无限大两种极端形状的煤粒。因此在研究实际形状煤粒的瓦斯吸附工作中,也可将煤粒简化为对应煤粒当量直径条件下的球状煤粒进行处理。这无疑给多种多样的煤粒形状建立了统一的简化模型和解算标准,同时也极大地丰富了球状煤粒的实用性。

第十章 煤中单质/混合气体的 吸 附 作 用 研 究

第一节 煤中不同单质气体的吸附特性

一、不同单质气体的吸附研究

煤是一种具有发达孔隙系统的多孔介质,煤中的气体大部分吸附在煤基质中,煤对气体的吸附是一种物理现象,也是煤中孔隙与气体的一种表面作用。中低压(小于 6 MPa)条件下煤样对 CO_2、CH_4、N_2 等气体的吸附符合朗格缪尔单分子层吸附理论。

煤对 CO_2、CH_4、N_2 等气体有不同的吸附能力。Mastalerz 等采用高压等温吸附实验对印第安纳州不同煤层煤样的 CO_2 和 CH_4 吸附能力进行了分析,测定了煤的煤岩组成,研究了煤岩组成与 CO_2 和 CH_4 的吸附量关系,结果表明煤对 CO_2 和 CH_4 的吸附量之比在 3.5～5.3 之间,且吸附量之比随着压力的增加而降低。崔永君实验探究了 4 种不同煤阶的煤样在相同条件下对 CO_2、CH_4 和 N_2 的吸附能力,结果表明煤样对 3 种气体的吸附能力依次为:$CO_2 > CH_4 > N_2$,随着压力的升高,煤对 CO_2 与 CH_4 的吸附量之比以及 CH_4 与 N_2 的吸附量之比逐渐降低。于洪观研究了晋城和潞安的煤样对 CO_2、CH_4 和 N_2 的吸附性能,研究结果与崔永君的研究结果一致。周军平对南桐煤矿的煤样进行了 CO_2、CH_4 和 N_2 的等温吸附实验,通过朗格缪尔方程计算了该煤样的吸附常数 a、b 值,该煤样 CO_2 和 CH_4 的吸附常数 a 的比值为 2.1,CH_4 和 N_2 的吸附常数 a 的比值为 2.5,接近 Gentzis 的研究结果。Harpalani 等实验探究了 San Juan 盆地和 Illinois 盆地的 4 个煤样对 CO_2 和 CH_4 的吸附性能,结果表明在相同的温度和压力条件下,煤对 CO_2 的亲和力高于 CH_4,CO_2 和 CH_4 的吸附量之比介于 2：1～4：1 之间。Sakurovs 等研究了不同煤阶的 23 个煤样对 CO_2、CH_4、N_2 和 C_2H_6 的吸附特性,结果表明 CH_4 和 N_2 极限吸附量之比是 2,CO_2 与 CH_4 的极限吸附量之比随着煤中碳含量的增加呈线性下降,而 C_2H_6 和 CH_4 的吸附量之比随着煤阶的增加而降低,但程度较小。Sakurovs 等进一步探讨了煤对 CO_2 极限吸附量大于 CH_4 的原因,研究表明煤对不同气体的吸附能力与煤体孔隙、膨胀变形或气体和煤之间的特定相互作用没有因果关系,而是随着吸附气体临界温度的升高而增大。Merkel 等研究了不同煤阶的煤样对 CO_2 和 CH_4 混合气体的选择性吸附,结果表明随着煤阶和煤中含水量的增加,煤对 CO_2 的选择性吸附减少。

煤对不同气体的吸附特性,除受煤自身特性(如煤岩组分、变质程度)的影响外,还受许多外部因素(如水分、温度、压力、粒度等)的影响。作为煤的基本组成单元,煤岩组分可分为镜质组、惰质组和壳质组,其中壳质组在煤中所占比例很小,对煤的吸附特性影响较小。而煤中镜质组组分对 CO_2 和 CH_4 的吸附能力高于惰质组组分,Mastalerz 等使用傅里叶变换红外光谱仪研究了煤样吸附气体前后其孔隙结构的变化,提出了镜质组组分的吸附能力高于惰质组组分的吸附能力的原因可能与孔径分布有关,煤的镜质组组分比惰质组组分含有更多的微孔和更少的大孔。煤变质程度影响煤吸附气体性能的主要原因是煤化过程中煤的孔隙结构和化学结构发生了显著变化。在化学结构上,Li 等研究发现褐煤的孔隙表面由许多相对松散的空间结构组成,这些空间结构具有较高的氢氧含量、较大的芳香层间距和较长的侧链,随着煤阶的增长,含氢氧官能团和长侧链结构的比例下降。在孔隙结构上,煤是一种具有双重孔隙结构的多孔物质,孔隙结构对煤体的吸附性能有显著的影响,在低煤化阶段,变质作用较弱,孔隙和裂隙发育不良,煤化过程中,煤经历了长期的热变质作用,其孔隙和微裂隙网络发生了较大变化。煤中水分能够降低煤对气体的吸附能力,众多学者认为水分对煤吸附能力的影响主要源于煤和水的相互作用,其影响可能包括两个方面:①气体分子和水蒸气分子的竞争吸附;②煤中水分子的存在堵塞了煤的微孔隙。此外,前人在实验研究的基础上尝试建立了一些数学模型计算煤中水分导致的煤对气体吸附量的降低。煤对气体的吸附能力随着温度升高而减小,Weniger 等通过实验发现温度每升高 1 ℃,平衡水分煤样对 CH_4 的吸附量降低 0.11 cm^3/g。Guan 等认为煤对气体的吸附能力随着温度的升高而减小的原因主要是吸附是放热过程。煤对气体的吸附量随着气体压力的升高而增大,当压力超过某一固定值时,吸附量不再变化,吸附量随着压力变化的曲线符合朗格缪尔等温吸附线。煤粒粒径的变化对煤的吸附性能具有显著影响,但煤的吸附性能随着粒度变化的趋势并没有达成共识,冯艳艳等认为煤对气体的吸附量随着粒度的减小而增大,为进一步探究上述变化的原因,通过低温 N_2 吸附实验研究了不同粒度煤样的孔隙结构,结果表明煤样的微孔含量随着粒径的减小而增加。Zou 和 Rezaee 通过 CH_4 的等温吸附实验发现随着煤样粒径的增加,CH_4 吸附量先上升后下降,并提出煤粒吸附 CH_4 的最佳粒度是 150 ~ 250 μm。在等温吸附实验的基础上,Zou 和 Rezaee 还通过低温 N_2 吸附实验进一步研究了 4 个不同粒度煤样的表面积、孔隙体积和孔隙尺寸分布,通过吸附位理论解释了不同粒度煤样的朗格缪尔体积随压力的变化情况。Hou 等深入研究了煤粒径对中孔和微孔的影响,结果表明中孔(2~50 nm)的比表面积和体积随着煤粒度的减小而增加,但微孔(<2 nm)的比表面积和体积不随着煤粒度的减小而变化。基于以上实验结果的不同,关于煤粒径通过影响煤孔隙结构进而影响煤粒吸附性能的机理还需要更广泛细致的研究。

煤基质对 CH_4、CO_2 和 N_2 等气体有不同的吸附特性,且吸附特性的差异是注气提高煤层气采收率的关键,开展煤粒对不同气体的吸附特性研究,能够为准确估算 CO_2 和 N_2 等气体驱替 CH_4 的效果提供参考。

二、单质气体的等温吸附实验结果分析

选取了不同煤阶的 5 个煤样(阳泉五矿、白芨沟矿、水峪矿六采区、安泽矿和王牛滩矿),采集的块状煤样破碎后使用样品筛筛选出 60~80 目的煤粒,分别进行定容条件下煤粒的 CO_2、CH_4 和 N_2 的等温吸附实验,具体实验步骤与第四章的内容一致。煤粒对 CO_2、CH_4 和 N_2 的等温吸附实验是实验研究的核心,分为单点压力吸附实验和阶梯压力吸附实验。单点压力吸附实验测定 0.5 MPa、1.0 MPa 和 2.0 MPa 压力下各煤样对 CO_2、CH_4 和 N_2 的累计吸附量随时间的变化曲线。阶梯压力吸附实验同时选取 0.571 MPa、0.667 MPa、0.8 MPa、1.0 MPa、1.333 MPa 和 2.0 MPa 6 个压力点进行实验,对应的 P_{max}/P 分别为 1/7、1/6、1/5、1/4、1/3 和 1/2。最后得到煤粒吸附 CO_2、CH_4 和 N_2 随时间变化的累计吸附量变化曲线,进而分析不同煤阶煤样对 CO_2、CH_4 和 N_2 的吸附特性。

煤的极限吸附量 a 代表朗格缪尔单分子层吸附理论的总吸附位,吸附常数 b 是一个过程系数,吸附常数 a、b 是表示煤吸附特性的重要参数。通过计算煤样对不同气体的吸附常数比值量化比较不同煤阶煤样对不同气体吸附性能的差异。

(一)CH_4 和 N_2 吸附常数对比分析

在求得各矿煤样对 CH_4 和 N_2 的吸附常数 a 之后,相除即可求得其比值,结果见表 10-1。

表 10-1 各矿煤样对 CH_4 和 N_2 的吸附常数 a 的比值

煤样	王牛滩矿	安泽矿	水峪矿六采区	白芨沟矿	阳泉五矿
吸附常数 a 的比值	0.914	1.287	1.751	1.332	1.361

根据表 10-1 中各矿煤样对 CH_4 和 N_2 的吸附常数 a 的比值,绘制如图 10-1 所示的吸附常数 a 的比值随挥发分的变化情况。

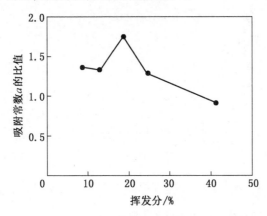

图 10-1 吸附常数 a 的比值随挥发分的变化情况(CH_4 和 N_2)

由表 10-1 和图 10-1 可知,水峪矿六采区煤样 CH_4 和 N_2 的吸附常数 a 的比值最大(1.751),王牛滩矿煤样 CH_4 和 N_2 的吸附常数 a 的比值最小(0.914),各煤样对 CH_4 和 N_2 的吸附常数 a 的比值小于周军平等研究得出的数值,且比值随着挥发分的增加变化较小。除王牛滩矿煤样外,其他各矿煤样对 CH_4 和 N_2 的吸附常数 a 的比值均大于 1,表示对 CH_4 的极限吸附量大于 N_2 的极限吸附量。

(二)CH_4 和 CO_2 吸附常数对比分析

在求得各矿煤样对 CO_2 和 CH_4 的吸附常数 a 之后,相除即可求得其比值,结果见表 10-2。

表 10-2 各矿煤样对 CO_2 和 CH_4 的吸附常数 a 的比值

煤样	王牛滩矿	安泽矿	水峪矿六采区	白芨沟矿	阳泉五矿
吸附常数 a 的比值	5.636	1.414	1.063	1.295	1.426

根据表 10-2 中各矿煤样 CO_2 和 CH_4 的吸附常数 a 的比值,绘制如图 10-2 所示的吸附常数 a 的比值随挥发分的变化情况。

由表 10-2 和图 10-2 可知,王牛滩矿吸附常数 a 的比值最大(5.636),原因是王牛滩矿煤样的 CO_2 吸附常数 a 较大,仅次于阳泉五矿煤样,但王牛滩矿煤样的 CH_4 吸附常数 a 小于其他 4 个矿的煤样。水峪矿六采区煤样的吸附常数 a 的比值最小(1.063),各煤样对 CO_2 和 CH_4 的吸附常数 a 的比值均大于 1,表明煤样对

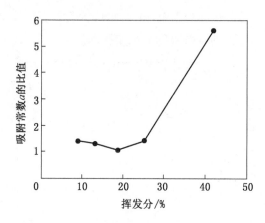

图 10 - 2 吸附常数 a 的比值随挥发分的变化情况(CH_4 和 CO_2)

CO_2 的极限吸附量大于对 CH_4 的极限吸附量。

(三)CH_4 和 CO_2 吸附常数 b 对比分析

在求得各矿煤样对 CO_2 和 CH_4 的吸附常数 b 之后,相除即可求得其比值,结果见表 10 - 3。

表 10 - 3 各矿煤样对 CO_2 和 CH_4 的吸附常数 b 的比值

煤样	王牛滩矿	安泽矿	水峪矿六采区	白芨沟矿	阳泉五矿
吸附常数 b 的比值	8.451	4.303	3.089	3.133	1.744

根据表 10 - 3 中各矿煤样对 CH_4 和 CO_2 的吸附常数 b 的比值,绘制如图 10 - 3 所示的吸附常数 b 的比值随挥发分的变化情况。

由表 10 - 3 和图 10 - 3 可知,各煤样对 CO_2 和 CH_4 的吸附常数 b 的比值随着挥发分的增加而增加,王牛滩矿煤样对 CO_2 和 CH_4 的吸附常数 b 的比值最大 (8.451),阳泉五矿煤样的吸附常数 b 的比值最小(1.744),其他各矿煤样介于两者之间,各煤样对 CO_2 和 CH_4 的吸附常数 b 的比值均大于1。

三、不同气体吸附量对比分析

由图 10 - 4 可以看出,各煤样对 3 种气体的累计吸附量随着压力的增大而增加。但是,CO_2 吸附量远大于 N_2 和 CH_4 吸附量。CH_4 吸附量大于 N_2 吸附量,主要是因为 CO_2 分子的运动直径较小,运动动能较大。总体来看,吸附能力排序为 $CO_2 >$ $CH_4 > N_2$。

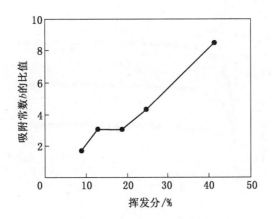

图 10 - 3　吸附常数 b 的比值随挥发分的变化情况

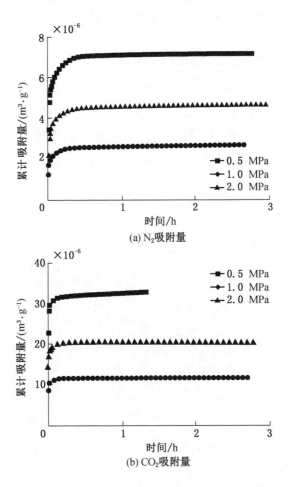

(a) N_2吸附量

(b) CO_2吸附量

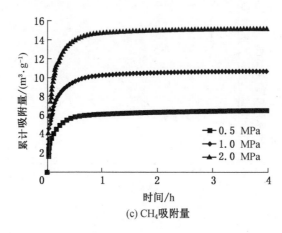

(c) CH$_4$吸附量

图 10 - 4　不同单质气体的吸附量(以阳泉五矿为例)

四、单质气体吸附模型的数值模拟分析

前文已经证明了由游离瓦斯密度梯度驱动的瓦斯扩散模型比浓度梯度驱动的菲克扩散模型,以及压力梯度驱动的达西渗流模型更合理准确。因此,根据游离瓦斯密度梯度驱动的瓦斯扩散理论建立不同气体种类的吸附模型,并进行解算,反演微孔道扩散系数。

图 10 - 5 为 0.5 MPa、1.0 MPa 和 2.0 MPa 条件下各矿煤样的 CO_2 和 CH_4 微孔道扩散系数 K_m 比值,对比分析气体种类对微孔道扩散系数的影响。

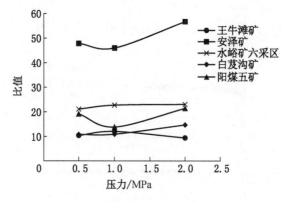

图 10 - 5　各矿煤样的 CO_2 和 CH_4 微孔道扩散系数 K_m 比值

如图 10 - 5 所示,各煤样的 CO_2 和 CH_4 微孔道扩散系数 K_m 比值均大于 9,其

中安泽矿煤样的 CO_2 和 CH_4 微孔道扩散系数 K_m 比值都较大,最大值达到 56.67,而阳泉五矿煤样 0.5 MPa 压力条件下的 CO_2 和 CH_4 微孔道扩散系数 K_m 比值最小(9.45),表明 CO_2 的微孔道扩散系数 K_m 大于 CH_4 的微孔道扩散系数 K_m,且大多数煤样的 CO_2 和 CH_4 微孔道扩散系数 K_m 值相差 10 倍以上,CO_2 在煤粒中的渗透性能大于 CH_4。

如图 10-6 所示,阳泉五矿煤样、王牛滩矿煤样、水峪矿六采区煤样和安泽矿煤样的 CH_4 和 N_2 微孔道扩散系数 K_m 比值均小于 1,表明阳泉五矿煤样、王牛滩煤样、水峪矿六采区煤样和安泽矿煤样在 0.5 MPa、1.0 MPa、2.0 MPa 条件下的 CH_4 微孔道扩散系数 K_m 值小于 N_2 微孔道扩散系数 K_m 值,而白芨沟矿煤样的 CH_4 和 N_2 微孔道扩散系数 K_m 比值大于 1,表明阳泉五矿和白芨沟矿煤样的 CH_4 微孔道扩散系数 K_m 值大于 N_2 微孔道扩散系数 K_m 值。

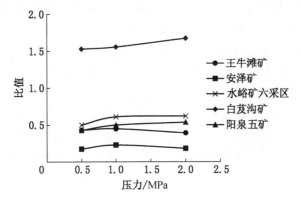

图 10-6　各矿煤样 CH_4 和 N_2 微孔道扩散系数 K_m 比值

根据上述分析,煤粒中 CO_2 的微孔道扩散系数大于 CH_4 和 N_2,对于白芨沟矿煤样,CH_4 的微孔道扩散系数 K_m 值大于 N_2,而阳泉五矿煤样、王牛滩矿煤样、安泽矿煤样和水峪矿六采区煤样中,N_2 的微孔道扩散系数 K_m 值大于 CH_4,但两种气体的微孔道扩散系数在同一个数量级。

第二节　煤中二元混合气体的吸附特性

一、混合气体的吸附特性研究

为解决 CO_2 驱替煤层气的缺点,学者们进行了 CO_2、CH_4 和 N_2 的混合吸附和竞争吸附研究,基本思路为利用 N_2 中和吸附 CO_2 引起的膨胀量,对混合气体的吸附特性进行了深入研究。张庆玲进行了长焰煤、焦煤和无烟煤对不同浓度配比的CO_2、CH_4 和 N_2 的二元混合气体吸附研究,结果表明混合气体吸附量介于强吸附质和弱吸附质之间,数据显示:除长焰煤对 N_2 的吸附外,其他纯气体和二元混合气体的极限吸附量也介于强吸附质与弱吸附质之间。张庆贺等对淮南矿区煤样进行不同配比的 $CO_2 - CH_4$ 混合吸附实验,发现混合气体吸附量随着强吸附质体积分数的增大而增大;吸附常数 a、b 与 CO_2 体积分数呈二次函数关系,根据朗格缪尔方程可以预测混合气体的吸附量。马凤兰等对不同煤级煤样进行了 $70\% CO_2 + 20\% N_2 + 10\% CH_4$ 三元混合气体的吸附,结果表明三元混合气体的等温吸附线为抛物线形,不适用于朗格缪尔拟合,适用于多项式拟合;吸附量随煤级的升高先减后增,无烟煤最大,焦煤最小。Lee 等在 318 K 和 338 K、13 MPa 压力条件下,研究了 CO_2/CH_4 混合物在干湿无烟煤上的竞争吸附行为,并与纯 CO_2 和 CH_4 的吸附行为进行了比较,认为由于 CO_2 对煤的高选择性,干煤和湿煤中 CH_4 的过量吸附量均为负值;在相同密度条件下,CO_2/CH_4 混合物的吸附行为与纯 CO_2 相似。杨宏民等进行了 $CH_4 - CO_2$ 混合气体的竞争吸附和 CO_2 置换煤中 CH_4 的置换吸附对比实验,发现煤对气体的吸附解吸与气体进入煤体的先后顺序和过程无关,CO_2 对于 CH_4 具有优先吸附,混合气体中强吸附性气体含量越大、置换压力越大,则置换效率越高。周军平等进行了 $CO_2 - N_2$ 混合气体吸附实验,结果表明 CO_2 浓度越高,煤样的渗透率越低,而当 N_2 浓度达到一定比例时,煤样的渗透率得到了改善。

虽然 $CO_2 - N_2$ 混合气体既能降低 CO_2 吸附带来的渗透率的降低,又能取得理想的驱替效果,但初期投资和气体制备成本较高。电厂烟道气作为工业废气,主要成分为 $16.5\% CO_2 + 79\% N_2 + 4.5\% O_2$,直接排放到大气中一方面加剧了温室气体排放,另一方面对 CO_2 和 N_2 造成浪费。为此王军红、尚帅超和高飞等从不同角度研究了烟气驱替煤层瓦斯和预防采空区自然发火的可行性。金智新等研究了不同浓度烟气在煤中的竞争吸附行为,结果表明随着烟气含量的升高,CO_2 对 N_2 和 O_2 的吸附选择性降低,竞争性减弱,并用气体在吸附相和气相中的摩尔分数比描述竞争吸附关系,发现 $CO_2 - O_2$、$CO_2 - N_2$ 和 $O_2 - N_2$ 的选择性范围分别为 12.4~19.2、9.8~15.3 和 1.2~1.3,竞争吸附能力 $CO_2 > O_2 > N_2$,CO_2 对 N_2 和 O_2 的竞争选择性随着温度的升高而降低,而 O_2 对 N_2 的选择性不随温度发生变化。武司苑等研究了煤对 CO_2、O_2 和 N_2 的吸附能力和竞争性差异,结果表明电厂烟气系统内的竞争吸附受吸附能力、竞争性和分压的影响,CO_2 被大量吸附而 O_2 的吸附受到抑制,并用同种气体在吸附相和气相中的物质的量之比描述竞争吸附性,CO_2 对 N_2 和 O_2 的吸附选择性及 O_2 对 N_2 的吸附选择性分别为 42.396、32.357 和 1.310,揭示了竞争能力大小为 $CO_2 > O_2 > N_2$。SETO 等用 N_2、CH_4、CO_2 和 H_2O 的混合物表示

ECBM 烟气,发现 CO_2 优先吸附在煤表面,N_2 通过分压作用置换 CH_4。还有学者研究了空气驱替煤层气的可行性,赵鹏涛等研究了 3 种不同配比的 $N_2 - O_2$ 混合气体吸附,结果表明煤对混合气体中的 O_2 吸附量很小,混合气体的吸附常数介于 N_2 和 O_2 之间,且 N_2 浓度越大,越接近于 N_2 的吸附常数,煤对 3 种配比混合气体吸附的吸附常数相差较小,空气可以取代 N_2 驱替煤层气。此外,还有学者对含氧煤层气中的 CH_4 分离进行了研究。Zhong 等研究了 $CH_4/N_2/O_2$ 中分离 CH_4 的性质,发现在吸附水合物混合过程中,不饱和煤颗粒在 $CH_4/N_2/O_2$ 气体混合物中分离 CH_4 的性能优于饱和煤颗粒。

在建立的混合气体吸附模型上,模型主要用于分析预测煤对混合气体的吸附量或从分子能量的角度分析气体的竞争吸附能力。Ottiger 等选取意大利苏尔西干燥煤样进行纯气体、二元和三元气体竞争吸附实验,利用基于 Ono - Kondo 方程的晶格密度泛函(DFT)理论,建立孔隙、压力、密度等概念与方程的映射关系,估算相互作用能、孔隙体积和最大密度等参数范围,得到总吸附量和某组分吸附量,成功地描述了过量吸附等温线,研究结果表明 CO_2 优先于 CH_4 和 N_2 进行吸附。Liu 等利用密度泛函理论(DFT)和巨正则蒙特卡罗(GCMC)模拟方法,研究了 CH_4、CO_2 和 N_2 分子在煤的非均相表面模型上的吸附亲和力,结果表明 CO_2 的吸附亲和力优先于 CH_4 和 N_2,而 CH_4 优先于 N_2。Zhao 等在 Wiser 模型上确定了 CO_2 和 CH_4 的选择性吸附,并提出了二元混合物中每种物质的绝对吸附量随着温度的升高而减少,但随其自身体积摩尔分数的增加而增加。Hu 等也在 Wiser 模型上评估了 CO_2 和 CH_4 气体的吸附,发现 CO_2 的吸附热大于 CH_4,说明吸附在煤层中的 CH_4 可以被 CO_2 替代。Gensterblum 等根据 H_2O、CO_2 和 CH_4 在有机材料上竞争吸附的概念分子模型和实验数据,提出了含氧官能团为 CO_2 和 CH_4 与水分子竞争的主要吸附位点。Song 等通过蒙特卡罗(GCMC)方法和晶格密度(DFT)模型对二元混合物 ($CO_2 + CH_4$ 和 $N_2 + CH_4$) 的竞争吸附过程进行了研究,结果表明氧官能团更易于与 CO_2 结合,而不易于与 CH_4 结合,氧官能团显著提高了 CO_2 对 CH_4 的选择吸附性。赵永亮等从 Wiser 烟煤分子出发,使用蒙特卡罗(GCMC)和分子动力学方法研究了 CO_2/CH_4 在煤微孔中的扩散特性,结果表明在同一温度下,CO_2 的热动力学因子大于 CH_4,从阿雷尼乌斯定律出发计算的 CO_2 的扩散活化能小于 CH_4,表明 CO_2 的扩散过程比 CH_4 更易发生。

二、二元混合气体的竞争吸附实验研究

基于自主设计的实验系统,使用大同矿、水峪矿六采区和阳泉五矿煤样,在 30 ℃、0.5 MPa 条件下进行了 $CO_2 - N_2$ 和 $CO_2 - O_2$ 两种混合气体的竞争吸附实验,测得 $CO_2 - N_2$ 和 $CO_2 - O_2$ 混合气体的压力曲线,并使用气相色谱仪测定了 CO_2、N_2 和 O_2 浓度的变化情况,计算得出总吸附量和各气体组分的吸附量,分析了 CO_2、N_2、O_2 的竞争吸附过程。

(一)竞争吸附实验系统

$CO_2 - N_2$ 和 $CO_2 - O_2$ 的竞争吸附实验采用恒容吸附法。测定混合气体吸附量的基本原理为:使用无纸记录仪记录混合气体的总压力,每隔一定时间抽取自由空间内的残余气体,根据气相色谱仪测定该时刻两种气体的浓度,计算得出组分气体的吸附量和总吸附量。所以混合气体的竞争吸附实验系统相比于单质气体的实验系统,需要添加取样器和气相色谱仪等实验装置。图 10 - 7 为混合气体竞争吸附实验装置。

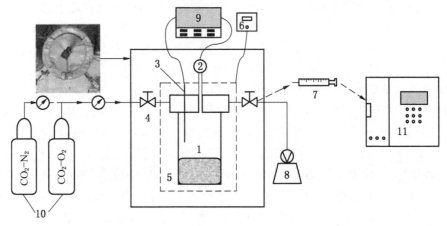

1—样品罐;2—压力传感器,量程 0 ~ 1100kPa,精度 8/1000;

3—温度传感器,量程 0 ~ 300℃,精度 ±0.1℃;4—连接阀;5—加热包;

6—控温箱,控温精度 ±0.1℃;7—取样器,量程 0 ~ 10mL;8—真空泵;

9—无纸记录仪;10—气瓶,$CO_2 - N_2$ 和 $CO_2 - O_2$ 的纯度为 99.99% ;11—气相色谱仪

图 10 - 7 混合气体竞争吸附实验装置

(二)竞争吸附实验过程

煤样干燥和气密性检验:煤样的真空干燥步骤与单质气体的吸附实验相同。气密性检验步骤与单质气体的吸附实验基本相同,混合气体的竞争吸附实验均在 0.5 MPa 条件下进行,需要向样品罐内充入 1.5 MPa 实验气体,通过无纸记录仪观察样品罐内压力在 6 h 内是否保持稳定,若压力示数不变,则实验系统的气密性良好。

自由空间体积:在进行混合气体的竞争吸附实验时,所称取的煤样质量与单质气体吸附实验中的煤样质量相等,对于同一煤样的实验,煤样所占体积为固定值,见表 10 - 4。称取煤样时所用电子天平的精度为 ±0.01 g。

表 10-4　自由空间体积标定值

煤样	质量/g	第 1 次/mL	第 2 次/mL	第 3 次/mL	平均值/mL
大同矿	200.92	843.8573	843.9389	844.1873	843.9945
水峪矿六采区	200.86	839.5017	838.1126	837.8386	838.4843
阳泉五矿	200.17	841.0254	839.3361	841.4571	840.6062

（三）竞争吸附实验步骤

在混合气体的竞争吸附实验中，对于同一煤样 $CO_2 - O_2$ 竞争吸附实验和 $CO_2 - N_2$ 竞争吸附实验除使用的气体类型不同外，其他实验步骤均相同。具体步骤如下。

（1）原始混合气体浓度比测定。$CO_2 - N_2$ 和 $CO_2 - O_2$ 的原始配比浓度为 1 : 1，但在气瓶运输和存放期间，实验时实际浓度比与配比浓度比会存在差异。

实验开始前，首先将混合气体气瓶连接减压阀和气体管路，打开气瓶总阀，轻轻拧动减压阀放出少量气体，以冲出管路内的空气，迅速关闭气瓶总阀和减压阀；然后连接气体管路和取样器，打开气瓶总阀和减压阀，抽取 7 mL 原始混合气体充入气相色谱仪，测定混合气体的体积比，见表 10-5。

表 10-5　混合气体的原始体积比

煤样	气体类型	原始体积比
大同矿	$CO_2 - N_2$	58.500 : 41.500
大同矿	$CO_2 - O_2$	55.903 : 44.097
水峪矿六采区	$CO_2 - N_2$	56.180 : 43.820
水峪矿六采区	$CO_2 - O_2$	54.579 : 45.421
阳泉五矿	$CO_2 - N_2$	53.500 : 46.500
阳泉五矿	$CO_2 - O_2$	52.241 : 47.759

（2）样品罐抽真空。实验开始时，称取 200 g 左右的煤样放入样品罐中，盖上样品罐顶盖后，使用扳手将固定顶盖的螺丝拧紧。打开无纸记录仪，开始记录并显示样品罐内的压力，连接好真空泵后，开启真空泵并打开连接阀将罐内气体抽出，待无纸记录仪显示罐内压力为 0，并在关闭真空泵和连接阀后，示数 15 min 后仍保持不变时，判定罐内气体已排空；此时开启控温箱使加热包加热至 30℃。

（3）混合气体充入和气样分析。以 $CO_2 - N_2$ 为例，通过气体管路和减压阀连接样品罐与 $CO_2 - N_2$ 气瓶，打开气瓶总开关，将减压阀示数调整至 0.5 MPa，然后打开连接阀，使气体快速充入样品罐内至目标压力，依次迅速关紧连接阀、减压阀和气瓶总阀等阀门，记录吸附开始时间；然后每隔 15 min，将取样器插入连接阀，抽取 7 mL 罐内气体充入气相色谱仪进行分析，记录每组气样的体积比。如此重复取样 4 次后，每隔 30 min 取气分析一次。

（4）实验结束。待无纸记录仪显示罐内压力不随时间发生变化，并且通过气相色谱仪测得的混合气体各组分气体的浓度比不再变化时，判定混合气体的吸附达到平衡状态，实验结束，关闭加热箱和无纸记录仪，将样品罐内的残余气体放出。

（四）竞争吸附实验结果

1. 各组分气体浓度的变化

通过在竞争吸附实验第 15 min、30 min、45 min、60 min、90 min、120 min、150 min、180 min 和 210 min 以及实验开始前取气进行气相色谱仪测试，测得了气体组分浓度 C 随时间的变化情况，见表 10-6 和表 10-7。由表 10-6、表 10-7 可知，在煤样吸附 $CO_2 - O_2$ 和 $CO_2 - N_2$ 过程中，CO_2 浓度持续降低，N_2 和 O_2 浓度持续升高，150 min 后各组分气体浓度趋于平衡。不同煤样的各组分气体的平衡浓度存在差异，在 $CO_2 - O_2$ 吸附实验中大同矿煤样在第 210 minCO_2 的浓度为 43.388%，O_2 的浓度为 56.612%；水峪矿六采区煤样在第 210 minCO_2 的浓度为 39.291%，O_2 的浓度为 60.709%；阳泉五矿煤样在第 210 minCO_2 的浓度为 28.530%，O_2 的浓度为 71.470%。在 $CO_2 - N_2$ 吸附实验中大同矿煤样在第 210 minCO_2 的浓度为 49.395%，N_2 的浓度为 50.605%；水峪矿六采区煤样在第 210 minCO_2 的浓度为 44.146%，N_2 的浓度为 55.854%；阳泉五矿煤样在第 210 minCO_2 的浓度为 30.851%，N_2 的浓度为 69.149%。在 3 种煤样对 $CO_2 - O_2$ 吸附实验中 CO_2 的平衡浓度低于煤样对 $CO_2 - N_2$ 的吸附实验，O_2 的平衡浓度高于 N_2。

表 10-6　各煤样吸附 $CO_2 - O_2$ 过程中组分气体的浓度

煤样	气体组分	浓度/%								
		15 min	30 min	45 min	60 min	90 min	120 min	150 min	180 min	210 min
大同矿	CO_2	51.266	49.124	47.198	45.614	44.618	43.941	43.778	43.520	43.388
	O_2	48.734	50.876	52.802	54.386	55.382	56.059	56.222	56.480	56.612
水峪矿六采区	CO_2	51.902	47.704	44.839	42.762	41.182	40.456	39.327	38.998	39.291
	O_2	48.098	52.296	55.161	57.238	58.818	59.544	60.673	61.002	60.709

表 10 - 6(续)

煤样	气体组分	浓度/%								
		15 min	30 min	45 min	60 min	90 min	120 min	150 min	180 min	210 min
阳泉五矿	CO_2	50.738	43.906	40.119	36.565	33.331	30.400	29.996	28.599	28.530
	O_2	49.262	56.094	59.881	63.435	66.669	69.600	70.004	71.401	71.470

表 10 - 7   各煤样吸附 $CO_2 - N_2$ 过程中组分气体的浓度

煤样	气体组分	浓度/%								
		15 min	30 min	45 min	60 min	90 min	120 min	150 min	180 min	210 min
大同矿	CO_2	56.522	53.582	52.503	51.374	50.954	49.992	49.651	49.539	49.395
	N_2	43.478	46.418	47.497	48.626	49.046	50.008	50.349	50.461	50.605
水峪矿六采区	CO_2	55.856	53.978	52.200	49.940	46.409	44.987	44.767	43.803	44.146
	N_2	44.144	46.022	47.800	50.060	53.591	55.013	55.233	56.197	55.854
阳泉五矿	CO_2	53.689	44.504	41.453	39.255	35.149	33.008	30.901	30.572	30.851
	N_2	46.311	55.496	58.547	60.745	64.851	66.992	69.099	69.428	69.149

分析 CO_2 浓度变化可知,在吸附的初始时刻,CO_2 浓度为定值,随着吸附的进行 CO_2 浓度逐渐降低,直至平衡时为定值,即时间为 0 和趋于无穷大时,CO_2 浓度为定值。结合式(10 - 1)分析各煤样吸附 $CO_2 - N_2$ 和 $CO_2 - O_2$ 时 CO_2 的浓度随时间的变化情况,如图 10 - 8 所示。拟合公式见式(10 - 1)。

$$y = C_0 + \frac{at}{b + t} \qquad (10 - 1)$$

用式(10 - 1)拟合的相关系数均在 0.98 以上,其中大同矿、水峪矿六采区和阳泉五矿煤样对 $CO_2 - N_2$ 中 CO_2 浓度拟合的相关系数分别为 0.9849、0.9813 和 0.9934,对 $CO_2 - O_2$ 中 CO_2 浓度拟合的相关系数分别为 0.9943、0.9806 和 0.9851,表明式(10 - 1)能够较好地反映两种混合气体中 CO_2 浓度随时间的变化关系。

2. 混合气体的压力时变曲线

通过无纸记录仪记录的混合气体压力和气相色谱仪测得的气体浓度比,按气体的分压定律计算得到各煤样吸附 $CO_2 - N_2$ 和 $CO_2 - O_2$ 的压力时变曲线,如图 10 - 9 所示。

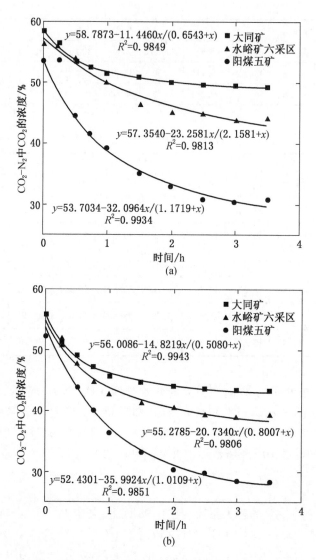

图 10 - 8　各煤样吸附混合气体 CO_2 浓度随时间的变化

3. 混合气体的累计吸附量

混合气体及组分气体的吸附量依据理想气体的状态方程进行计算,但需要考虑取气带来的影响。混合气体的吸附量依据式(10 - 2)计算。

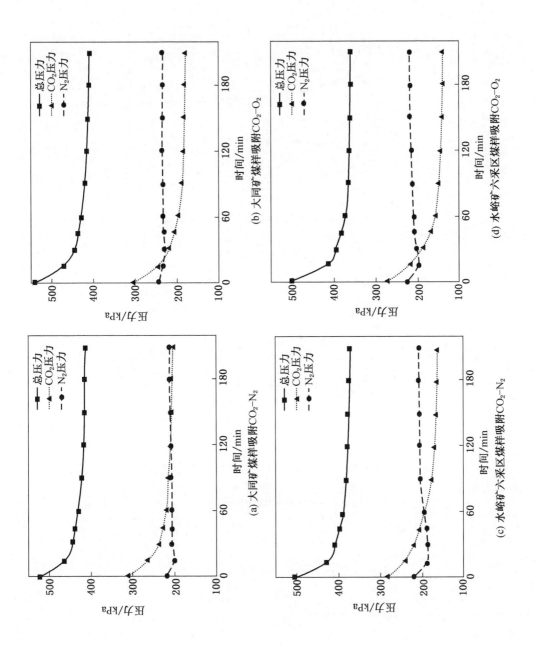

(a) 大同矿煤样吸附CO₂-N₂
(b) 大同矿煤样吸附CO₂-O₂
(c) 水峪矿六采区煤样吸附CO₂-N₂
(d) 水峪矿六采区煤样吸附CO₂-O₂

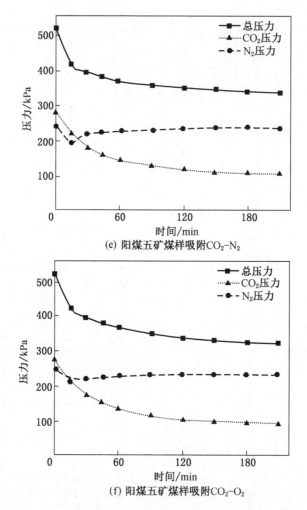

(e) 阳煤五矿煤样吸附CO_2-N_2

(f) 阳煤五矿煤样吸附CO_2-O_2

图 10 – 9 各煤样吸附 $CO_2 - N_2$ 和 $CO_2 - O_2$ 的压力时变曲线

$$\begin{cases} Q = \dfrac{(P_0 - P_t)\ V_0}{P_n m}, t \leqslant 15\text{min} \\[2mm] Q = \dfrac{(P_0 - P_t)\ V_0 - 7(n - 1)\ P_n}{P_n m}, t > 15\text{min} \end{cases} \qquad (10-2)$$

气体组分 i 的吸附量依据式(10-3)计算。

$$
\begin{cases}
Q_i = \dfrac{\left[(P_i)_0 - (P_i)_t\right]V_0}{P_n m}, & t \leqslant 15\,\mathrm{min} \\[4mm]
Q_i = \dfrac{\left[(P_i)_0 - (P_i)_t\right]V_0 - 7P_n\sum\limits_{j=1}^{k-1}C_j}{P_n m}, & t > 15\,\mathrm{min}
\end{cases}
\tag{10-3}
$$

式中　　Q_i——气体组分 i 的吸附量,$\mathrm{cm^3/g}$;

$(P_i)_0$——气体组分 i 的初始压力,kPa;

$(P_i)_t$——气体组分 i 在 t 时刻的压力,kPa;

C_j——第 j 次取气时气体组分 i 的浓度,%;

k——t 时刻的总取气次数。

依据式(10-2)和式(10-3)可将实验的压力和浓度数据转化为气体的吸附量,如图 10-10~图 10-15 所示。

由图 10-10~图 10-15 可知,在各煤样对 $CO_2 - N_2$ 和 $CO_2 - O_2$ 的竞争吸附过程中,混合气体的总吸附量和 CO_2 的吸附量均随着时间的增大而增大,最终趋于平衡,而 N_2 和 O_2 的吸附量均随着时间的增大先增大后减小,最终趋于平衡。其中,在大同矿煤样吸附 $CO_2 - N_2$ 和水峪矿六采区煤样吸附 $CO_2 - O_2$ 的过程中,N_2 和 O_2 的吸附量以 30 min 为界先增大后减小;在大同矿煤样吸附 $CO_2 - O_2$、水峪矿六采区煤样吸附 $CO_2 - N_2$ 和阳泉五矿煤样吸附 $CO_2 - N_2$、$CO_2 - O_2$ 的过程中,N_2 和 O_2 的吸附量以 15 min 为界先增大后减小。这种吸附趋势说明混合气体的吸附过程不仅存在气体的吸附行为,还存在 CO_2 对两种气体的驱替行为。在 N_2/O_2 达到最大吸附量之前,CO_2 和 N_2/O_2 由于实验初始压力的作用,煤粒内外压力差较大,使两种气体迅速进入煤粒孔隙中。此时煤粒因为没有吸附任何气体,对两种气体的选择性吸附较低,使两种气体的分压力均减小,表现出煤样对两种气体的吸附行为。而随着煤样对两种气体的吸附量逐渐达到饱和状态时,具有更高竞争吸附能力的 CO_2 逐渐将煤样中已吸附的 N_2/O_2 驱替出来,使 CO_2 的分压力继续降低而 N_2/O_2 的分压力升高,进而表现出煤样对 CO_2 的吸附量继续增大,而对 N_2/O_2 的吸附量逐渐减小。但最终平衡状态下 N_2 和 O_2 的吸附量仍大于0,表明 CO_2 并不能完全驱替出煤粒中吸附的 N_2 和 O_2。

三、二元混合气体运移数值模型及解算

在假设混合气体组分在煤粒中的流动符合密度梯度理论的前提下,以煤粒气体流动模型为基础,建立煤粒中混合气体组分的运移模型。

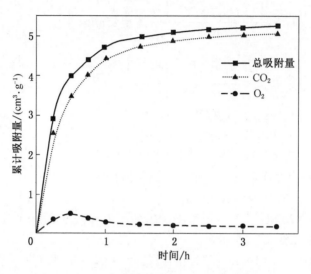

图 10 - 10 大同矿煤样对 $CO_2 - O_2$ 的吸附曲线

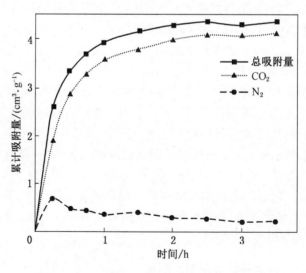

图 10 - 11 大同矿煤样对 $CO_2 - N_2$ 的吸附曲线

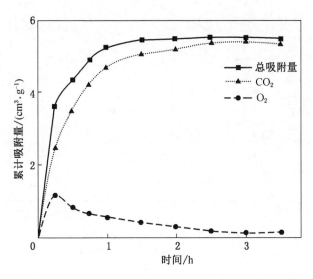

图 10 − 12　水峪矿六采区煤样对 $CO_2 - O_2$ 的吸附曲线

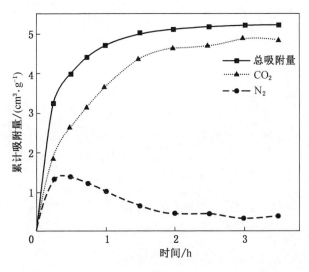

图 10 − 13　水峪矿六采区煤样对 $CO_2 - N_2$ 的吸附曲线

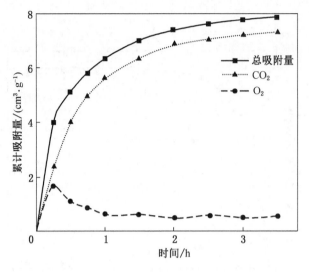

图 10 - 14 阳泉五矿煤样对 CO_2 - O_2 的吸附曲线

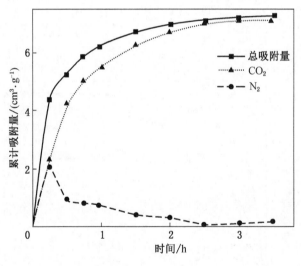

图 10 - 15 阳泉五矿煤样对 CO_2 - N_2 的吸附曲线

(一)模型的建立

对煤粒中气体组分 i 的流动做出如下假设。

(1)煤粒为各向同性的多孔介质,在煤粒吸附气体时忽略吸附气体导致的变形,即煤粒的孔隙率和渗透性能均匀一致并保持不变。

（2）CO_2、N_2 和 O_2 均为理想气体,气体分子间不存在相互作用,煤粒对 CO_2 – N_2、CO_2 – O_2 混合气体的吸附压力为 0.5 MPa,CO_2 的分压力远低于 CO_2 达到超临界状态所需的压力,则有

$$v_i = \frac{R_m T}{M_i P_i} = R_i \frac{T}{P_i} \tag{10-4}$$

式中　v_i——理想气体 i 的比容,m^3/g;

　　　R_m——通用气体常数,8.314J/(mol·K);

　　　T——理想气体的热力学温度,K;

　　　P_i——气体组分 i 的分压力,MPa;

　　　M_i——气体组分 i 的摩尔质量,g/mol;

　　　R_i——气体组分 i 的气体常数,J/(g·K),CO_2 的气体常数为 0.1890J/(g·K)。

（3）煤粒内部的气体包括吸附态和游离态,气体组分 i 的吸附态气体含量遵循混合气体的朗格缪尔方程,则煤粒中气体组分 i 的含量为

$$X_i = \frac{a_i b_i P_i}{1 + b_i P_i + b_j P_j} + B n_0 P_i \tag{10-5}$$

式中　X_i——单位质量煤粒对气体组分 i 的含量,m^3/g;

　　　a_i——气体组分 i 的极限吸附量,m^3/g;

　　　b_i——气体组分 i 的吸附常数,1/MPa;

　　　n_0——煤的孔隙率;

　　　B——系数,$m^3/(g·MPa)$。

（4）当气体在煤粒中流动时,温度对其影响微小,可视为等温流动。在此基础上,认为煤粒中气体组分 CO_2、N_2 和 O_2 的流动符合密度梯度定律,即单位时间内单位面积煤中的气体组分 i 的运移量与单位面积上气体组分 i 的密度梯度成正比:

$$J_i = -D_i \frac{d\rho_i}{dn} \tag{10-6}$$

式中　J_i——煤粒中气体组分 i 的质量通量,即单位时间内通过单位面积的气体组分 i 的质量,$g/(m^2·s)$;

　　　D_i——气体组分 i 的微孔道扩散系数,m^2/s;

　　　ρ_i——游离态气体组分 i 的密度,g/m^3。

　　　n——等密度线外法线方向的长度,m。

由式（10-4）可得

$$\frac{1}{v_i} = \frac{P_i}{R_i T} = \rho_i \tag{10-7}$$

将式(10 – 7)代入式(10 – 6)可得

$$J_i = -D_i \frac{1}{R_i T} \frac{\mathrm{d}P_i}{\mathrm{d}n} = -K_i \frac{\mathrm{d}P_i}{\mathrm{d}n} \qquad (10-8)$$

式中 K_i——气体组分 i 的微孔道扩散系数,g/(MPa·m·s)。

将煤粒中气体的流动看作球向流动,如图10 – 16所示。

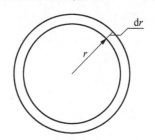

图 10 – 16   厚度为 dr 的球壳示意图

煤粒中厚度为 dr 的球壳在单位时间内,球壳内流入的气体组分 i 的质量为

$$(M_i)_{\mathrm{in}} = -(J_i)_1 \times 4\pi (r+\mathrm{d}r)^2 \qquad (10-9)$$

式中 $(M_i)_{\mathrm{in}}$——流入厚度为 dr 球壳中的气体组分 i 的质量,g/s;

$(J_i)_1$——球壳外侧气体组分 i 的质量通量,g/(m²·s);

r——球壳半径,m。

流出的气体组分 i 的质量为

$$(M_i)_{\mathrm{out}} = -(J_i)_2 \times 4\pi r^2 \qquad (10-10)$$

式中 $(M_i)_{\mathrm{out}}$——厚度为 dr 球壳中流出的气体组分 i 的质量,g/s;

$(J_i)_2$——球壳内侧气体组分 i 的质量通量,g/(m²·s)。

气体组分 i 净流入球壳的质量为

$$M_f = (M_i)_{\mathrm{in}} - (M_i)_{\mathrm{out}} = -\frac{\partial(J_i \times 4\pi r^2)}{\partial r}\mathrm{d}r \qquad (10-11)$$

式中 M_f——单位时间内球壳中流入与流出的气体组分 i 的质量差,g/s。

将式(10 – 8)代入式(10 – 11)可得

$$M_f = \frac{\partial}{\partial r}\left(K_i \frac{\partial P_i}{\partial r} \times 4\pi r^2\right)\mathrm{d}r \qquad (10-12)$$

此外,厚度为 dr 球壳的体积为

$$V_s = 4\pi r^2 \mathrm{d}r \qquad (10-13)$$

由式(10 – 13)可得球壳的质量为

$$M_s = \rho_c \times 4\pi r^2 \mathrm{d}r \qquad (10-14)$$

式中 ρ_c——球壳的视密度,g/m^3。

因此,如图 10 – 17 所示厚度为 dr 球壳在 dt 时间内的气体组分 i 的质量变化量为

$$M_c = \frac{\partial (X_i \rho_c \rho_{is})}{\partial t} \times 4\pi r^2 dr \qquad (10-15)$$

式中 M_c——单位时间内球壳内气体组分 i 的含量变化量,g/s;

ρ_{is}——气体组分 i 的标准密度。

根据质量守恒定律,厚度为 dr 的球壳在 dt 时间内流入和流出的气体组分 i 的质量差等于球壳内部气体组分 i 的质量变化量,即

$$M_f = M_c \qquad (10-16)$$

将式(10 – 12)和式(10 – 15)代入式(10 – 16)可得

$$\frac{\partial}{\partial r}\left(K_i \frac{\partial P_i}{\partial r} \times 4\pi r^2\right)dr = \frac{\partial (X_i \rho_c \rho_{is})}{\partial t} \times 4\pi r^2 dr \qquad (10-17)$$

整理式(10 – 17)可得

$$\frac{\partial X_i}{\partial t} = \frac{K_i}{\rho_c \rho_{is}} \frac{1}{r^2} \frac{\partial}{\partial r}\left(\frac{\partial P_i}{\partial r} r^2\right) \qquad (10-18)$$

将式(10 – 4)代入式(10 – 18)可得

$$\frac{\partial\left(\frac{a_i b_i P_i}{1 + b_i P_i + b_j P_j} + B n_0 P_i\right)}{\partial t} = \frac{K_i}{\rho_c \rho_{is}} \frac{1}{r^2} \frac{\partial}{\partial r}\left(r^2 \frac{\partial P_i}{\partial r}\right) \qquad (10-19)$$

气体组分 i 的浓度 C 与压力之间满足式(10 – 20)。

$$\begin{cases} P_i = CP \\ P_j = (1-C)P \end{cases} \qquad (10-20)$$

式中 P——混合气体总压力,MPa。

则可以确定 P_i 与 P_j 之间的关系:

$$P_j = \frac{1-C}{C} P_i \qquad (10-21)$$

CO_2 浓度 C 与时间满足式(10 – 22):

$$C = C_0 + \frac{\alpha t}{\beta + t} \qquad (10-22)$$

式中 t——吸附时间,h;

α、β——常数。

则可将式(10 – 19)转化为

187

$$\frac{\partial\left(\dfrac{a_i\,b_i\,P_i}{1+b_i\,P_i+\dfrac{1-C}{C}\,b_j\,P_i}+B\,n_0\,P_i\right)}{\partial t}=\frac{K_i}{\rho_c\,\rho_{is}}\frac{1}{r^2}\frac{\partial}{\partial r}\left(r^2\,\frac{\partial P_i}{\partial r}\right) \quad (10-23)$$

各矿煤粒对 CO_2、N_2 的等温吸附实验为定容吸附,即样品罐中充入达到初始压力所需的气体后关闭连接阀,煤粒开始吸附气体,样品罐自由体积内的气体含量减少,压力降低,气体组分 i 的累计吸附质量为

$$Q_m=\frac{3}{4\pi\,\rho_c\,R^3}\int_0^t 4\pi\,R^2\,K_i\,\frac{\partial P_i}{\partial r}\mathrm{d}t=\frac{3}{\rho_c R}\int_0^t K_i\,\frac{\partial P_i}{\partial r}\mathrm{d}t \quad (10-24)$$

模型的初始条件和边界条件为

$$\begin{cases}P_i=0 \quad (t=0)\\[2mm]\dfrac{\partial P_i}{\partial r}=0 \quad (r=0)\\[2mm]P_i=P_{i0}-\dfrac{R_iT}{V_f}\dfrac{3G}{R\rho_c}\displaystyle\int_0^{t'}K_i\,\dfrac{\partial P_i}{\partial r}\mathrm{d}t \quad (r=R)\end{cases} \quad (10-25)$$

式中　P_{i0}——混合气体的实验初始压力,MPa;

　　　T——实验温度;303.15K;

　　　G——煤样质量,g;

　　　V_f——样品罐内的自由空间体积,m^3。

(二)密度梯度混合气体组分运移模型的无因次化

整理式(10-23)可得

$$\frac{\partial\left(\dfrac{1}{1+\dfrac{1-C}{C}\dfrac{b_j}{b_i}+\dfrac{1}{b_i\,P_i}}+\dfrac{B\,n_0\,b_i\,P_i}{a_i\,b_i}\right)}{\partial\dfrac{K_i t}{\rho_c\,\rho_{is}\,a_i\,b_i\,R^2}}=\frac{R^2}{r^2}\frac{\partial}{\partial\dfrac{r}{R}}\left[\frac{r^2}{R^2}\frac{\partial(b_i\,P_i)}{\partial\dfrac{r}{R}}\right] \quad (10-26)$$

引入无因次准数,其中
无因次半径为

$$L=\frac{r}{R} \quad (10-27)$$

无因次压力为

$$Z_i=b_i\,P_i \quad (10-28)$$

无因次时间为

$$S=\frac{K_i t}{\rho_c\,\rho_{is}\,a_i\,R^2\,b_i} \quad (10-29)$$

无因次吸附常数为

$$W = \frac{1-C}{C}\frac{b_j}{b_i} \qquad (10-30)$$

无因次孔隙率为

$$N = \frac{B\,n_0}{a_i\,b_i} \qquad (10-31)$$

无因次压降系数为

$$Y = \frac{G\,a_i}{V_f}b_i\,(P_i)_{w0}\frac{T}{T_0} \qquad (10-32)$$

代入式(10-26),无因次化后可得

$$\frac{\partial\left(\dfrac{1}{1+W+\dfrac{1}{Z_i}}+N\,Z_i\right)}{\partial S} = \frac{1}{L^2}\frac{\partial}{\partial L}\left(L^2\frac{\partial Z_i}{\partial L}\right) \qquad (10-33)$$

将无因次准数代入式(10-25)可得

$$\begin{cases} Z_i = 0 \quad (S=0) \\ \dfrac{\partial Z_i}{\partial L} = 0 \quad (L=0) \\ Z_i = (Z_i)_0 - 3Y\displaystyle\int_0^s \frac{\partial Z_i}{\partial L}\mathrm{d}S \end{cases} \qquad (10-34)$$

将无因次准数代入式(10-24),则气体组分 i 的无因次累计吸附量为

$$M_{id} = \frac{Q_i}{\rho_{is}\,a_i} = 3\int_0^s \frac{\partial Z_i}{\partial L}\mathrm{d}S \qquad (10-35)$$

(三)有限差分模型的建立

将煤粒视作球体,然后将球形煤粒沿球的半径划分为 N 个节点,所以越靠近煤粒表面处,气体组分 i 的压力和含量变化越剧烈,因此节点间距等比减小,节点编号为0、1、2、…、N,各节点半径为

$$\begin{cases} r_0 = 0 \\ r_1 = R\dfrac{1-c}{1-c^N} \quad (c<1) \\ r_n = r_{n-1} + r_1 c^{n-1} \end{cases} \qquad (10-36)$$

以两个相邻节点的中点做同心球面,球形煤粒被分为3部分:$N-1$ 个包含节点的中间球壳、以 0 节点为中心的实心球体和球形煤粒的外表面,球形煤粒节点划分如图 10-17 所示。

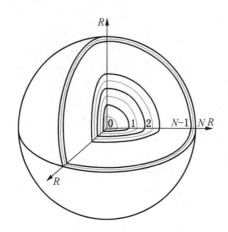

图 10 - 17   球形煤粒几何模型

分别对上述 3 部分进行有限差分处理：

以包含节点 i 的中间球壳为研究对象，可知单位时间内从球壳内流出的气体组分 i 的质量为

$$(Q_i)_{\text{out}} = K_i \left[\dfrac{\dfrac{(P_i)_n^m - (P_i)_{n-1}^m}{2} + \dfrac{(P_i)_n^{m-1} - (P_i)_{n-1}^{m-1}}{2}}{r_n - r_{n-1}} \right] \times 4\pi \left(\dfrac{r_n + r_{n-1}}{2} \right)^2$$

(10 - 37)

式中，压力 P_i 的上标 m 表示时间节点编号，下标 n 表示煤粒球壳节点编号。

单位时间内流入球壳的气体组分 i 的质量为

$$(Q_i)_{\text{in}} = K_i \left[\dfrac{\dfrac{(P_i)_{n+1}^m - (P_i)_n^m}{2} + \dfrac{(P_i)_{n+1}^{m-1} - (P_i)_n^{m-1}}{2}}{r_{n+1} - r_n} \right] \times 4\pi \left(\dfrac{r_n + r_{n+1}}{2} \right)^2$$

(10 - 38)

由式(10 - 17)可知单位时间内包含节点 n 的中间球壳内气体组分 i 的增加量为

$$\Delta Q_i = \dfrac{4}{3}\pi \left[\left(\dfrac{r_n + r_{n+1}}{2} \right)^3 - \left(\dfrac{r_n + r_{n-1}}{2} \right)^3 \right]$$

$$\left\{ \dfrac{a_i b_i \rho_c \rho_{is}}{\left[1 + b_i \dfrac{(P_i)_n^m + (P_i)_n^{m-1}}{2} + \dfrac{1-C}{C} b_j \dfrac{(P_i)_n^m + (P_i)_n^{m-1}}{2} \right]^2} + B n_0 \rho_c \rho_{is} \right\}$$

$$\dfrac{(P_i)_n^m - (P_i)_n^{m-1}}{\Delta t_m}$$

(10 - 39)

式中 Δt_m——第 m 个时间步长。

因此,根据质量守恒定律,单位时间内球壳内部的气体组分 i 的增加量为

$$\Delta Q_i = (Q_i)_{\text{in}} - (Q_i)_{\text{out}} \qquad (10-40)$$

将式(10-37)、式(10-38)和式(10-39)代入式(10-40),对于煤粒内部的球壳气体组分 i 流动的差分方程为

$$K_i \left[\frac{\dfrac{(P_i)_{n+1}^m - (P_i)_n^m}{2} + \dfrac{(P_i)_{n+1}^{m-1} - (P_i)_n^{m-1}}{2}}{r_{n+1} - r_n} \right] \times 4\pi \left(\frac{r_n + r_{n+1}}{2} \right)^2 - $$

$$K_i \left[\frac{\left(\dfrac{(P_i)_n^m - (P_i)_{n-1}^m}{2} + \dfrac{(P_i)_n^{m-1} - (P_i)_{n-1}^{m-1}}{2} \right)}{r_n - r_{n-1}} \right] \times 4\pi \left(\frac{r_n + r_{n-1}}{2} \right)^2 = $$

$$\frac{4}{3}\pi \left[\left(\frac{r_n + r_{n+1}}{2} \right)^3 - \left(\frac{r_n + r_{n-1}}{2} \right)^3 \right]$$

$$\left\{ \frac{a_i b_i \rho_c \rho_{is}}{\left[1 + b_i \dfrac{(P_i)_n^m + (P_i)_n^{m-1}}{2} + \dfrac{1-C}{C} b_j \dfrac{(P_i)_n^m + (P_i)_n^{m-1}}{2} \right]^2} + B n_0 \rho_c \rho_{is} \right\}$$

$$\frac{(P_i)_n^m - (P_i)_n^{m-1}}{\Delta t_m} \qquad (n = 1、2、\cdots、N-1) \qquad (10-41)$$

而对于以 0 节点为中心的实心小球,吸附过程中只有气体流入没有流出,因此其内部气体组分 i 含量变化的差分方程为

$$K_i \left[\frac{\dfrac{(P_i)_1^m - (P_i)_0^m}{2} + \dfrac{(P_i)_1^{m-1} - (P_i)_0^{m-1}}{2}}{r_{n+1} - r_n} \right] \left(\frac{r_1}{2} \right)^2 = $$

$$\frac{1}{3} \left(\frac{r_1}{2} \right)^3 \left\{ \frac{a_i b_i \rho_c \rho_{is}}{\left[1 + b_i \dfrac{(P_i)_n^m + (P_i)_n^{m-1}}{2} + \dfrac{1-C}{C} b_j \dfrac{(P_i)_n^m + (P_i)_n^{m-1}}{2} \right]^2} + B n_0 \rho_c \rho_s \right\}$$

$$\frac{(P_i)_0^m - (P_i)_0^{m-1}}{\Delta t_m} \qquad (10-42)$$

煤粒外表面,即 $r = R$ 处的压力为

$$P_{iN}^m = (P_i)_0 - \frac{R_i TG}{V_f} (Q_i)_{m-1} \qquad (10-43)$$

式中 $(Q_i)_{m-1}$——第 m 个时间步长前单位质量煤样累计气体吸附质量。

单位质量规则球形煤粒累计气体吸附质量为

$$Q_{im} = \frac{3}{\rho_c 4\pi R^3} \int_0^t 4\pi R^2 K_i \frac{\partial (P_i)_w}{\partial r} dt = \frac{3}{\rho_c R} \int_0^t K_i \frac{\partial (P_i)_w}{\partial r} dt \qquad (10-44)$$

(四)有限差分模型的无因次化

为了便于 K_i 反演,对有限差分模型进行无因次化,将无因次准数式(10-27)~式(10-32)代入式(10-37)~式(10-44)。

由式(10-41)无因次化可得

$$\Delta S_m \frac{(Z_i)_{n+1}^{m-1} - (Z_i)_n^{m-1}}{L_{n+1} - L_n} \left(\frac{L_{n+1} + L_n}{2}\right)^2 - \Delta S_m \frac{(Z_i)_n^{m-1} - (Z_i)_{n-1}^{m-1}}{L_n - L_{n-1}} \left(\frac{L_n + L_{n-1}}{2}\right)^2 +$$

$$\frac{(Z_i)_n^{m-1}}{3} \left[\left(\frac{L_n + L_{n-1}}{2}\right)^3 - \left(\frac{L_n + L_{n+1}}{2}\right)^3\right]$$

$$\left[N + \frac{1}{\left(1 + \dfrac{(Z_i)_n^m + (Z_i)_n^{m-1}}{2} + W \dfrac{(Z_i)_n^m + (Z_i)_n^{m-1}}{2}\right)^2}\right] =$$

$$\Delta S_m \frac{(Z_i)_n^m - (Z_i)_{n-1}^m}{L_n - L_{n-1}} \left(\frac{L_{n-1} + L_n}{2}\right)^2 + \frac{(Z_i)_n^m}{3} \left[\left(\frac{L_{n+1} + L_n}{2}\right)^3 - \left(\frac{L_{n-1} + L_n}{2}\right)^3\right]$$

$$\left[N + \frac{1}{\left(1 + \dfrac{(Z_i)_n^m + (Z_i)_n^{m-1}}{2} + W \dfrac{(Z_i)_n^m + (Z_i)_n^{m-1}}{2}\right)^2}\right] -$$

$$\Delta S_m \frac{(Z_i)_{n+1}^m - (Z_i)_n^m}{L_{n+1} - L_n} \left(\frac{L_{n+1} + L_n}{2}\right)^2 \quad (i = 1、2、\cdots、N-1) \quad (10-45)$$

将式(10-42)无因次化可得

$$\Delta S \frac{(Z_i)_1^{m-1} - (Z_i)_0^{m-1}}{L_1} \left(\frac{L_1}{2}\right)^2 + \frac{(Z_i)_0^{m-1}}{3} \left(\frac{L_1}{2}\right)^3$$

$$\left[N + \frac{1}{\left(1 + \dfrac{(Z_i)_n^m + (Z_i)_n^{m-1}}{2} + W \dfrac{(Z_i)_n^m + (Z_i)_n^{m-1}}{2}\right)^2}\right] =$$

$$\frac{(Z_i)_0^m}{3} \left(\frac{L_1}{2}\right)^3 \left\{N + \frac{1}{\left[1 + \dfrac{(Z_i)_n^m + (Z_i)_n^{m-1}}{2} + W \dfrac{(Z_i)_n^m + (Z_i)_n^{m-1}}{2}\right]^2}\right\} -$$

$$\Delta S \frac{(Z_i)_1^m - (Z_i)_0^m}{L_1} \left(\frac{L_1}{2}\right)^2 \quad (j = 1、2、\cdots、N) \quad (10-46)$$

将式(10-43)无因次化可得

$$Z_i = (Z_i)_0 - 3Y \int_0^S \frac{\partial (Z_i)_w}{\partial L} dS \quad (L = 1) \quad (10-47)$$

将无因次准数代入式(10-44)可得气体组分 i 的无因次累计吸附量:

$$M_{id} = \frac{Q_{im}}{\rho_{is} a_i} = 3 \int_0^s \frac{\partial Z_i}{\partial L} \mathrm{d}S \qquad (10-48)$$

(五)解算程序的编写与运行

混合气体组分运移模型的程序运行流程如图 10-18 所示。

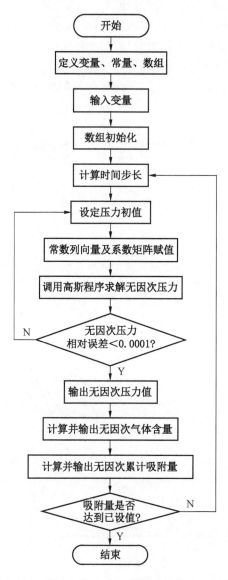

图 10-18 混合气体组分运移模型的程序运行流程

四、CO_2 组分的竞争扩散性能

(一) CO_2 组分的微孔道扩散系数反演过程

根据建立的混合气体组分在煤粒中的运移模型,运用有限差分法和无因次化推导建立了运移模型的无因次有限差分模型,再通过 Visual Basic 程序对模型进行解算。无因次模型的解算涉及无因次压力、无因次半径、无因次时间和无因次累计吸附量等参数,由定容条件下煤粒对气体的吸附过程可知,在气体吸附过程中,煤粒表面的气体压力随着时间的增大而减小,煤粒内部的气体压力随着时间的增大而增大,直至煤粒内部和表面的气体压力相等,吸附达到平衡状态。

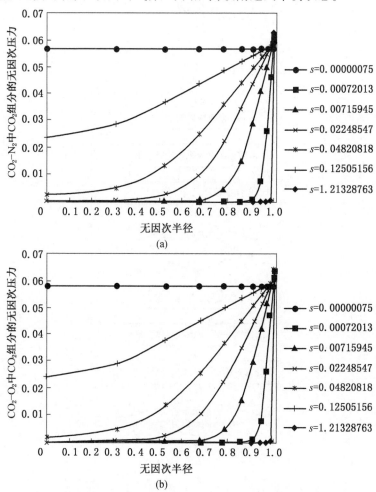

图 10-19　大同矿煤样吸附混合气体的 CO_2 组分无因次压力随无因次半径的变化

如图 10-19 所示，以大同矿煤样吸附 $CO_2 - N_2$ 和 $CO_2 - O_2$ 为例进行分析，随着无因次时间的增加，煤粒表面的无因次压力持续减小，煤粒内部的无因次压力持续增大，直至煤粒内部和表面的无因次压力相等，即达到平衡状态，且平衡时的无因次压力低于实验压力的初始值，表明程序模拟结果与煤粒吸附气体的实际过程相匹配。

在 CO_2 组分的微孔道扩散系数反演过程中，通过模拟程序计算得到的无因次累计吸附量需要转换为有因次累计吸附量，无因次时间需要转换为有因次时间，转换公式见式（10-49）。

$$\begin{cases} t_m = \dfrac{\rho_c \, \rho_{is} \, a_i \, b_i \, R^2}{K_i} S_m \\ Q = \dfrac{Q_m}{\rho_{is}} = \dfrac{M_d \, \rho_{is} \, a_i}{\rho_{is}} = a_i \, M_d \end{cases} \tag{10-49}$$

将无因次累计吸附量转换为有因次累计吸附量以后，对 CO_2 组分的微孔道扩散系数 K_{CO_2} 进行反演，具体反演过程为：①整理煤的密度测试和吸附常数实验测得的煤样孔隙率、真视密度和吸附常数 a、b 值等基础参数；②进行煤样对 $CO_2 - N_2$ 和 $CO_2 - O_2$ 的竞争吸附实验，得到 CO_2 组分的累计吸附量随时间的变化关系；③运用煤粒中混合气体组分的运移模型和编制的 Visual Basic 程序对煤吸附混合气体的吸附过程进行解算，得到 CO_2 组分的无因次累计吸附量随无因次时间的变化关系；④假定 K_{CO_2} 的值，结合测得的煤样基础参数代入式（10-49），得到 CO_2 组分的累计吸附量随时间的变化关系；⑤如图 10-20 所示，以大同矿煤样吸附 $CO_2 - O_2$ 为例，将 CO_2 组分累计吸附量的实验值和模拟值进行对比，调整 K_{CO_2} 的大小，使实验值和模拟值达到最佳拟合状态，此时的 K_{CO_2} 即为 CO_2 组分的微孔道扩散系数值。

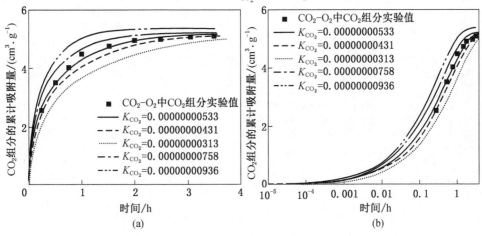

图 10-20　大同矿煤样吸附 $CO_2 - N_2$ 的 K_{CO_2} 反演过程

(二)CO_2 组分的微孔道扩散系数反演结果

依据 K_{CO_2} 的反演方法,对大同矿煤样、水峪矿六采区煤样和阳泉五矿煤样吸附 $CO_2 - N_2$ 和 $CO_2 - O_2$ 中 CO_2 的微孔道扩散系数进行反演,阳泉五矿煤样吸附 $CO_2 - O_2$ 的 CO_2 吸附量虽然高于 $CO_2 - N_2$,但数值较接近,K_{CO_2} 的反演结果如图 10 – 21 ~ 图 10 – 24所示。

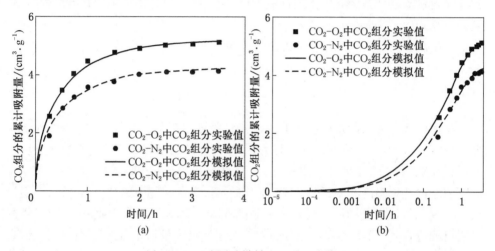

图 10 – 21　大同矿煤样 K_{CO_2} 的反演结果

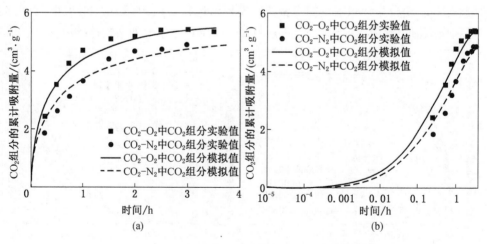

图 10 – 22　水峪矿六采区煤样 K_{CO_2} 的反演结果

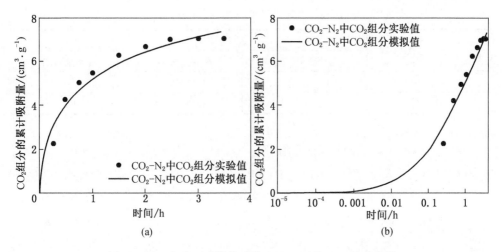

图 10 - 23　阳泉五矿煤样吸附 $CO_2 - N_2$ 的 K_{CO_2} 反演结果

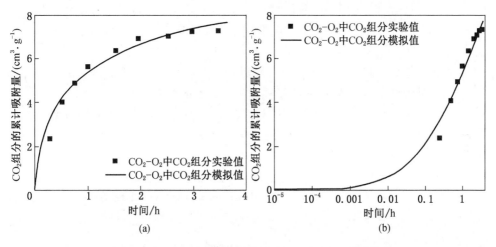

图 10 - 24　阳泉五矿煤样吸附 $CO_2 - O_2$ 的 K_{CO_2} 反演结果

　　由图 10 - 21 ~ 图 10 - 24 可知,大同矿煤样吸附 $CO_2 - N_2$ 和 $CO_2 - O_2$ 与阳泉五矿煤样吸附 $CO_2 - O_2$ 的实验值与解算得到的模拟值的拟合效果较优;水峪矿六采区煤样吸附 $CO_2 - N_2$ 和 $CO_2 - O_2$ 与阳泉五矿煤样吸附 $CO_2 - N_2$ 的模拟值的整体趋势仍然和实验值数据的趋势相吻合,且十分接近,说明实验值与解算得到的模拟值的拟合效果良好。综上所述,通过煤粒中混合气体组分的密度梯度模型能够较好地反演 CO_2 组分在混合气体中的微孔道扩散系数,结果见表 10 - 8。

表 10 - 8　各矿煤样吸附混合气体的 K_{CO_2} 值

混合气类型	$K_{CO_2}/(g \cdot MPa^{-1} \cdot m^{-1} \cdot s^{-1})$		
	大同矿	水峪矿六采区	阳泉五矿
$CO_2 - O_2$	5.33×10^{-9}	1.65×10^{-8}	5.41×10^{-8}
$CO_2 - N_2$	5.22×10^{-9}	1.28×10^{-8}	5.20×10^{-8}

由表 10 - 8 可知,大同矿煤样吸附 $CO_2 - O_2$ 的 K_{CO_2} 为 5.33×10^{-9} g/(MPa·m·s),
吸附 $CO_2 - N_2$ 的 K_{CO_2} 为 5.22×10^{-9} g/(MPa·m·s);水峪矿六采区煤样吸附 $CO_2 -$
O_2 的 K_{CO_2} 为 1.65×10^{-8} g/(MPa·m·s),吸附 $CO_2 - N_2$ 的 K_{CO_2} 为 1.28×10^{-8} g/
(MPa·m·s);阳泉五矿煤样吸附 $CO_2 - O_2$ 的 K_{CO_2} 为 5.41×10^{-8} g/(MPa·m·s),
吸附 $CO_2 - N_2$ 的 K_{CO_2} 为 5.20×10^{-8} g/(MPa·m·s)。可见,煤样吸附 $CO_2 - O_2$ 的
K_{CO_2} 始终大于煤样吸附 $CO_2 - N_2$ 的 K_{CO_2},与煤样的变质程度无关。结合混合气体中
CO_2 的吸附量和吸附速率发现,煤样吸附 $CO_2 - O_2$ 中 CO_2 组分的吸附量和微孔道扩
散系数均大于 $CO_2 - N_2$ 中 CO_2 的吸附量和微孔道扩散系数,且这种大小关系与煤样
的变质程度无关,表明 CO_2 在 $CO_2 - O_2$ 中具有更强的吸附和运移能力,但 $CO_2 - O_2$
中 CO_2 组分的吸附速率小于 $CO_2 - N_2$,表明 CO_2 在 $CO_2 - O_2$ 中吸附较慢。

(三)变质程度与 CO_2 组分的微孔道扩散系数的关系

以各煤样的挥发分为自变量,以混合气体中 CO_2 组分的微孔道扩散系数为因
变量,以指数函数式进行拟合,如图 10 - 25 所示。

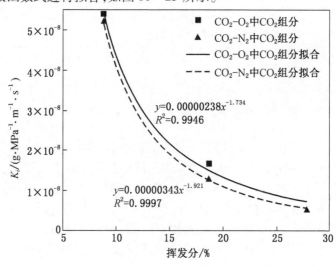

图 10 - 25　各煤样 K_{CO_2} 随挥发分的变化

　　由图 10 - 25 可知,各煤样的 K_{CO_2} 均随着煤样挥发分的升高而降低,即各煤样的 K_{CO_2} 均随着煤样变质程度的降低而降低,且指数式拟合的相关系数均在 0.99 以上,符合指数函数关系。结合单质气体的微孔道扩散系数 K_m 和挥发分的关系,发现混合气体中的 K_{CO_2} 和煤样的挥发分的关系与单质气体的 K_m 和挥发分的关系相同,均符合指数函数关系,均随着煤样变质程度的降低而降低。

第十一章　煤层钻孔瓦斯流动模型及其应用

第一节　建立钻孔瓦斯流动模型

　　钻孔瓦斯抽采受到诸多因素的影响,过程较复杂。为了研究钻孔瓦斯涌出规律,结合主要影响因素,将钻孔周围煤体瓦斯涌入钻孔的过程视为径向非稳定流动,瓦斯流动示意如图 11－1 所示,做出如下假设。

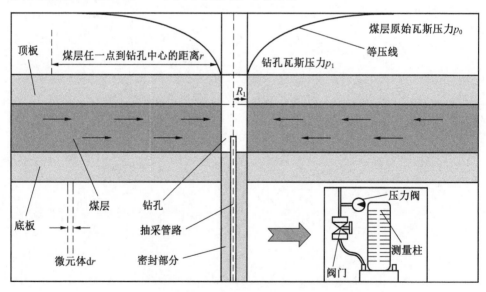

图 11－1　钻孔径向瓦斯流动示意图

　　(1)钻孔周围煤体为连续均匀介质,煤层透气性系数保持不变。

　　(2)瓦斯视为理想气体,其涌入钻孔的过程为等温过程。

　　(3)钻孔周围瓦斯在压力梯度作用下流入钻孔,服从达西定律:

$$u = -\lambda \frac{\partial P}{\partial r} \tag{11-1}$$

式中　u——钻孔瓦斯标准比流量,即单位时间单位面积流过瓦斯的标准体积,$m^3/$
　　　　($m^2 \cdot d$);

　　　　λ——煤层透气性系数,$m^2/(MPa^2 \cdot d)$;

　　　　P——钻孔周围瓦斯压力平方,$P = p^2$,MPa^2;

　　　　r——煤层任一点到钻孔中心的距离,m。

$$\lambda = \frac{k}{2\mu p_s} \tag{11-2}$$

式中　　k——煤体渗透率,m^2;

　　　　μ——瓦斯动力黏度,$MPa \cdot d$;

　　　　p_s——标准状况下的压力,0.101325 MPa。

由质量守恒定律可得

$$\frac{\partial X}{\partial t} = \frac{\lambda}{\rho} \frac{1}{r} \frac{\partial}{\partial r}\left(r \frac{\partial P}{\partial r}\right) \tag{11-3}$$

式中　ρ——煤的视密度,t/m^3;

　　　　X——煤层瓦斯含量,m^3/t;

　　　　t——时间,d。

煤体的孔隙率小,表面积大。游离瓦斯含量可忽略不计。因此,多数学者在计算时,主要考虑煤体中吸附瓦斯,忽略游离瓦斯。瓦斯含量可表示为

$$X = \frac{abp}{1 + bp} \tag{11-4}$$

式中　a、b——吸附常数,m^3/t、MPa^{-1};

　　　　p——瓦斯压力,MPa。

将式(11-4)代入式(11-3)可得 Langmuir 模型:

$$\frac{\partial\left(\dfrac{a}{1 + \dfrac{1}{b\sqrt{P}}}\right)}{\partial t} = \frac{\lambda}{\rho} \frac{1}{r} \frac{\partial}{\partial r}\left(r \frac{\partial P}{\partial r}\right) \tag{11-5}$$

模型初始条件为

$$t = 0 \qquad P = P_0 \tag{11-6}$$

模型边界条件为

$$\begin{cases} r = R_1, \ P = P_1 = p_1^2 \\ r \to \infty, \ P = P_0 = p_0^2, \ \dfrac{\partial P}{\partial r} = 0 \end{cases} \tag{11-7}$$

式中　R_1——钻孔半径，m；

　　　P_0——煤层原始瓦斯压力，MPa；

　　　P_1——钻孔瓦斯压力，MPa。

一些学者为简化模型计算，将瓦斯含量表达式近似为抛物线式：

$$X = \alpha \sqrt{p} \tag{11-8}$$

式中　α——煤层瓦斯含量系数，$m^3/(t \cdot MPa^{\frac{1}{2}})$。

将式(11-8)代入式(11-3)可得抛物线式模型：

$$\frac{\partial(\alpha P^{\frac{1}{4}})}{\partial t} = \frac{\lambda}{\rho} \frac{1}{r} \frac{\partial}{\partial r}\left(r \frac{\partial P}{\partial r} \right) \tag{11-9}$$

将式(11-9)化简后可得

$$\frac{\partial P}{\partial t} = \frac{4\lambda P^{\frac{3}{4}}}{\alpha\rho} \frac{1}{r} \frac{\partial}{\partial r}\left(r \frac{\partial P}{\partial r} \right) \tag{11-10}$$

虽然式(11-10)在一定程度上得到了简化，但仍然为非线性偏微分方程。因此，学者们进一步简化，令

$$P^{\frac{3}{4}} = P_0^{\frac{3}{4}} \tag{11-11}$$

由此得到常系数式模型如下：

$$\frac{\partial P}{\partial t} = \frac{4\lambda P_0^{\frac{3}{4}}}{\alpha\rho} \frac{1}{r} \frac{\partial}{\partial r}\left(r \frac{\partial P}{\partial r} \right) \tag{11-12}$$

为了与式(11-5)、式(11-9)进行对比，将式(11-12)转化为

$$\frac{\partial}{\partial t}\left(\frac{\alpha P}{4P_0^{\frac{3}{4}}} \right) = \frac{\lambda}{\rho} \frac{1}{r} \frac{\partial}{\partial r}\left(r \frac{\partial P}{\partial r} \right) \tag{11-13}$$

因此，常系数式模型的煤层瓦斯含量表达式为

$$X = \frac{\alpha P}{4P_0^{\frac{3}{4}}} \tag{11-14}$$

式(11-4)、式(11-8)和式(11-14)分别对应3种模型的煤层瓦斯含量表达式。

为了研究常系数式模型、抛物线式模型和朗格缪尔式种模型的差别，以吸附常数 a 为 $35m^3/t$，b 为 1.6 MPa^{-1}，煤层初始瓦斯压力 p_0 为 2 MPa 为例，在 0~2 MPa 范围内拟合得到抛物线式和常系数式的煤层含量系数 a 为 20.06 $m^3/(t \cdot MPa^{\frac{1}{2}})$，3 种公式的瓦斯含量与瓦斯压力变化曲线，如图 11-2 所示。

由图 11-2 可知，朗格缪尔式曲线与抛物线曲线均为上凸型，常系数式曲线的计算公式为压力平方式，所以曲线为上凹型，曲线的形态与朗格缪尔式有本质的差

别。当瓦斯压力为 2 MPa 时,常系数式瓦斯含量约为朗格缪尔式瓦斯含量的 1/4,远小于其余两种曲线。

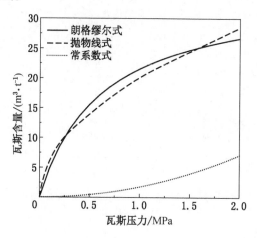

图 11 - 2　瓦斯含量与压力变化曲线

大量实践证明,使用朗格缪尔式表示煤层瓦斯含量与压力的关系较准确。由图 11 - 2 可知,相比朗格缪尔式,抛物线式曲线虽然有一定误差,但并没有质的差别,是可以接受的。但将抛物线式转换为常系数式,瓦斯吸附特性出现本质的差异。因此,采用式(11 - 14)常系数式计算煤层瓦斯含量,以式(11 - 12)或式(11 - 13)作为钻孔瓦斯流动模型,其计算结果会存在较大误差。

第二节　求解钻孔瓦斯流动模型

准确解算钻孔瓦斯流动模型是量化分析钻孔瓦斯涌出特性的关键。采用有限差分法解算模型,并定量分析 3 种模型的计算结果。求解模型的步骤如下。

(1)对钻孔解算区域进行离散,确定网格及节点编号。

(2)对模型方程进行离散,建立有限差分方程。

(3)利用 C 语言编制算法程序求解模型。

一、求解区域网格划分

模型网格划分与节点编号如图 11 - 3 所示,沿钻孔径向将钻孔周围的煤体划分成 n 个区域,从钻孔壁处开始,节点编号依次为 0、1、2、3、…、n。取相邻两节点的中点作虚线,相邻两虚线所在的区域为此处节点的控制单元。为准确反映钻孔周围流场中瓦斯流动的过程,节点间距与时间间隔均采用等比变化,取节点间距公

比 $c>1$，使节点间距向纵深逐渐变大。

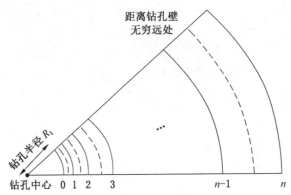

图 11 - 3　模型网格划分与节点编号

二、建立差分模型

基于质量守恒定律和达西定律，对朗格缪尔式模型进行差分。0 节点的瓦斯压力与巷道大气压力相同，边界条件为

$$P_0^j = P_1 = p_1^2 \tag{11-15}$$

$1 \sim n-1$ 节点为内部节点，根据质量守恒定律，差分方程为

$$\lambda \frac{\left(\frac{P_i^j + P_i^{j-1}}{2}\right) - \left(\frac{P_{i+1}^j + P_{i+1}^{j-1}}{2}\right)}{r_{i+1} - r_i} 2\pi\left(\frac{r_{i+1} + r_i}{2}\right) -$$

$$\lambda \frac{\left(\frac{P_{i-1}^j + P_{i-1}^{j-1}}{2}\right) - \left(\frac{P_i^j + P_i^{j-1}}{2}\right)}{r_i - r_{i-1}} 2\pi\left(\frac{r_i + r_{i-1}}{2}\right) =$$

$$\pi\left[\left(\frac{r_{i+1} + r_i}{2}\right)^2 - \left(\frac{r_i + r_{i-1}}{2}\right)^2\right]\left[\frac{ab\rho}{\left(1 + b\sqrt{\frac{P_i^j + P_i^{j-1}}{2}}\right)^2 \sqrt{\frac{P_i^j + P_i^{j-1}}{2}}}\right]\frac{P_i^{j-1} - P_i^j}{\Delta t_j}$$

$$(i = 1,2,\cdots,n-1) \tag{11-16}$$

其中，下标 $i-1$、i、$i+1$ 表示节点编号，上标 j、$j-1$ 表示时间节点；ΔTj 表示从 $j-1$ 时刻至 j 时刻的时间步长。

当节点 n 距钻孔足够远时，在有限的计算时间内其压力保持原始瓦斯压力不变，边界条件为

$$P_n^j = P_0 = p_0^2 \tag{11-17}$$

根据初始条件[式(11-6)],各节点在 0 时刻的瓦斯压力均为煤层原始瓦斯压力

$$P_i^0 = P_0 = p_0^2 \quad (i = 0、1、2、\cdots、n) \tag{11-18}$$

式(11-15)~式(11-18)构成朗格缪尔式有限差分模型,可依次计算各时刻各节点的瓦斯压力,再由式(11-4)计算各时刻各节点的煤层瓦斯含量。

抛物线式差分模型与朗格缪尔式差分模型大体相似,只是对于内部节点,不同的瓦斯含量计算公式对应不同的差分方程。当节点为 1~n-1 时,其差分方程如下:

$$\lambda \frac{\left(\frac{P_i^j + P_i^{j-1}}{2}\right) - \left(\frac{P_{i+1}^j + P_{i+1}^{j-1}}{2}\right)}{r_{i+1} - r_i} \times 2\pi\left(\frac{r_{i+1} + r_i}{2}\right) -$$

$$\lambda \frac{\left(\frac{P_{i-1}^j + P_{i-1}^{j-1}}{2}\right) - \left(\frac{P_i^j + P_i^{j-1}}{2}\right)}{r_i - r_{i-1}} \times 2\pi\left(\frac{r_i + r_{i-1}}{2}\right) =$$

$$\pi\left[\left(\frac{r_{i+1} + r_i}{2}\right)^2 - \left(\frac{r_i + r_{i-1}}{2}\right)^2\right]\frac{\alpha\rho}{4}\left(\frac{P_i^j + P_i^{j-1}}{2}\right)^{-\frac{3}{4}}\frac{P_i^{j-1} - P_i^j}{\Delta t_j} \quad (i = 1、2、\cdots、n-1)$$

$$\tag{11-19}$$

0 节点和 n 节点的差分方程与式(11-15)、式(11-17)和式(11-18)相同。解算得到瓦斯压力后,由式(11-8)计算抛物线式煤层瓦斯含量。

同理,在常系数式差分模型中,内部节点 1~n-1 对应的差分方程如下:

$$\lambda \frac{\left(\frac{P_i^j + P_i^{j-1}}{2}\right) - \left(\frac{P_{i+1}^j + P_{i+1}^{j-1}}{2}\right)}{r_{i+1} - r_i} \times 2\pi\left(\frac{r_{i+1} + r_i}{2}\right) -$$

$$\lambda \frac{\left(\frac{P_{i-1}^j + P_{i-1}^{j-1}}{2}\right) - \left(\frac{P_i^j + P_i^{j-1}}{2}\right)}{r_i - r_{i-1}} 2\pi\left(\frac{r_i + r_{i-1}}{2}\right) =$$

$$\pi\left[\left(\frac{r_{i+1} + r_i}{2}\right)^2 - \left(\frac{r_i + r_{i-1}}{2}\right)^2\right]\frac{\alpha\rho}{4}P_0^{-\frac{3}{4}}\frac{P_i^{j-1} - P_i^j}{\Delta t_j} \quad (i = 1、2、\cdots、n-1)$$

$$\tag{11-20}$$

0 节点和 n 节点的差分方程与式(11-15)、式(11-17)和式(11-18)相同。解算得到瓦斯压力后,由式(11-14)计算常系数式煤层瓦斯含量。

三、解算程序与流程

抛物线式模型与朗格缪尔式模型为非线性方程组,无法直接求解各节点的压力平方 P_i^j。每个时间步长,需给 P_i^j 赋初值并进行迭代。设初值为前一时刻压力平

方乘一个略小于 1 的系数 c，即取 $P_i^j = c P_i^{j-1}$ 代入式(11 - 16)、式(11 - 19)中非线性部分，使方程转化为近似线性方程；结合 0 节点和 n 节点方程，调用子程序求解方程组，得到 j 时刻节点压力平方的近似值 $P_i^{j'}$。将 $P_i^{j'}$ 与 P_i^j 进行比较，如果两者相对误差大于设定的精度 M，则将 $P_i^{j'}$ 作为新的 P_i^j 初值重新调用子程序求解直至误差符合 M；输出压力值、瓦斯含量、钻孔瓦斯涌出速度及累计涌出量；进入下一个时间循环。以此类推，直到解算时间达到设定的时间。

利用 C 语言进行编程，按照上述方法解算抛物线式模型与朗格缪尔式模型，程序流程如图 11 - 4 所示。

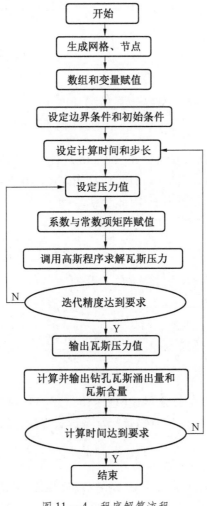

图 11 - 4　程序解算流程

单位面积内钻孔瓦斯涌出量的表达式如下：

$$q_j = \lambda \frac{P_1^j - P_0^j}{r_1 - r_0} \qquad (11-21)$$

由程序输出的瓦斯压力值可以计算得到钻孔瓦斯涌出量。

常系数式模型的解算流程与朗格缪尔式以及抛物线式模型的解算流程不同，其方程为压力平方的线性方程，无须迭代计算，可直接调用高斯消元法子模块进行解算，输出各节点的瓦斯压力值、瓦斯含量、钻孔瓦斯涌出速度及累计涌出量，进入下一时间循环，直至解算时间达到设定的时间。程序解算流程如图 11-5 所示。

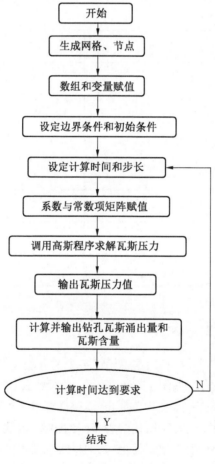

图 11-5　常系数式模型程序解算流程

第三节　解算结果与误差分析

通过求解 3 种模型,对比常系数式模型、抛物线式模型以及朗格缪尔式模型的钻孔周围瓦斯压力分布,瓦斯含量分布、钻孔瓦斯涌出速度和累计涌出量,定量计算简化引起的误差,分析煤层透气性系数计算公式的误差,提出新的煤层透气性系数表达式。某煤矿的实际参数见表 11 – 1。

表 11 – 1　某煤矿的实际参数

参数名称	实际值
吸附常数 $a/(\mathrm{m^3 \cdot t^{-1}})$	35
吸附常数 $b/\mathrm{MPa^{-1}}$	1.6
煤层透气性系数 $\lambda/(\mathrm{m^2 \cdot MPa^{-2} \cdot d^{-1}})$	0.15
煤层初始压力 p_0/MPa	2
钻孔瓦斯压力 p_1/MPa	0.1
钻孔半径 R_1/m	0.045
煤的密度 $\rho/(\mathrm{t \cdot m^{-3}})$	1.32
煤层瓦斯含量系数 $\alpha/(\mathrm{m^3 \cdot t^{-1} \cdot MPa^{-\frac{1}{2}}})$	20.06

一、瓦斯压力与瓦斯含量

结合表 11 – 1 中的参数,利用本章第二节中的方法解算上述 3 种模型,得到钻孔周围瓦斯压力分布曲线,如图 11 – 6 所示。常系数式模型与抛物线式模型的压力分布曲线差异较小,二者曲线几乎重合,而朗格缪尔式模型的压力分布曲线明显不同。随着抽采时间的增加,距钻孔中心相同的距离,煤层瓦斯含量逐渐减少。当抽采时间相同时,距钻孔中心相同的距离,朗格缪尔式模型的瓦斯压力小于其余两种模型。钻孔周围瓦斯压力分布不同是造成钻孔瓦斯涌出量存在差异的根本原因。

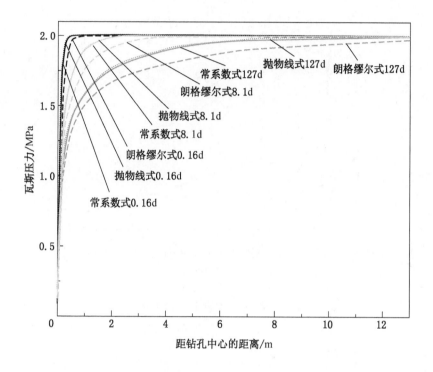

图 11 - 6　瓦斯压力分布对比曲线

　　为定量分析模型简化计算后对钻孔周围瓦斯压力分布造成的误差,分别计算常系数式模型与抛物线式模型相比于朗格缪尔式模型的相对误差,相对误差曲线如图 11 -7 所示。由图 11 -7 可以看出,靠近钻孔壁处,模型简化计算对瓦斯压力造成较大误差。随着抽采时间的增加,误差值减小,当抽采时间为 0.16d 时,常系数式模型的最大误差为 14.1% ,朗格缪尔式模型的最大误差为 10.8% 。

　　3 种模型的瓦斯含量分布曲线,如图 11 -8 所示。常系数式模型、抛物线式模型以及朗格缪尔式模型的瓦斯含量分布曲线明显脱离。随着抽采时间的增加,钻孔周围的瓦斯含量逐渐降低。当抽采时间相同时,朗格缪尔式模型、抛物线式模型的瓦斯含量远大于常系数式模型的瓦斯含量。虽然瓦斯压力的差异不十分明显,但瓦斯含量的差异却非常显著,根本原因在于图 11 -2 中瓦斯压力在 0 ~2 MPa 之间时,瓦斯含量相差悬殊。由图 11 -2 可以看出,当瓦斯含量降低相同值时,3 种模型的瓦斯压力降低值明显不同。因此,抛物线式和常系数式替代朗格缪尔式表示瓦斯含量与瓦斯压力的关系存在误差。尤其是常系数式使瓦斯含量与瓦斯压力的关系出现了质的差别,计算结果完全背离实际。

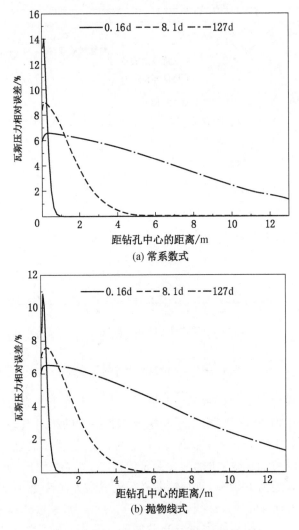

图 11-7 瓦斯压力相对误差曲线

二、钻孔瓦斯涌出速度与累计涌出量

根据程序解算模型得到各时刻的瓦斯压力,从而得到钻孔瓦斯涌出速度与累计涌出量。图 11-9 为钻孔瓦斯涌出速度与累计涌出量曲线。为了便于展现抽采初期的钻孔瓦斯涌出量数据,将横坐标进行对数化处理。由图 11-9 可以看出,钻孔抽采初期,常系数式模型与抛物线式模型的钻孔瓦斯涌出速度较接近,分别为

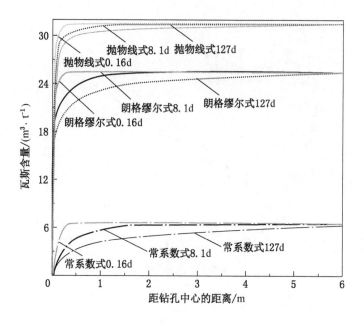

图 11-8　瓦斯含量分布对比曲线

67.1 m³/(m²·d)、69.3 m³/(m²·d)，明显大于朗格缪尔式模型的钻孔瓦斯涌出量 60.5 m³/(m²·d)，且朗格缪尔式曲线下降速度较快，因此，朗格缪尔式模型的累计涌出量小于其余两种模型。

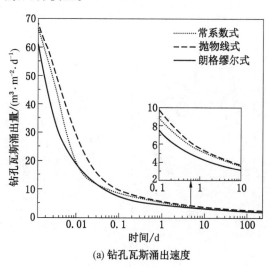

(a) 钻孔瓦斯涌出速度

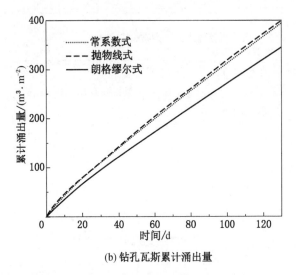

(b) 钻孔瓦斯累计涌出量

图 11 - 9　钻孔瓦斯涌出速度与累计涌出量

定量计算常系数式与抛物线式相比于朗格缪尔式的相对误差,如图 11 - 10 所示。抽采初期,相比于朗格缪尔式模型,抛物线式模型与常系数式模型的钻孔瓦斯涌出速度的相对误差约为 9.8% 。抽采时间增加,3 种模型曲线的下降趋势不同,常系数式模型与抛物线式模型的相对误差先增大后减小,二者的最大相对误差分别为 60.2% 、39.4% 。0.013d 左右,常系数式模型曲线与朗格缪尔式模型曲线交

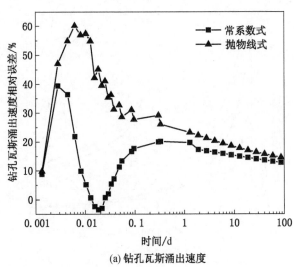

(a) 钻孔瓦斯涌出速度

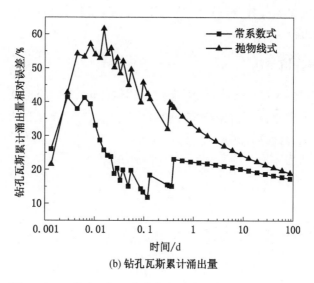

图 11-10　钻孔瓦斯涌出速度与累计涌出量相对误差曲线

叉,且小于朗格缪尔式模型。抽采后期,抛物线式模型与常系数式模型的相对误差稳定于 15% 。二者的累计涌出量大于朗格缪尔式,抽采后期相对误差趋于 18% 。综上所述,常系数式模型与抛物线式模型对于钻孔瓦斯涌出速度、累计涌出量的计算误差较大,在工程应用中不可忽略。尤其在抽采初期,钻孔瓦斯涌出量的错误计算严重影响瓦斯事故的预判。

第四节　煤层透气性系数的计算与修正

煤层透气性系数是钻孔瓦斯抽采的重要指标,反映钻孔周围瓦斯流动的难易程度。准确有效地测定煤层透气性系数在煤层瓦斯抽采应用中显得尤为重要。目前,以钻孔径向流量法应用最为广泛。为了反演煤层透气性系数,该方法将钻孔瓦斯流量方程式转化为无因次方程式,得到无因次流量准数与无因次时间准数的曲线,并根据方程得到透气性系数的计算公式,通过试算找到合适的煤层透气性系数。模型中瓦斯含量与压力的关系与实际情况存在巨大差异,使煤层透气性系数的计算误差不可估量,并且某些情况下无法找到合适的计算公式,或者得到多个结果。因此,有必要建立准确的钻孔瓦斯流动模型并使用新的方法测定煤层透气性系数。基于上述问题,以朗格缪尔式瓦斯含量模型和达西定律为基础,建立无因次钻孔瓦斯流动模型,将模型解算结果进行拟合,得到煤层透气性系数的计算公式,纠正钻孔径向流量法计算煤层透气性系数存在的问题,提出准确有效的计算煤层透气性系数新方法。

一、钻孔径向流量法

为了反演得到煤层透气性系数,借助于相似理论,设定无因次准则,将钻孔瓦斯流动模型无因次化,得到无因次流量准数与无因次时间准数的曲线,并根据方程得到透气性系数的计算公式。

设压力准数为

$$E = \frac{P - P_1}{P_0 - P_1} \qquad (11-22)$$

距离准数为

$$L = \frac{r}{R_1} \qquad (11-23)$$

时间准数为

$$F_0 = \frac{4\lambda P_0^{\frac{3}{4}}}{\alpha R_1^2}t \qquad (11-24)$$

将式(11-22)~式(11-24)代入式(11-12),得到无因次常系数式模型:

$$\frac{\partial E}{\partial F_0} = \frac{1}{L}\frac{\partial}{\partial L}\Big(L\frac{\partial E}{\partial L}\Big) \qquad (11-25)$$

边界条件与初始条件可转换为

$$\begin{cases} L = 1, E = 0 \quad (0 < F_0 < \infty) \\ L \to \infty, E = 1, \dfrac{\partial E}{\partial L} = 0 \quad (0 < F_0 < \infty) \\ F_0 = 0, E = 1 \end{cases} \qquad (11-26)$$

流量准数 Y 的计算公式如下:

$$Y = \frac{q_z R_1}{\lambda(p_0^2 - p_1^2)} \qquad (11-27)$$

式中 q_z——钻孔单位面积的瓦斯涌出量,m³/(m²·d)。

同理,使用本章第二节中的方法求解无因次常系数式模型得到钻孔瓦斯涌出速度曲线。如图11-11中曲线所示,将曲线分段拟合,得到均质煤层径向不稳定流动方程,如图11-11中虚线所示,并由方程推导煤层透气性系数计算公式,通过试算得到煤层透气性系数。

214

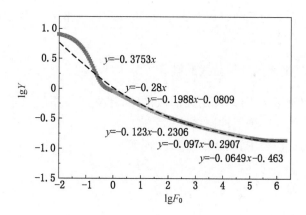

图 11-11　煤层径向不稳定流动曲线

根据图 11-11 中拟合得到的 6 个分段方程式,得到流量准数 Y 与时间准数 F_0 的关系如下:

$$\begin{cases} F_0 = 10^{-2} \sim 1.0, Y = F_0^{-0.38} \\ F_0 = 1.0 \sim 10, Y = F_0^{-0.28} \\ F_0 = 10 \sim 10^2, Y = 0.93F_0^{-0.20} \\ F_0 = 10^2 \sim 10^3, Y = 0.588F_0^{-0.12} \\ F_0 = 10^3 \sim 10^5, Y = 0.512F_0^{-0.10} \\ F_0 = 10^5 \sim 10^7, Y = 0.344F_0^{-0.065} \end{cases} \qquad (11-28)$$

由此得到的煤层透气性系数的计算公式见表 11-2。

表 11-2　煤层透气性系数的计算公式

流量准数	参数	时间准数 F_0	透气性系数 λ
$F_0 = B\lambda$	$A = \dfrac{qR_1}{p_0^2 - p_1^2}$	$10^{-2} \sim 1.0$	$\lambda = A^{1.61}B^{0.61}$
		$1.0 \sim 10$	$\lambda = A^{1.39}B^{0.39}$
		$10 \sim 10^2$	$\lambda = 1.10A^{1.25}B^{0.25}$
$Y = \dfrac{A}{\lambda}$	$B = \dfrac{4tp_0^{1.5}}{\alpha R_1^2}$	$10^2 \sim 10^3$	$\lambda = 1.83A^{1.14}B^{0.14}$
		$10^3 \sim 10^5$	$\lambda = 2.10A^{1.11}B^{0.11}$
		$10^5 \sim 10^7$	$\lambda = 3.14A^{1.07}B^{0.07}$

通过表 11 − 2 中的模型解算方法,完全可以求解朗格缪尔式模型,从而得到准确的煤层透气性系数计算公式。

二、煤层透气性系数计算公式的推导

与钻孔径向流量法相似,设定无因次准则,建立朗格缪尔式无因次模型,拟合计算结果得到新的煤层透气性系数计算公式。

在朗格缪尔式模型中,设无因次压力 Z 为

$$Z = b^2 P \tag{11-29}$$

无因次距离为

$$L = \frac{r}{R_1} \tag{11-30}$$

无因次时间为

$$F_0 = \frac{\lambda t}{\rho ab^2 R_1^{\ 2}} \tag{11-31}$$

将式(11 − 29) ~ 式(11 − 31)代入式(11 − 5),可得无因次朗格缪尔式模型:

$$\begin{cases} \dfrac{\partial\left(\dfrac{1}{1 + \dfrac{1}{\sqrt{Z}}}\right)}{\partial F_0} = \dfrac{1}{L}\dfrac{\partial}{\partial L}\left(L\dfrac{\partial Z}{\partial L}\right) \\ Z = Z_0 = b^2 p_0^2 \quad (F_0 = 0) \\ Z = Z_1 = b^2 p_1^2 \quad (F_0 > 0, L = 1) \\ Z = Z_0 = b^2 p_0^2 \quad (F_0 > 0, L \to \infty) \end{cases} \tag{11-32}$$

同理,利用本章第二节中的方法解算无因次模型,得到 j 时刻无因次钻孔瓦斯涌出速度 Q_j:

$$Q_j = \frac{Z_1^j - Z_0^j}{L_1 - L_0} \tag{11-33}$$

无因次钻孔瓦斯累计涌出量 Q_z 为各个时间段涌出量之和:

$$Q_z = \sum_{j=1}^{k} Q_j \Delta T_j \tag{11-34}$$

式中 k——总时间步数。

解算可得到无因次钻孔瓦斯涌出速度、无因次钻孔瓦斯累计涌出量与无因次时间的关系曲线。对于不同的煤矿,当吸附常数 b、煤层初始压力 p_0、钻孔瓦斯抽采压力 p_1 变化时,边界条件中的 Z_0、Z_1 也会随之发生变化,模型得到不同的解算

结果。由于篇幅所限,列举某矿参数,取吸附常数 b 为 1.5 MPa^{-1},煤层原始瓦斯压力 p_0 为 1 MPa,钻孔中瓦斯压力 p_1 为 0.1 MPa,得到如图 11-12、图 11-13 所示的关系曲线,图中横坐标为对数坐标。

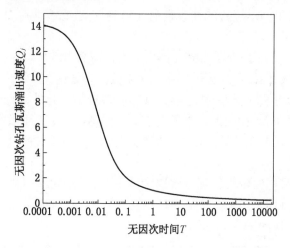

图 11-12　无因次钻孔瓦斯涌出速度与无因次时间的关系

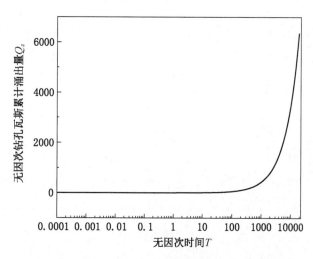

图 11-13　无因次钻孔瓦斯累计涌出量与无因次时间的关系

将式(11-29)~式(11-31)代入式(11-33)与式(11-34),得到有因次量与无因次量的关系式:

$$q_j = \frac{\lambda}{b^2} Q_j \tag{11-35}$$

$$q_z = \rho a R_1^2 Q_z \qquad (11-36)$$

为反演煤层透气性系数,将图 11-13 中的曲线进行拟合可得到无因次钻孔瓦斯累计涌出量与无因次时间的方程式。将式(11-29)、式(11-36)代入拟合得到的方程式中,则可得到煤层透气性系数的计算关系式,结合实际参数,便可求得煤层透气性系数。

同理,将图 11-12 拟合可得到无因次钻孔瓦斯涌出速度与无因次时间的方程式。按照上述方法,同样可计算煤层透气性系数。现场钻孔实测时,瞬时速度的跳跃性较大,累计后可消除误差,并且累计量的波动较小。此外,对比式(11-35)与式(11-36),钻孔累计涌出量 q_z 中不含有 λ,计算煤层透气性系数时较容易。因此,对无因次钻孔瓦斯累计涌出量与无因次时间的关系曲线进行拟合,用于反演煤层透气性系数。

钻孔瓦斯抽采初始阶段受到较多因素的影响,规律性不明显。当无因次时间 $T > 1$ 时,进入正规阶段,因此,取图 11-13 中 $T > 1$ 的曲线做数据处理后进行拟合,拟合关系曲线如图 11-14 所示。

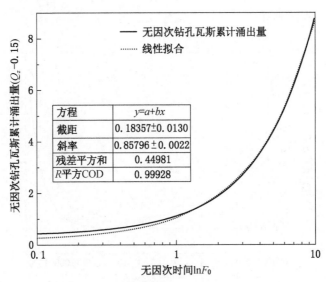

方程	$y=a+bx$
截距	0.18357 ± 0.0130
斜率	0.85796 ± 0.0022
残差平方和	0.44981
R平方COD	0.99928

图 11-14 煤层透气性系数拟合关系曲线

根据图 11-14 中的拟合公式,无因次钻孔瓦斯累计涌出量与无因次时间的函数关系如下:

$$\ln(Q_z - 0.15) = 0.858F_0 + 0.1836 \qquad (11-37)$$

结合式(11-33)、式(11-34)可知,Q_z、F_0 与 Z_1 关系不大,几乎是 Z_0 的单值

函数。

将无因次量转换成有因次量,可得煤层透气性系数计算公式如下:

$$\lambda = \frac{0.8074}{t}\rho a R_1^2 b^2 \left(\frac{q_z}{2\pi L_d \rho a R_1^2} - 0.15\right)^{1.1655} \qquad (11-38)$$

设参数 A、B 分别为

$$\begin{cases} A = \rho a R_1^2 b^2 \\ B = 2\pi L_d \rho a R_1^2 \end{cases} \qquad (11-39)$$

则煤层透气性系数 λ 的计算公式为

$$\lambda = \frac{0.8074}{t} A \left(\frac{q_z}{B} - 0.15\right)^{1.1655} \qquad (11-40)$$

对于不同的煤矿,b、p_0 不同 ,则 Z_0 不同,拟合得到的系数也不同。因此,煤层透气性系数 λ 的计算公式可表示为

$$\lambda = \frac{c}{t} A \left(\frac{q_z}{B} - 0.15\right)^n \qquad (11-41)$$

为得到参数 c、n 的计算公式,根据 b 值的取值范围 $0.5 \sim 5\ MPa^{-1}$,取 b 分别为 $0.5\ MPa^{-1}$、$1.5\ MPa^{-1}$、$2.5\ MPa^{-1}$、$3.5\ MPa^{-1}$、$4.5\ MPa^{-1}$,p_0 分别为 $0.5\ MPa$、$1\ MPa$、$1.5\ MPa$、$2\ MPa$、$2.5\ MPa$、$3\ MPa$、$3.5\ MPa$、$4\ MPa$、$4.5\ MPa$,二者排列交叉组合代入程序中解算,重复上述拟合步骤,得到不同 c、n 值,继续拟合得到参数 c、n 与 Z_0、bp_0 的关系式,如图 $11-15$ 所示。参数 c、n 的计算公式如下:

$$\begin{cases} c = 1.5843(bp_0)^{-1.632} \\ n = -0.054\ln(bp_0) + 1.1863 \end{cases} \qquad (11-42)$$

综上所述,式($11-40$)、式($11-41$)以及式($11-42$)构成新的煤层透气性系数计算公式[式($11-43$)]。在工程应用中,根据现场实际情况,将煤储层实际参数代入计算公式中,结合实测钻孔瓦斯数据,便可计算煤层透气性系数。新的计算公式修正常系数式模型简化计算引起的误差,改变了烦琐的试算过程。

$$\lambda = \frac{c}{t} A \left(\frac{q_z}{B} - 0.15\right)^n$$

$$\begin{cases} c = 1.5843(bp_0)^{-1.632} \\ n = -0.054\ln(bp_0) + 1.1863 \\ A = \rho a R_1^2 b^2 \\ B = 2\pi L_d \rho a R_1^2 \end{cases} \qquad (11-43)$$

钻孔径向瓦斯流动模型及其应用是研究瓦斯抽采和防治的理论基础。通过求

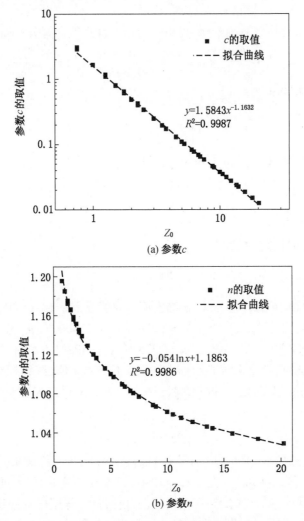

(a) 参数 c

(b) 参数 n

图 11-15　参数 c、n 拟合关系曲线

解常系数式、抛物线式、朗格缪尔式模型,定量分析模型简化对瓦斯含量分布、瓦斯压力分布、钻孔瓦斯涌出速度、累计涌出量以及煤层透气性系数等计算结果的误差。

　　抛物线式模型形式相对简单,但方程仍为二阶非线性偏微分方程,需迭代计算,简化过程缺乏实质性意义,且对实际情况预测出现偏差。建立钻孔瓦斯流动模型时,瓦斯含量应符合朗格缪尔式而非抛物线式。

　　对于常系数式模型,计算时将变量 $P_{0.75}$ 直接转换为常数,无须迭代计算。模型将瓦斯含量随瓦斯压力的变化曲线从上凸型转变为上凹型,完全脱离实际。通过算例定量分析,常系数式模型出现较大误差,将解算结果应用到煤层透气性系数计算中,使煤层透气性系数的计算误差不可估量,不可能得到正确的结果。此外,一些学者在使用钻孔径向流量法计算煤层透气性系数时,不仅试算过程较烦琐,在实际工程中得到的透气性系数会因测试时间的不同而不同,有时计算结果较悬殊。虽然有些学者对此问题进行了修正,但仅限于修正煤层透气性系数计算公式,并没有从根本上对钻孔瓦斯流动模型进行修正。

第十二章 掘进工作面瓦斯涌出的无因次分析及预测

第一节 掘进工作面瓦斯涌出数学模型

一、移动坐标下的瓦斯涌出数学模型

井下掘进时,新的煤壁不断暴露,煤层中的瓦斯在压力梯度的作用下,经煤体中的孔隙－裂隙结构持续不断地流入工作空间,形成瓦斯涌出。影响瓦斯涌出的因素众多,如掘进巷道参数、掘进速度、煤层原始瓦斯压力以及巷道空气压力等。为简化问题,突出主要影响因素之间的相互关系,假设:①巷道周围煤体为连续、各向同性的均匀介质;②煤层中的游离瓦斯视为理想气体,流动过程为等温过程,符合达西定律;③煤层底板不透气,没有瓦斯流动;④煤层中的瓦斯吸附量符合朗格缪尔方程,那么瓦斯含量可表示为

$$w = \frac{abp}{1 + bp} + Bnp \qquad (12-1)$$

式中　　w——瓦斯含量,m^3/t;

　　　　a、b——吸附常数,m^3/t、MPa^{-1};

　　　　B——系数,在假设条件④下为常数,$m^3/(t \cdot MPa)$;

　　　　n——煤的孔隙率;

　　　　p——煤体内的瓦斯压力,MPa。

通常使用比流量来表示标准大气压下单位时间、单位面积煤壁涌出的瓦斯量,根据达西定律,它与压力平方沿壁面法线方向的变化率成正比,即

$$q = -\lambda \frac{\partial P}{\overrightarrow{\partial n}} \qquad (12-2)$$

式中　q——瓦斯比流量,$m^3/(m^2 \cdot d)$;

　　　λ——透气系数,$m^2/(MPa^2 \cdot d)$;

P——瓦斯压力 p 的平方, MPa^2 ;

$\vec{n}$——沿法线方向的距离, m。

煤层中的瓦斯流动是一个三维问题,厚煤层中沿底板掘进煤巷时,为简便求解,所掘巷道断面可视为半圆形,则整个巷道可看作半圆柱状。假设煤层底板没有瓦斯流动,整个半圆柱煤体空间内是轴对称的,且瓦斯压力等值线与巷道是同心圆,故可用柱坐标建模。柱坐标下,巷道周围煤体中的瓦斯流动可分两部分考虑:一是迎头处瓦斯的单向流动,二是巷道周围瓦斯的径向流动。因此,建立瓦斯涌出模型时,同时考虑煤层中瓦斯的单向和径向流动,模型的解算区域及边界条件如图 12 – 1 所示,其中 Γ_1 为巷道煤壁边界、Γ_2 为解算区域边界、A—A 为巷道断面。

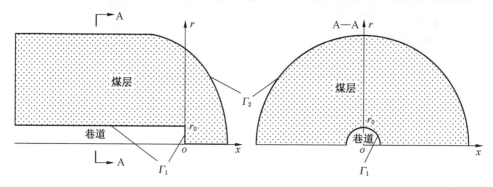

图 12 – 1　掘进工作面瓦斯流场解算区域

掘进工作面周期循环地向前推进,其掘进速度与生产工艺有关,目前理论上还不能较好地解决这类时断时续的推进问题。但从宏观时间来看,正常掘进时每天的进尺相对固定,可认为掘进工作面是匀速前进的,将坐标系建立在掘进迎头的煤壁上,并随迎头移动而移动。如图 12 – 1 所示,以迎头与底板交线的中点为坐标原点,垂直于迎头为轴向(x 方向),垂直于巷道煤壁为径向(r 方向),r_0 为巷道半径。如此,移动坐标下,任意微元体上将不断有煤体流入、流出,同时任意点上的瓦斯压力与含量将不再随时间发生变化,而与掘进速度相关。根据质量守恒定律、理想气体状态方程以及达西定律,建立移动坐标下掘进工作面周围煤体的瓦斯涌出数学模型为

$$\frac{\lambda}{\rho}\left(r\frac{\partial^2 P}{\partial x^2} + r\frac{\partial^2 P}{\partial r^2} + \frac{\partial P}{\partial r} \right) = r(-v_0)\frac{\partial w}{\partial x} \qquad (12-3)$$

式中　ρ——煤的视密度, t/m^3 ;

　　　r——柱坐标下的围岩(煤)半径, m ;

　　　v_0——掘进速度, m/d。

边界条件为

$$P\big|_{\Gamma_1} = p_0^2 \qquad P\big|_{\Gamma_2} = p_n^2 \qquad (12-4)$$

式中　p_0——煤层原始瓦斯压力,MPa;

　　　p_n——巷道空气压力,MPa。

二、瓦斯涌出数学模型的无因次化

对于不同的掘进工作面,所掘巷道的断面半径、煤层原始瓦斯压力以及煤体的瓦斯赋存参数等都不尽相同,但对掘进工作面瓦斯涌出这一类物理现象,其物理方程是相同的,其无因次方程也是相同的。由于无因次方程中不再包含变化参数,这样便可消除参数的影响,使这类问题都有同一个解,从而可以得到更具有普遍意义的规律。引入无因次准数如下。

无因次轴向距离 X:

$$X = \frac{x}{r_0} \qquad (12-5\text{a})$$

无因次径向距离 R:

$$R = \frac{r}{r_0} \qquad (12-5\text{b})$$

无因次瓦斯压力 Y:

$$Y = b^2 P \qquad (12-5\text{c})$$

无因次掘进速度 V:

$$V = \frac{ab^2 r_0 \rho v_0}{\lambda} \qquad (12-5\text{d})$$

无因次孔隙率 N_0:

$$N_0 = \frac{Bn}{ab} \qquad (12-5\text{e})$$

无因次瓦斯含量 W:

$$W = \frac{w}{a} \qquad (12-5\text{f})$$

将式(12-5c)、式(12-5e)和式(12-5f)代入式(12-1),得到无因次瓦斯含量为

$$W = \frac{1}{1 + \dfrac{1}{\sqrt{Y}}} + \sqrt{Y} N_0 \qquad (12-6)$$

则有

$$\frac{\partial W}{\partial X} = \Big[\frac{1}{2(1+\sqrt{Y})^2}\frac{1}{\sqrt{Y}} + \frac{N_0}{2\sqrt{Y}}\Big]\frac{\partial Y}{\partial X} \tag{12-7}$$

把式(12-5a)~式(12-5e)及式(12-7)中的无因次准数代入式(12-3),整理得到移动坐标下掘进工作面瓦斯涌出的无因次模型为

$$\frac{\partial}{\partial X}\Big(R\frac{\partial Y}{\partial X}\Big) + \frac{\partial}{\partial R}\Big(R\frac{\partial Y}{\partial R}\Big) + RVC\frac{\partial Y}{\partial X} = 0 \tag{12-8}$$

其中

$$C = \Big[\frac{1}{2(1+\sqrt{Y})^2}\frac{1}{\sqrt{Y}} + \frac{N_0}{2\sqrt{Y}}\Big] \tag{12-9}$$

边界条件相应变为

$$Y\big|_{\Gamma_1} = Y_0 \qquad Y\big|_{\Gamma_2} = Y_n \tag{12-10}$$

式中　Y_0——无因次原始瓦斯压力;

Y_n——无因次巷道空气压力。

由式(12-8)~式(12-10)可以看出,无因次瓦斯压力 Y 只与无因次轴向距离 X、无因次径向距离 R、无因次掘进速度 V、无因次孔隙率 N_0、无因次原始瓦斯压力 Y_0 以及无因次巷道空气压力 Y_n 有关,则有函数关系:

$$Y = f(X, R, V, N_0, Y_0, Y_n) \tag{12-11}$$

为应用有限体积法离散,通过格林公式将式(12-8)转变为积分方程:

$$\oint_{\Gamma} R\frac{\partial Y}{\partial X}dR - \oint_{\Gamma} R\frac{\partial Y}{\partial R}dX + \oint_{\Gamma} RCVYdR = 0 \tag{12-12}$$

第二节　方程离散及求解

越靠近煤壁,瓦斯压力变化越剧烈。为此,采用适应性更强的三角形单元对解算区域按等比数列进行单元划分,靠近巷道煤壁的网格较密,且迎头与巷道交汇处的网格也较密,然后沿轴向和径向逐渐稀疏,如图12-2a 所示。

有限体积法更适用于各类输运问题的求解,所得方程能保持质量、能量、动量等物理量的守恒特性,且物理意义直观明确,易于编程纠错。因此,划分单元后,采用有限体积法来离散瓦斯流场模型。解算区域在被划分为若干相连的三角形单元后,每个单元与3个节点关联,每个节点又与周围若干个单元关联。任取采空区内节点 O 进行分析,如图12-2b 所示,节点 O 与节点 A、B、C、D、E、F 相邻,与三角形单元 ①、②、③、④、⑤、⑥相关联。在每个三角单元内过其质心点作与节点 O 对边平行的直线,交点为 $H\sim M$,得到小三角形单元(1)、(2)、(3)、(4)、(5)、(6),则多边形

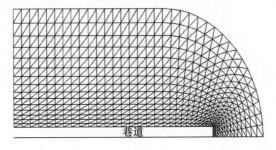

(a) 单元划分

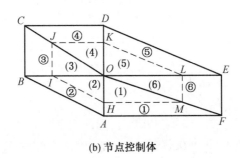

(b) 节点控制体

图 12 - 2　单元划分与节点控制体

$HIJKLM$ 为节点 O 的控制体。在该控制体区域,建立瓦斯流场的有限体积方程为

$$\sum_{e=1}^{k} R \frac{\partial Y}{\partial X}\Delta R - \sum_{e=1}^{k} R \frac{\partial Y}{\partial R}\Delta X + \sum_{e=1}^{k} RCVY\Delta R = 0 \quad (k = 6) \quad (12 - 13)$$

简写为

$$\sum_{e=1}^{k} J_l = 0 \quad (l = 1、2、\cdots、k) \quad (12 - 14)$$

式中　ΔX、ΔR——第 k 个单元内节点 O 的对边在 X、R 轴上的投影长度;

　　　　J_l——第 k 个单元对节点 O 的贡献。

式(12 - 13)和式(12 - 14)说明,与节点 O 相关联的 k 个单元都对该节点的压力有贡献,则节点 O 处的压力等于这 k 个单元的压力贡献值之和,那么对于任意一个三角形单元而言,其对 3 个顶点 i、j、m 都分别有一个压力贡献,可写成矩阵,表示为

$$\begin{Bmatrix} J_i \\ J_j \\ J_m \end{Bmatrix} = \begin{bmatrix} k_{ii} & k_{ij} & k_{im} \\ k_{ji} & k_{jj} & k_{jm} \\ k_{mi} & k_{mj} & k_{mm} \end{bmatrix} \begin{Bmatrix} Y_i \\ Y_j \\ Y_m \end{Bmatrix} \quad (12 - 15)$$

其中

$$
\begin{cases}
k_{ll} = \overline{R}\Big[-\dfrac{1}{3S_l}(b_l^2 + c_l^2) - \dfrac{4}{27}CVb_l \Big] \quad (l,n = i,j,m,且\,l \neq n) \\[3mm]
k_{ln} = k_{nl} = \overline{R}\Big[-\dfrac{1}{3S_l}(b_l b_n + c_l c_n) - \dfrac{4}{27}CVb_l \Big] \\[3mm]
b_i = R_j - R_m \quad c_i = X_m - X_j \\[2mm]
b_j = R_m - R_i \quad c_j = X_i - X_m \\[2mm]
b_m = R_i - R_j \quad c_m = X_j - X_i \\[2mm]
S_l = \dfrac{1}{2}(b_i c_j - b_j c_i)
\end{cases}
\tag{12-16}
$$

式中　　k_{ll}、k_{ln}——矩阵系数，$l,n = i,j,m$，且 $l \neq n$；

$\quad X_i$、X_j、X_m——3 个节点的压力；

$\qquad\quad\overline{R}$——单元中 3 个节点的 R 值的加权平均；

$\qquad b_l$、c_l——线性插值函数的系数；

$\qquad\quad S_l$——单元面积。

通过单元搜索，计算节点 O 所关联的每个单元对该点的压力贡献，再总体合成得到节点 O 的以压力为未知量的线性方程，然后对解算区域内的每个节点都作同样的处理，得到以节点压力为未知量的线性方程组，从而完成瓦斯流场的离散。由于瓦斯含量表达式中含有根号项，故瓦斯涌出模型是非线性方程，采用迭代法编制程序求解。

第三节　无因次瓦斯压力及含量分布

取巷道无因次半径 R_0 为 1，Y_0 为 2.696，Y_n 为 0.018，N_0 为 0.003，解算得到 V 分别为 1、10 以及 100 时巷道周围煤体中的无因次瓦斯压力及含量分布，如图 $12-3$ 所示。

由图 $12-3$ 可以看出，巷道周围煤体中的无因次瓦斯压力与含量分布等值线均呈"弹头"状。随着速度准数 V 的快速增大，瓦斯无因次压力及含量分布等值线都向巷道煤壁收拢，造成煤壁附近的无因次压力梯度和含量梯度增大，这会导致掘进工作面无因次瓦斯涌出量上升。对于实际掘进工作面，在煤层透气性系数一定的情况下，速度准数 V 只与掘进速度 v_0 相关，那么上述规律也表明掘进速度越大，瓦斯压力与含量分布等值线越向煤壁靠近，而瓦斯涌出量也越大。这是因为煤层中的瓦斯压力及含量分布都是通过瓦斯在煤层中的渗流完成的，是一个较缓慢的过程，掘进速度越大，新煤壁暴露速度越快，意味着瓦斯在煤层中的渗流时间越短，因而瓦斯压力及含量分布越靠近煤壁。

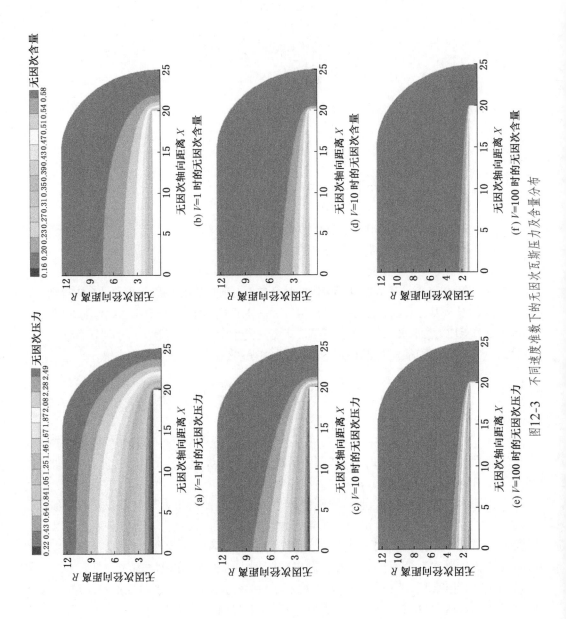

图12-3 不同速度准数下的无因次瓦斯压力及含量分布

第四节　无因次瓦斯涌出量

一、无因次比流量

引入无因次瓦斯比流量 M：

$$M = \frac{b^2 r_0}{\lambda} q \qquad (12-17)$$

将式(12-5c)和式(12-17)代入式(12-2)，可得无因次瓦斯比流量为

$$M = -\left(\frac{\partial Y}{\partial X}\vec{i} + \frac{\partial Y}{\partial R}\vec{j}\right) = -(M_X\vec{i} + M_R\vec{j}) \qquad (12-18)$$

式中，M_X、M_R 分别为无因次比流量 M 在轴向和径向上的分量，可以用离散形式表示为

$$\begin{cases} M_X = -\dfrac{\partial Y}{\partial X} = -\dfrac{1}{2S_l}(b_i Y_i + b_j Y_j + b_m Y_m) \\ M_R = -\dfrac{\partial Y}{\partial R} = -\dfrac{1}{2S_l}(c_i Y_i + c_j Y_j + c_m Y_m) \end{cases} \qquad (12-19)$$

则无因次比流量的模 $|M|$ 为

$$|M| = \sqrt{|M_X|^2 + |M_R|^2} \qquad (12-20)$$

本章第三节已经得到了不同节点的无因次瓦斯压力，代入式(12-19)可以得出各个单元的无因次比流量在轴向和径向上的分量，再由式(12-20)计算无因次比流量的模，最后得到无因次比流量分布，如图12-4所示。

由图12-4可以看出，无因次比流量在迎头和巷道端头附近分布明显，其值在迎头和巷道的交汇处最大，然后沿 X 和 R 方向逐渐减小；随着速度准数的增大，迎头及巷道端头处煤壁的无因次比流量快速增大，速度准数为10时的最大无因次比流量是速度准数为1时的3倍。这表明掘进速度越快，煤壁瓦斯涌出速度越大，其中迎头与巷道所形成的角落处的瓦斯涌出速度较大，易形成瓦斯积聚，是瓦斯灾害的重点治理区域。

二、无因次瓦斯涌出量

由无因次瓦斯比流量可以计算无因次瓦斯涌出量，无因次瓦斯涌出量反映了在无量纲条件下的研究区域内瓦斯涌出量的大小，可用于评估该区域的瓦斯危险性。分别计算迎头处的无因次瓦斯涌出量 Q_X 和巷道周围的无因次瓦斯涌出量

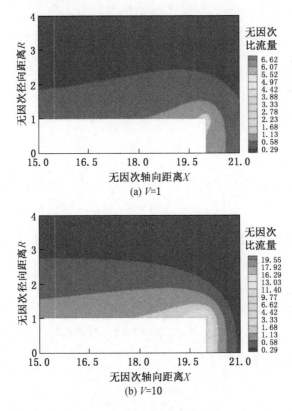

图 12 - 4 无因次比流量分布

Q_R,见式(12 - 20),用以分析两者与掘进速度准数之间的变化关系。

$$\begin{cases} Q_X = \sum_{i=1}^{k} \left[M_{Xi} \times \pi(R_{i+1}^2 - R_i^2)/2 \right] & (i = 0、1、2、\cdots、k) \\ Q_R = \sum_{j=1}^{k} \left[M_{Rj} \times \pi R_0(X_{j+1} - X_j) \right] & (j = 0、1、2、\cdots、k) \end{cases} \quad (12-21)$$

式中 M_{Xi}——迎头煤壁处第 i 个单元的轴向无因次比流量;

           M_{Rj}——巷道煤壁处第 j 个单元的径向无因次比流量;

     $R_{i+1}、R_i$——迎头煤壁处相邻两节点的 R 坐标;

     $X_{j+1}、X_j$——巷道煤壁处相邻两节点的 X 坐标;

           R_0——巷道的无因次半径。

    通过计算得到迎头处、巷道(无因次长度 $X = 20$)以及总计的无因次瓦斯涌出量,如图 12 - 5 所示。

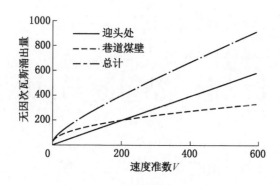

图 12 - 5　无因次瓦斯涌出量

　　由图 12 - 5 可以看出,掘进速度准数越大,总的无因次瓦斯涌出量越大。随着掘进速度准数的增大,迎头处的无因次瓦斯涌出量呈直线上升,而巷道处的无因次涌出量呈抛物线上升。当速度准数 V 较小时,巷道处的无因次涌出量大于迎头处;当 $V > 208$,迎头处的无因次涌出量开始超过巷道处,此后两者相差越来越大。虽然迎头处的涌出面积较小,但当速度准数快速增大后,该处的无因次比流量增加得更快,故迎头处的无因次涌出量增速更大。

　　实际应用时,可将井下具体参数,如煤体密度、瓦斯赋存参数、煤层透气性系数、原始瓦斯压力以及巷道参数等代入无因次压力、无因次涌出量的解算结果,整理后便可预测掘进条件下的实际瓦斯涌出量。

第十三章 结 论 与 展 望

第一节 结 论

（1）压汞法测煤体孔隙结构参数时，基于热力学模型研究煤粒孔隙的分形特征是合适的，相对来说比 Menger 海绵模型更合理。煤体粒度和煤阶是影响分形维数的两个重要因素。粒度对分形维数的影响较小，而煤粒孔隙分形维数 D_T 则随着煤阶的升高而减小。

（2）煤粒中的瓦斯吸附和解吸过程是一个可逆的过程，影响吸附解吸能力的主要因素包括孔隙结构、温度、压力、水分、煤变质程度、粒度等。煤的吸附常数可以通过朗格缪尔单分子层等温吸附方程获得。虽然经过几十年的发展，出现了许多瓦斯解吸经验公式，但是它们都有彼此的局限性，本书提出了一种较为合理和准确的瓦斯解吸经验公式$\left(Q_j = \dfrac{ABt^n}{1 + Bt^n} \right)$，它与实验数据的拟合相关性达到 0.99 以上，表明它能够全时段表征瓦斯解吸量的变化趋势。

（3）瓦斯吸附解吸量随着初始压力的增大而增大，速率随着时间的不断增加而有逐渐降低的趋势。煤阶越高，累计吸附量和解吸量越大。另外粒径越大，累计吸附量和解吸量越大，速率越小。另外，定容和定压条件下的累计吸附解吸实验曲线形状相类似。讨论定压和定容条件下的吸附特性发现，定容和定压两种实验条件下测得的常数 a 值相差不大，这也符合 a 表示极限瓦斯吸附量的定义，a 只与煤粒中的吸附位有关。但是，定压实验中吸附瓦斯气体分子的速率更快，达到吸附平衡的时间也更短，b 值比定容条件下大。

（4）基于菲克定律（浓度梯度驱动流）构建的煤粒瓦斯扩散模型的预测结果与实验相差较大，表明菲克定律不太适用于煤粒瓦斯扩散的建模工作。目前很多学者依然采用菲克扩散理论的原因是菲克定律的微分方程易于求解，而且可以得到理论解。这虽然简化了一些繁杂的解散工作，但是它的准确性不高，很多实验数据已经证明了菲克扩散理论有问题。理论上菲克扩散计算不准确的主要原因是错误地假设了吸附气体参与了气体扩散。

(5)基于达西定律(压力梯度驱动流)构建的煤粒瓦斯扩散模型的预测结果虽然可以与实验数据相匹配,但是其关键系数——瓦斯透气性系数随着压力的增大呈现负指数急剧下降的趋势。而一些实验结果证明,这是不正常现象,达西渗流模型也不能很好地解释气体在煤基质/粒中的运移。事实上,根据达西定律,气体流动速度与压力梯度成正比,这是造成不同压力条件下渗透率变化较大的根本原因。理论上达西定律描述的是速度流量,它的适用范围是存在边界层的大孔或裂隙之中的流动。而煤基质中大多数是一些微小孔隙,将达西定律应用到煤基质或煤粒中也受到一些质疑。

(6)事实上,游离态和吸附态瓦斯是煤体中仅有的两种含气形式。它们不仅在数量上不同,而且在气体输运行为上也不同。吸附态瓦斯几乎不参与流动,但其数量与煤孔隙表面积有关,而游离态瓦斯由于气体分子的自由运动而与孔隙空间有关。吸附扩散过程是瓦斯从游离态转化为吸附态,解吸扩散过程是瓦斯从吸附态转化为游离态。因此,煤基质中的瓦斯流动应该是由游离瓦斯密度梯度所驱动的。基于游离瓦斯密度梯度所建立的吸附或解吸扩散模型的预测结果均与实验数据保持一致,而且它比浓度驱动的菲克定律以及压力梯度驱动的达西定律更加合理准确。

(7)菲克扩散模型中的扩散系数必须随时间和压力发生变化才能使模拟值与实验值相匹配,其随煤的挥发分及煤阶呈现"U"形变化。达西渗流模型中的透气性系数与时间无关,它必须随着压力变化才能使预测结果和实验值相吻合,其随着煤的挥发分呈现先急剧减小后缓慢减小的趋势。游离瓦斯密度梯度模型中的微孔道扩散系数与时间和压力无关,其随着煤的挥发分呈现"U"形分布特征。推荐使用游离瓦斯密度梯度驱动的瓦斯扩散理论来预测煤粒/煤基质的瓦斯扩散量以及煤层气产生量。

(8)将煤粒视作规则的球状、圆柱状和平板状的模拟结果均与实验数据保持较高的匹配程度,但其微孔道扩散系数却存在较大的差异。球状煤粒的微孔道扩散系数值最小,圆柱状煤粒次之,平板状煤粒最大。由于球状、圆柱状和平板状煤粒代表极端紧凑和无限大两种极端形状的煤粒。因此在研究实际形状煤粒的瓦斯吸附工作中,也可将煤粒简化为对应煤粒当量直径条件下的球状煤粒进行处理。

(9)单质气体中 CO_2 的吸附作用最强,CH_4 次之,N_2 最小。不同气体的微孔道扩散系数中 CO_2 最大,CH_4 和 N_2 的大小关系因煤样而异。通过 $CO_2 - N_2$ 以及 $CO_2 - O_2$ 的竞争吸附实验和建模可知,煤样吸附 $CO_2 - O_2$ 中 CO_2 组分的吸附量和微孔道扩散系数均大于 $CO_2 - N_2$ 中 CO_2 的吸附量和微孔道扩散系数,且这种大小关系与煤样的变质程度无关。各煤样 CO_2 的微孔道扩散系数值均随着煤样挥发分的升高而降低,符合负指数式关系,而且相关性系数达到0.99以上。

(10)采用朗格缪尔式瓦斯含量和抛物线式瓦斯含量方程建立了3种钻孔径向瓦斯流动数学模型(常系数式、抛物线式和朗格缪尔式),结合相似准则和有限差分法计算并明确煤层透气性系数计算公式的误差,抛物线式对模型计算并没有实质性简化作用,煤层瓦斯含量应选用朗格缪尔式。常系数式模型的简化计算在本质上偏离了瓦斯吸附特性,对计算钻孔瓦斯涌出量、煤层透气性系数等造成较大误差,偏离实际情况。目前煤层透气性系数的计算方法在理论依据和工程应用中均存在问题。本书提出了新的煤层透气性系数计算表达式,能够从根源上修正现有方法的计算误差,改变其烦琐的试算过程。

(11)在移动坐标下建立了掘进工作面瓦斯涌出数学模拟,引入无因次准数将模型无因次化,利用有限体积法完成了模型离散,设计并编制了解算程序,为定量分析掘进速度对瓦斯涌出规律的影响提供了平台;研究了掘进速度准数对无因次瓦斯压力和含量分布的影响。结果表明,掘进速度准数越大,巷道周边煤体中无因次瓦斯压力及含量的分布等值线越向煤壁靠拢,导致煤壁附近的无因次压力梯度和含量梯度越大;研究分析了掘进速度准数对无因次瓦斯涌出量的影响。结果表明,掘进速度准数越大,掘进工作面及周边巷道的无因次瓦斯涌出量越大,并且由于迎头及巷道顶端附近的无因次瓦斯涌出量很大,易形成瓦斯积聚,因而是瓦斯灾害的重点防治区域。

第二节　展　　望

(1)煤中的孔隙结构十分不规则,而且受煤层开采扰动的影响,孔裂隙不断发育连通,会产生更多更复杂的气体流动通道,尚需采用一些先进的技术手段如微流控技术、CT等对煤孔隙结构特征进行细致精确的研究,之后再对气体的流动状态、影响因素进行钻研探讨。

(2)本书提出的煤中游离瓦斯密度梯度理论相对于菲克理论和达西理论还略显不成熟,目前只是利用某些特定煤样、特定压力、特定气体等外界条件的吸附解吸实验数据进行了验证。实验是检验真理的唯一标准,作为一种新提出来的理论,游离瓦斯密度梯度理论需要经过大量的不同条件下实验数据广泛验证。

(3)在围绕游离瓦斯密度梯度理论建模及解算时,本书做了一些理想化假设,如没有考虑煤粒吸附解吸过程中的变形效应、孔隙结构不发生变化、没考虑水分影响,等等。这些假设是简化建模过程中不得不做的,但是实际状态和理想状态还是有些差别的,接下来的工作应该落脚于如何尽可能使建模解算工作更符合实际情况。

（4）采空区存在的气体种类繁多，而采空区通常含有较多遗煤，所以这些气体不可避免地在遗煤表面吸附或者流入遗煤内部孔裂隙中。这些气体之间的竞争吸附作用以及它们和氧气气体之间的驱替置换作用影响煤的氧化特性，对预防采空区自然发火灾害也有一定的启示。本书只考虑了 $CO_2 - O_2$ 还有 $CO_2 - N_2$ 的竞争吸附，今后还要针对多种气体种类以及不同气体组合方式下的气体运移规律开展专门的研究。

（5）目前的一些煤层原始瓦斯含量、突出指标、钻屑瓦斯解吸量等参数测定方法的理论基础大都是菲克定律，如测定瓦斯含量时的瓦斯损失量就是根据 $\sqrt{t}$ 法，$\sqrt{t}$ 法是在菲克理论解的基础上获得的。实验证明菲克理论存在争议。如何运用本书提出的游离瓦斯密度梯度理论来改进这些关键参数的测定方法也是今后的重点工作。

（6）钻孔径向瓦斯流动模型及其应用是研究瓦斯抽采和防治的理论基础。有些学者在使用钻孔径向流量法计算煤层透气性系数时，不仅试算过程较烦琐，在实际工程中得到的透气性系数会因测试时间的不同而不同，有时计算结果相悬殊。本书利用数值方法建立了新的煤层透气性系数计算公式，虽然在理论和计算方法上都较合理，但是没有经过现场实测数据检验。今后需要收集各矿新的和历史的数据来验证新公式，丰富透气性系数计算方法。

参 考 文 献

[1]周世宁.煤层瓦斯赋存与流动理论［M］.北京:煤炭工业出版社,1999.

[2]王俊峰,张力,赵东.温度及含水率对切削原煤吸附瓦斯特性的影响［J］.煤炭学报,
2011,36(12):2086-2091.

[3]王刚,程卫民,潘刚.温度对煤体吸附瓦斯性能影响的研究［J］.安全与环境学报,2012,
12(5):231-234.

[4]张天军,许鸿杰,李树刚,等.温度对煤吸附性能的影响［J］.煤炭学报,2009,34(6):
802-805.

[5]何晓东.温度对 Langmuir 吸附常数影响的实验研究［J］.煤矿安全,2016,47(7):18-21,
6.

[6]陈向军,刘军,王林,等.不同变质程度煤的孔径分布及其对吸附常数的影响［J］.煤炭学
报,2013,38(2):294-300.

[7]林海飞,蔚文斌,李树刚,等.低阶煤孔隙结构对瓦斯吸附特性影响的试验研究［J］.煤炭
科学技术,2016,44(6):127-133.

[8]张群,杨锡禄.平衡水分条件下煤对甲烷的等温吸附特性研究［J］.煤炭学报,1999(6):
566-570.

[9]周蒲生,李国红.特厚煤层综放开采抽放瓦斯技术分析［J］.煤矿安全,2003(6):8-10.

[10]俞启香.矿井瓦斯防治［M］.徐州:中国矿业大学出版社,1992.

[11]张子敏.中国煤层瓦斯分布特征［M］.北京:煤炭工业出版社,1998.

[12]孙培德,鲜学福,茹宝麒.煤层瓦斯渗流力学研究现状和展望［J］.煤炭工程师,1996(3):
23-30.

[13]周世宁,孙辑正.煤层瓦斯流动理论及其应用［J］.煤炭学报,1965(1):24-37.

[14]俞善炳.恒稳推进的煤与瓦斯突出［J］.力学学报,1988(2):97-106.

[15]杨其銮,王佑安.煤屑瓦斯扩散理论及其应用［J］.煤炭学报,1986(3):87-94.

[16]聂百胜,何学秋,王恩元.瓦斯气体在煤层中的扩散机理及模式［J］.中国安全科学学报,
2000(6):27-31.

[17]何学秋,聂百胜.孔隙气体在煤层中扩散的机理［J］.中国矿业大学学报,2001(1):
3-6.

[18]聂百胜,郭勇义,吴世跃,等.煤粒瓦斯扩散的理论模型及其解析解［J］.中国矿业大学
学报,2001(1):21-24.

[19]周世宁.瓦斯在煤层中流动的机理［J］.煤炭学报,1990(1):15-24.

[20]吴世跃.煤层瓦斯扩散与渗流规律的初步探讨［J］.山西矿业学院学报,1994(3):
259-263.

[21]孙培德,鲜学福.煤层瓦斯渗流力学的研究进展［J］.焦作工学院学报(自然科学版),
2001(3):161-167.

[22] 田智威. 煤层气渗流理论及其研究进展 [J]. 地质科技情报, 2010, 29(1): 61 – 65.

[23] 陶云奇, 许江, 李树春, 等. 煤层瓦斯渗流特性研究进展 [J]. 煤田地质与勘探, 2009, 37 (2): 1 – 5.

[24] 唐书恒. 煤储层渗透性影响因素探讨 [J]. 中国煤田地质, 2001(1): 29 – 31.

[25] 刘峻杉. 煤储层渗透率影响因素探讨 [J]. 重庆师范大学学报(自然科学版), 2014, 31 (2): 100 – 104.

[26] 刘大锰, 周三栋, 蔡益栋, 等. 地应力对煤储层渗透性影响及其控制机理研究 [J]. 煤炭科学技术, 2017, 45(6): 1 – 8.

[27] 李培超, 孔祥言, 曾清红, 等. 煤层渗透率影响因素综述与分析 [J]. 天然气工业, 2002 (5): 45 – 49.

[28] 王宏图, 李晓红, 鲜学福, 等. 地电场作用下煤中甲烷气体渗流性质的实验研究 [J]. 岩石力学与工程学报, 2004(2): 303 – 306.

[29] 张广洋, 胡耀华, 姜德义. 煤的瓦斯渗透性影响因素的探讨 [J]. 重庆大学学报(自然科学版), 1995(3): 27 – 30.

[30] 孙培德. 煤层气越流的固气耦合理论及其计算机模拟研究 [D]. 重庆: 重庆大学, 1998.

[31] 汪有刚, 刘建军, 杨景贺, 等. 煤层瓦斯流固耦合渗流的数值模拟 [J]. 煤炭学报, 2001 (3): 285 – 289.

[32] 刘建军, 梁冰, 章梦涛. 非等温条件下煤层瓦斯运移规律的研究 [J]. 西安矿业学院学报, 1999(4): 302 – 308.

[33] A W C Z, B J L, B J C S, et al. Analysis of coupled gas flow and deformation process with desorption and Klinkenberg effects in coal seams – ScienceDirect [J]. International Journal of Rock Mechanics and Mining Sciences, 2007, 44(7): 971 – 980.

[34] 杨银磊. 煤粒瓦斯放散理论与实验研究 [D]. 北京: 中国矿业大学, 2017.

[35] 徐浩, 秦跃平, 毋凡, 等. 煤粒瓦斯定压吸附数学模型及数值解算 [J]. 矿业科学学报, 2021, 6(4): 445 – 452.

[36] 王亚茹. 煤粒瓦斯放散理论与实验研究 [D]. 北京: 中国矿业大学, 2013.

[37] 郝永江, 胡杰, 梁磊, 等. 煤粒瓦斯放散模型及规律研究 [J]. 北京理工大学学报, 2020, 40(10): 1057 – 1063.

[38] 何超. 封闭空间内煤粒瓦斯吸附实验与数值模拟研究 [D]. 北京: 中国矿业大学, 2018.

[39] 武德尧. 煤粒吸附 CO_2、CH_4、N_2 的实验与数值模拟研究 [D]. 北京: 中国矿业大学, 2019.

[40] WEI L, HAO X, DW C, et al. Gases migration behavior of adsorption processes in coal particles: Density gradient model and its experimental validation [J]. Process Safety and Environmental Protection, 2021(152): 264 – 277.

[41] QIN Y, XU H, LIU W, et al. Time and pressure – independent gas transport behavior in coal matrix: Model development and improvement [J]. Energy & Fuels, 2020, 34(8): 9355 – 9370.

[42] NANDI S P, JR P. Activated diffusion of methane from coals at elevated pressures [J]. Fuel,

1975, 54(2): 81 – 86.

[43] NANDI S P, JR P. Activated diffusion of methane in coal [J]. Fuel, 1970, 49(3): 309 – 323.

[44] 杨其銮. 关于煤屑瓦斯放散规律的试验研究 [J]. 煤矿安全, 1987(2): 9 – 16.

[45] 杨其銮. 煤屑瓦斯放散特性及其应用 [J]. 煤矿安全, 1987(5): 1 – 6.

[46] 杨其銮. 煤屑瓦斯放散随时间变化规律的初步探讨 [J]. 煤矿安全, 1986(4): 3 – 11.

[47] RUCKENSTEIN E, VAIDYANATHAN A S, YOUNGQUIST G R. Sorption by solids with bidisperse pore structures [J]. Chemical Engineering Science, 1971, 26(9): 1305 – 1318.

[48] SMITH D M, WILLIAMS F L. Diffusion models for gas production from coal: Determination of diffusion parameters [J]. Fuel, 1984, 63(2): 256 – 261.

[49] SHI J Q, DURUCAN S. A bidisperse pore diffusion model for methane displacement desorption in coal by CO_2 injection [J]. Fuel, 2003, 82(10): 1219 – 1229.

[50] CLARKSON C R, BUSTIN R M. The effect of pore structure and gas pressure upon the transport properties of coal: a laboratory and modeling study. 2. Adsorption rate modeling [J]. Fuel, 1999, 78(11): 1345 – 1362.

[51] 刘彦伟. 煤粒瓦斯放散规律、机理与动力学模型研究 [D]. 焦作: 河南理工大学, 2011.

[52] WILLIAMS M M R. The mathematics of diffusion [J]. Annals of Nuclear Energy, 1977, 4(4 – 5): 205 – 216.

[53] WEI Z, CHENG Y, JIANG H, et al. Modeling and experiments for transient diffusion coefficients in the desorption of methane through coal powders [J]. International Journal of Heat and Mass Transfer, 2017, 110(7): 845 – 854.

[54] STAIB G, SAKUROVS R, GRAY E. Dispersive diffusion of gases in coals. Part I: Model development [J]. Fuel, 2015, 143(3.1): 612 – 619.

[55] LIU T, LIN B, YANG W, et al. Dynamic diffusion – based multifield coupling model for gas drainage [J]. Journal of Natural Gas ence and Engineering, 2017(44): 233 – 249.

[56] KANG J, ZHOU F, XIA T, et al. Numerical modeling and experimental validation of anomalous time and space subdiffusion for gas transport in porous coal matrix [J]. International Journal of Heat and Mass Transfer, 2016, 100(9): 747 – 757.

[57] 李志强, 刘勇, 许彦鹏, 等. 煤粒多尺度孔隙中瓦斯扩散机理及动扩散系数新模型 [J]. 煤炭学报, 2016, 41(3): 633 – 643.

[58] 王健. 煤粒瓦斯放散数学模型及数值模拟 [J]. 煤炭学报, 2015, 40(4): 781 – 785.

[59] 秦跃平, 王翠霞, 王健, 等. 煤粒瓦斯放散数学模型及数值解算 [J]. 煤炭学报, 2012, 37(9): 1466 – 1471.

[60] 秦跃平, 刘鹏. 煤粒瓦斯吸附规律的实验研究及数值分析 [J]. 煤炭学报, 2015, 40(4): 749 – 753.

[61] 秦跃平, 郝永江, 王亚茹, 等. 基于两种数学模型的煤粒瓦斯放散数值解算 [J]. 中国矿业大学学报, 2013, 42(6): 923 – 928.

[62] 秦跃平, 郝永江, 刘鹏, 等. 封闭空间内煤粒瓦斯解吸实验与数值模拟 [J]. 煤炭学报, 2015, 40(1): 87 - 92.

[63] ZOU M, WEI C, MIAO Z, et al. Classifying Coal Pores and Estimating Reservoir Parameters by Nuclear Magnetic Resonance and Mercury Intrusion Porosimetry [J]. Energy & Fuels, 2013, 27 (7 - 8): 3699 - 3708.

[64] ZHAO Y, LIU S, ELSWORTH D, et al. Pore Structure Characterization of Coal by Synchrotron Small - Angle X - ray Scattering and Transmission Electron Microscopy [J]. Energy & Fuels, 2014, 28(6): 3704 - 3711.

[65] SAKUROVS R, HE L, MELNICHENKO Y B, et al. Pore size distribution and accessible pore size distribution in bituminous coals [J]. International Journal of Coal Geology, 2012(100): 51 - 64.

[66] AIREY E M. Gas emission from broken coal. An experimental and theoretical investigation [J]. International Journal of Rock Mechanics & Mining Sciences & Geomechanics Abstracts, 1968, 5 (6): 475 - 494.

[67] CHALMERS G, ROSS D, BUSTIN R M. Geological controls on matrix permeability of Devonian Gas Shales in the Horn River and Liard basins, northeastern British Columbia, Canada [J]. International Journal of Coal Geology, 2012(103): 120 - 131.

[68] WEI X R, WANG G X, MASSAROTTO P, et al. A Review on Recent Advances in the Numerical Simulation for Coalbed - Methane - Recovery Process [J]. SPE Reservoir Evaluation & Engineering, 2007, 10(6): 657 - 666.

[69] MASOUDIAN M S, AIREY D W, EL - ZEIN A. A chemo - poro - mechanical model for sequestration of carbon dioxide in coalbeds [J]. Geotechnique, 2013, 63(3): 235 - 243.

[70] SEVENSTER P G. Diffusion of gases through coal [J]. Fuel, 1959, 38(4): 403 - 418.

[71] 王佑安, 杨思敬. 煤和瓦斯突出危险煤层的某些特征 [J]. 煤炭学报, 1980(1): 47 - 53.

[72] А·Э·彼特罗祥. 煤矿沼气涌出 [M]. 北京: 煤炭工业出版社, 1983.

[73] 马晨晓, 马新生, 李太明. 矿井瓦斯涌出量预测方法的研究 [J]. 中州煤炭, 2000(3): 37 - 39.

[74] 综采工作面沼气涌出规律及预测 [J]. 煤炭工程师, 1986(1): 17 - 30.

[75] 卢平, 朱德信. 解吸法测定煤层瓦斯压力和瓦斯含量的实验研究 [J]. 淮南矿业学院学报, 1995(4): 34 - 40.

[76] 赵佩武, 郑丙键, 王彦凯. 潞安矿区 3～#煤层瓦斯解吸规律的测定 [J]. 煤, 2000(4): 38 - 40.

[77] 秦跃平, 王健, 罗维, 等. 定压动态瓦斯解吸规律实验 [J]. 辽宁工程技术大学学报(自然科学版), 2012, 31(5): 581 - 585.

[78] BOLT B A, INNES J A. Diffusion of carbon dioxide from coal [J]. Fuel, 1959(38): 333 - 337.

[79] 大牟田秀文. 煤层瓦斯涌出机理 [J]. 矿业译丛, 1982(2): 31 - 35.

[80] 渡边伊温, 辛文. 关于煤的瓦斯解吸特征的几点考察 [J]. 煤矿安全, 1985(4): 53 – 61.

[81] 贾东旭, 陈向军. 强烈地质构造煤瓦斯解吸规律的试验研究 [J]. 煤炭科学技术, 2009, 37(6): 64 – 66.

[82] 安丰华, 程远平, 吴冬梅, 等. 基于瓦斯解吸特性推算煤层瓦斯压力的方法 [J]. 采矿与安全工程学报, 2011, 28(1): 81 – 85.

[83] MANIK J, ERTEKIN T, KOHLER T E. Development and Validation of a Compositional Coalbed Simulator [J]. Journal of Canadian Petroleum Technology, 2013, 41(4): 39 – 45.

[84] WCZ A, CHW A, JLB C, et al. A model of coal – gas interaction under variable temperatures – ScienceDirect [J]. International Journal of Coal Geology, 2011, 86(2 – 3): 213 – 221.

[85] YU W, LIU J, ELSWORTH D, et al. Dual poroelastic response of coal seam to CO_2 injection [J]. International Journal of Greenhouse Gas Control, 2010, 4(4): 668 – 678.

[86] WU Y, LIU J, ELSWORTH D. Development of permeability anisotropy during coalbed methane production [J]. Journal of Natural Gas Science & Engineering, 2010, 2(4): 197 – 210.

[87] CHEN L Z. Effects of non – Darcy flow on the performance of coal seam gas wells [J]. International Journal of Coal Geology, 2012(93): 62 – 74.

[88] LIU J, CHEN Z, ELSWORTH D, et al. Evaluation of stress – controlled coal swelling processes [J]. International Journal of Coal Geology, 2010, 83(4): 446 – 455.

[89] CHEN Z, LIU J, ELSWORTH D, et al. Impact of CO_2 injection and differential deformation on CO_2 injectivity under in – situ stress conditions [J]. International Journal of Coal Geology, 2010, 81(2): 97 – 108.

[90] IZADI G, WANG S, ELSWORTH D, et al. Permeability evolution of fluid – infiltrated coal containing discrete fractures [J]. International Journal of Coal Geology, 2011, 85(2): 202 – 211.

[91] KING G R, ERTEKIN T, SCHWERER F C. Numerical Simulation of the Transient Behavior of Coal – Seam Degasification Wells [J]. Spe Formation Evaluation, 1986, 1(2): 165 – 183.

[92] CONNELL L D, MENG L. A dual – porosity model for gas reservoir flow incorporating adsorption behaviour Part II. Numerical algorithm and example applications [J]. Transport in Porous Media, 2007, 69(2): 139 – 158.

[93] WEI X R, WANG G X, MASSAROTTO P, et al. Numerical simulation of multicomponent gas diffusion and flow in coals for CO_2 enhanced coalbed methane recovery [J]. Chemical Engineering Science, 2007, 62(16): 4193 – 4203.

[94] MASSAROTTO P, WANG G, RUDOLPH V, et al. CO_2 sequestration in coals and enhanced coalbed methane recovery: New numerical approach [J]. Fuel, 2010, 89(5): 1110 – 1118.

[95] ZHI JIE, WEI, AND, et al. Coupled fluid – flow and geomechanics for triple – porosity/dual – permeability modeling of coalbed methane recovery [J]. International Journal of Rock Mechanics & Mining Sciences, 2010, 47(8): 1242 – 1253.

[96] Thararoop P, Karpyn Z T, Ertekin T. Development of a multi – mechanistic, dual – porosity, du-

al – permeability, numerical flow model for coalbed methane reservoirs[J]. Journal of Natural Gas Science and Engineering, 2012(8): 121 – 131.

[97]刘先锋. 煤体瓦斯动态吸附渗透理论与实验研究[D]. 北京:中国矿业大学, 2007.

[98]于海春. 煤中瓦斯吸附解吸渗透理论及其实验研究[D]. 北京:中国矿业大学, 2008.

[99]魏少华. 煤体瓦斯动态吸附渗透理论研究及应用[D]. 北京:中国矿业大学, 2009.

[100]王翠霞. 煤粒瓦斯解吸实验与数值模拟研究[D]. 北京:中国矿业大学, 2012.

[101]王健. 煤粒瓦斯放散数学模型及数值模拟研究[D]. 北京:中国矿业大学, 2014.

[102]郝永江. 煤体双重孔隙特征及钻孔瓦斯流动规律研究[D]. 北京:中国矿业大学, 2015.

[103]B W L A, B C H A, B Y Q A, et al. Inversion of gas permeability coefficient of coal particle based on Darcy's permeation model[J]. Journal of Natural Gas Science and Engineering, 2018 (50): 240 – 249.

[104]KAI W, FENG D, GW C. Investigation of gas pressure and temperature effects on the permeability and steady – state time of chinese anthracite coal: An experimental study[J]. Journal of Natural Gas Science and Engineering, 2017(40): 179 – 188.

[105]段文鹏. 基于瓦斯吸附实验的煤粒瓦斯流动规律研究[D]. 北京:中国矿业大学, 2021.

[106]YUEPINGQIN Z Z, HAO XU, WEI LIU, FAN WU, YUJUN ZHOU, WENPENG DUAN. Numerical solution of three mathematical models of gas adsorption in coal particle based on finite difference method[J]. Fuel, 2022(308): 122036.

[107]崔永君. 煤对 CH_4、N_2、CO_2 及多组分气体吸附的研究[D]. 北京:煤炭科学研究总院, 2003.

[108]FRIESEN W I, MIKULA R J. Fractal dimensions of coal particles[J]. Journal of Colloid & Interface Science, 1987, 120(1): 263 – 271.

[109]何超, 刘伟. 煤粒孔隙的分形模型与分形特性研究[J]. 煤炭科学技术, 2017, 45(7): 150 – 155.

[110]ZHANG B, LI S. Determination of the Surface Fractal Dimension for Porous Media by Mercury Porosimetry[J]. Industrial & Engineering Chemistry Research, 1995, 34(4): 1383 – 1386.

[111]ROOTARE H M, PRENZLOW C F. Surface areas from mercury porosimeter measurements[J]. Journal of Physical Chemistry, 2002, 71(8): 2733 – 2736.

[112]Toda Y, Toyoda S. Application of mercury porosimetry to coal[J]. Fuel, 1972, 51(3): 199 – 201.

[113]OKOLO G N, EVERSON R C, NEOMAGUS H W J P, et al. Comparing the porosity and surface areas of coal as measured by gas adsorption, mercury intrusion and SAXS techniques[J]. Fuel, 2015(141): 293 – 304.

[114]李海鉴. 煤吸附瓦斯的热效应研究[D]. 北京:中国矿业大学, 2019.

[115]陈义林, 秦勇, 田华, 等. 基于压汞法无烟煤孔隙结构的粒度效应[J]. 天然气地球科学, 2015, 26(9): 1629 – 1639.

[116] 陈振宏, 贾承造, 宋岩, 等. 高煤阶与低煤阶煤层气藏物性差异及其成因 [J]. 石油学报, 2008(2): 179 – 184.

[117] 朱大岗. 实验岩石裂隙微观形态初探 [J]. 地质力学学报, 1997(1): 59 – 64.

[118] LANGMUIR I. THE ADSORPTION OF GASES ON PLANE SURFACES OF GLASS, MICA AND PLATINUM [J]. Journal of Chemical Physics, 2015, 40(9): 1361 – 1403.

[119] 王文林, 谭蓉晖, 王兆丰. 吸附平衡时间对瓦斯吸附常数测值的影响 [J]. 河南理工大学学报(自然科学版), 2013, 32(5): 513 – 517.

[120] HARPALANI S, AND B K P, DUTTA P. Methane/CO_2 sorption modeling for coalbed methane production and CO_2 sequestration [J]. Energy & Fuels, 2006, 20(4): 1591 – 1599.

[121] 秦勇, 唐修义, 叶建平, 等. 中国煤层甲烷稳定碳同位素分布与成因探讨 [J]. 中国矿业大学学报, 2000(2): 113 – 119.

[122] MOFFAT D H, WEALE K E. Sorption by coal of methane at high pressure [J]. Fuel, 1955 (34): 449 – 462.

[123] 张群, 崔永君, 钟玲文, 等. 煤吸附甲烷的温度 – 压力综合吸附模型 [J]. 煤炭学报, 2008(11): 1272 – 1278.

[124] 姜黎明, 张浪, 汪东, 等. 加压速率对不同变质程度煤吸附性能的影响研究 [J]. 煤矿开采, 2015, 20(1): 17 – 19.

[125] GENSTERBLUM Y, MERKEL A, BUSCH A, et al. High – pressure CH_4 and CO_2 sorption isotherms as a function of coal maturity and the influence of moisture [J]. International Journal of Coal Geology, 2013(118): 45 – 57.

[126] 聂百胜, 何学秋, 王恩元, 等. 煤吸附水的微观机理 [J]. 中国矿业大学学报, 2004(4): 17 – 21.

[127] 张占存, 马丕梁. 水分对不同煤种瓦斯吸附特性影响的实验研究 [J]. 煤炭学报, 2008 (2): 144 – 147.

[128] CLARKSON C R, BUSTIN R M. Binary gas adsorption/desorption isotherms: effect of moisture and coal composition upon carbon dioxide selectivity over methane [J]. International Journal of Coal Geology, 2000, 42(4): 241 – 271.

[129] 钟玲文, 张新民. 煤的吸附能力与其煤化程度和煤岩组成间的关系 [J]. 煤田地质与勘探, 1990(4): 29 – 36.

[130] LAMBERSON M N, BUSTIN R M. Coalbed Methane Characteristics of Gates Formation Coals, Northeastern British Columbia: Effect of Maceral Composition [J]. Bulletin, 1993, 77(12): 2062 – 2076.

[131] 许江, 袁梅, 李波波, 等. 煤的变质程度、孔隙特征与渗透率关系的试验研究 [J]. 岩石力学与工程学报, 2012, 31(4): 681 – 687.

[132] 李树刚, 白杨, 林海飞, 等. CH_4、CO_2 和 N_2 多组分气体在煤分子中吸附热力学特性的分子模拟 [J]. 煤炭学报, 2018, 43(9): 2476 – 2483.

[133] 张晓东,桑树勋,秦勇,等. 不同粒度的煤样等温吸附研究 [J]. 中国矿业大学学报,2005(4):427-432.

[134] 苏长荪. 高等工程热力学 [M]. 北京:高等教育出版社,1987.

[135] 杨华平. 煤体甲烷吸附解吸机理研究 [D]. 西安:西安科技大学,2014.

[136] 冯增朝,赵阳升,文再明. 煤岩体孔隙裂隙双重介质逾渗机理研究 [J]. 岩石力学与工程学报,2005(2):236-240.

[137] Rodrigues C F, De Sousa M J L. The measurement of coal porosity with different gases[J]. International Journal of Coal Geology, 2002, 48(3-4):245-251.

[138] 李小川. 多孔介质导热过程的分形研究 [D]. 南京:东南大学,2009.

[139] 林海飞,程博,李树刚,等. 新疆阜康矿区煤层孔隙结构特征的氮吸附实验研究 [J]. 西安科技大学学报,2015,35(6):721-726.

[140] 叶建平,唐书恒. 中国煤层气资源 [J]. 中国煤层气,1998(2):25-28.

[141] 张建博. 中国煤层气地质 [M]. 北京:地质出版社,2000.

[142] 乔军伟. 低阶煤孔隙特征与解吸规律研究 [D]. 西安:西安科技大学,2009.

[143] 王振洋,程远平. 构造煤与原生结构煤孔隙特征及瓦斯解吸规律试验 [J]. 煤炭科学技术,2017,45(3):84-88.

[144] GAMSON P, BEAMISH B, JOHNSON D. Coal microstructure and secondary mineralization:their effect on methane recovery [J]. Geological Society of London Special Publications, 1996, 109(1):165-179.

[145] 李志强,段振伟,景国勋. 不同温度下煤粒瓦斯扩散特性试验研究与数值模拟 [J]. 中国安全科学学报,2012,22(4):38-42.

[146] 吴迪,孙可明,肖晓春,等. 块状型煤中甲烷的非等温吸附-解吸试验研究 [J]. 中国安全科学学报,2012,22(12):122-126.

[147] 琚宜文. 构造煤结构及储层物性 [M]. 徐州:中国矿业大学出版社,2005.

[148] 聂百胜,柳先锋,郭建华,等. 水分对煤体瓦斯解吸扩散的影响 [J]. 中国矿业大学学报,2015,44(5):781-787.

[149] 吴家浩,王兆丰,苏伟伟,等. 自吸水分对煤中瓦斯解吸的综合影响 [J]. 煤田地质与勘探,2017,45(1):35-40.

[150] 陈向军,贾东旭,王林. 煤解吸瓦斯的影响因素研究 [J]. 煤炭科学技术,2013,41(6):50-53.

[151] 迟雷雷,王启飞,王菲茵,等. 煤的瓦斯解吸扩散规律实验研究 [J]. 煤矿安全,2013,44(12):1-3.

[152] 李云波,张玉贵,张子敏,等. 构造煤瓦斯解吸初期特征实验研究 [J]. 煤炭学报,2013,38(1):15-20.

[153] 王兆丰. 空气,水和泥浆介质中煤的瓦斯解吸规律与应用研究 [D]. 徐州:中国矿业大学,2001.

[154] 富向, 王魁军, 杨天鸿. 构造煤的瓦斯放散特征 [J]. 煤炭学报, 2008(7): 775-779.

[155] 刘彦伟, 刘明举. 粒度对软硬煤粒瓦斯解吸扩散差异性的影响 [J]. 煤炭学报, 2015, 40 (3): 579-587.

[156] 李志强, 成墙, 刘彦伟, 等. 柱状煤芯瓦斯扩散模型与扩散特征实验研究 [J]. 中国矿业大学学报, 2017, 46(5): 1033-1040.

[157] LIU W, XU H, QIN Y, 等. Theoretical model and numerical solution of gas desorption and flow mechanism in coal matrix based on free gas density gradient [J]. Journal of Natural Gas Science and Engineering, 2021, 90(1).

[158] 聂百胜, 杨涛, 李祥春, 等. 煤粒瓦斯解吸扩散规律实验 [J]. 中国矿业大学学报, 2013, 42(6): 975-981.

[159] 刘伟, 洪文杰, 王贤田, 等. 定容和定压条件下煤粒瓦斯吸附特性研究 [J]. 煤炭科学技术, 2018, 46(8): 80-86.

[160] 王恩元, 何学秋. 煤岩等多孔介质的分形结构 [J]. 焦作工学院学报, 1996(4): 19-23.

[161] 张遂安, 叶建平, 唐书恒, 等. 煤对甲烷气体吸附—解吸机理的可逆性实验研究 [J]. 天然气工业, 2005(1): 44-46.

[162] 赵志根, 唐修义. 对煤吸附甲烷的 Lang muir 方程的讨论 [J]. 焦作工学院学报(自然科学版), 2002(1): 1-4.

[163] 张庆玲, 曹利戈. 煤的等温吸附测试中数据处理问题研究 [J]. 煤炭学报, 2003(2): 131-135.

[164] 刘保县, 鲜学福, 徐龙君, 等. 地球物理场对煤吸附瓦斯特性的影响 [J]. 重庆大学学报(自然科学版), 2000(5): 78-81.

[165] 周荣福, 傅雪海, 秦勇, 等. 我国煤储层等温吸附常数分布规律及其意义 [J]. 煤田地质与勘探, 2000(5): 23-26.

[166] 张庆玲, 崔永君, 曹利戈. 煤的等温吸附实验中各因素影响分析 [J]. 煤田地质与勘探, 2004(2): 16-19.

[167] 梁冰. 温度对煤的瓦斯吸附性能影响的试验研究 [J]. 黑龙江矿业学院学报, 2000(1): 20-22.

[168] 李一波, 郑万成, 王凤双. 煤样粒径对煤吸附常数及瓦斯放散初速度的影响 [J]. 煤矿安全, 2013, 44(1): 5-8.

[169] 姚艳斌, 刘大锰. 华北重点矿区煤储层吸附特征及其影响因素 [J]. 中国矿业大学学报, 2007(3): 308-314.

[170] 苏现波, 张丽萍, 林晓英. 煤阶对煤的吸附能力的影响 [J]. 天然气工业, 2005 (1): 19-21.

[171] Qin Y, Wang Y, Yang X, et al. Experimental study on dynamic gas adsorption [J]. International Journal of Mining Science and Technology, 2012, 22(6): 763-767.

[172] 刘伟, 秦跃平, 杨小彬, 等. 挥发分对煤自燃特性影响的实验研究 [J]. 煤炭学报, 2014,

39(5)：891 - 896.

[173]近藤精一,石川达雄,安部郁夫, 等. 吸附科学[M]. 北京:化学工业出版社, 2006.

[174]林海飞, 蔚文斌, 李树刚, 等. 多因素对煤样吸附瓦斯影响试验研究 [J]. 中国安全科学学报, 2015, 25(9)：121 - 126.

[175]Liu W, He C, Qin Y, et al. Inversion of gas permeability coefficient of coal particle based on Darcy's permeation model[J]. Journal of Natural Gas Science and Engineering, 2018(50)：240 - 249.

[176]Liu W, Qin Y, Zhao W, et al. Modeling of Gas Transport Driven by Density Gradients of Free Gas within a Coal Matrix: Perspective of Isothermal Adsorption[J]. Energy & Fuels, 2020, 34(11)：13728 - 13739.

[177]秦跃平, 王健, 郑赟, 等. 煤粒瓦斯变压吸附数学模型及数值解算 [J]. 煤炭学报, 2017, 42(4)：923 - 928.

[178]李祥春, 李忠备, 张良, 等. 不同煤阶煤样孔隙结构表征及其对瓦斯解吸扩散的影响 [J]. 煤炭学报, 2019, 44(S1)：142 - 156.

[179]Long Q, Hu Q, Cheng B. Time - varying diffusion characteristics of different gases in coal particles[J]. International Journal of Mining Science and Technology, 2017, 27(6)：1025 - 1029.

[180]Yue G, Wang Z, Xie C, et al. Time - dependent methane diffusion behavior in coal: measurement and modeling[J]. Transport in Porous Media, 2017, 116(1)：319 - 333.

[181]Liu T, Lin B. Time - dependent dynamic diffusion processes in coal: model development and analysis[J]. International Journal of Heat and Mass Transfer, 2019(134)：1 - 9.

[182]Li M, Cao J, Li W. Stress and damage induced gas flow pattern and permeability variation of coal from Songzao Coalfield in SouthwestChina[J]. Energies, 2016, 9(5)：351.

[183]LEVINE, J. R. Model study of the influence of matrix shrinkage on absolute permeability of coal bed reservoirs [J]. Geological Society London Special Publications, 1996, 109(1)：197 - 212.

[184]PAN Z, CONNELL L D. A theoretical model for gas adsorption - induced coal swelling [J]. International Journal of Coal Geology, 2007, 69(4)：243 - 252.

[185]WANG G, REN T, QI Q, et al. Determining the diffusion coefficient of gas diffusion in coal: Development of numerical solution [J]. Fuel, 2017, 196(5)：47 - 58.

[186]LIU A, LIU P, LIU S. Gas diffusion coefficient estimation of coal: A dimensionless numerical method and its experimental validation [J]. International Journal of Heat and Mass Transfer, 2020(162).

[187]MENG Y, LI Z. Experimental study on diffusion property of methane gas in coal and its influencing factors[J]. Fuel, 2016, 185(12)：219 - 228.

[188]XU W C, TOMITA A. Effect of coal type on the flash pyrolysis of various coals [J]. Fuel, 1987, 66(5)：627 - 631.

[189]HARA T, MUTO M, KITANO T, et al. Direct numerical simulation of a pulverized coal jet

flame employing a global volatile matter reaction scheme based on detailed reaction mechanism [J]. Combustion & Flame, 2015, 162(12): 4391 - 4407.

[190] LI W, ZHU Y M, WANG G, et al. Characterization of coalification jumps during high rank coal chemical structure evolution [J]. Fuel, 2016, 185(12): 298 - 304.

[191] Crosdale P J, Beamish B B, Valix M. Coalbed methane sorption related to coal composition [J]. International Journal of Coal Geology, 1998, 35(1 - 4): 147 - 158..

[192] Tao S, Tang D, Xu H, et al. Factors controlling high - yield coalbed methane vertical wells in the Fanzhuang Block, Southern Qinshui Basin[J]. International Journal of Coal Geology, 2014 (134): 38 - 45.

[193] Xu H, Tang D, Zhao J, et al. A new laboratory method for accurate measurement of the methane diffusion coefficient and itsinfluencing factors in the coal matrix[J]. Fuel, 2015(158): 239 - 247.

[194] ZHAO, JUNLONG, TANG, et al. Characteristics of Methane (CH$_4$) Diffusion in Coal and Its Influencing Factors in the Qinshui and Ordos Basins [J]. Energy & Fuels, 2018, 32(2): 1196 - 1205.

[195] 范章群, 夏致远. 煤基质形状因子理论探讨 [J]. 煤田地质与勘探, 2009, 37(3): 15 - 18.

[196] 李建功. 不同煤屑形状对瓦斯解吸扩散规律影响的数学模拟 [J]. 煤矿安全, 2015, 46 (1): 1 - 4.

[197] Tan Y, Pan Z, Liu J, et al. Experimental study of impact of anisotropy and heterogeneity on gas flow in coal. Part I: Diffusion andadsorption[J]. Fuel, 2018(232): 444 - 453.

[198] 刘纪坤. 煤体瓦斯吸附解吸过程热效应实验研究 [D]. 北京:中国矿业大学, 2012.

[199] 于洪观. 煤对 CH$_4$、CO$_2$、N$_2$ 及其二元混合气体吸附特性、预测和 CO$_2$ 驱替 CH$_4$ 的研究 [D]青岛:山东科技大学, 2005.

[200] 周军平. CH$_4$、CO$_2$、N$_2$ 及其多元气体在煤层中的吸附 - 运移机理研究 [D]. 重庆:重庆大学, 2010.

[201] Mastalerz M, Goodman A, Chirdon D. Coal lithotypes before, during, and after exposure to CO$_2$: insights from direct Fourier transform infrared investigation[J]. Energy & fuels, 2012, 26 (6): 3586 - 3591.

[202] 崔永君, 张群, 张泓, 等. 不同煤级煤对 CH$_4$、N$_2$ 和 CO$_2$ 单组分气体的吸附 [J]. 天然气工业, 2005(1): 61 - 65.

[203] Gentzis T, Deisman N, Chalaturnyk R J. Effect of drilling fluids on coal permeability: Impact on horizontal wellbore stability[J]. International Journal of Coal Geology, 2009, 78(3): 177 - 191.

[204] Sakurovs R, Day S, Weir S. Relationships between the sorption behaviour of methane, carbon dioxide, nitrogenand ethane on coals[J]. Fuel, 2012(97): 725 - 729.

[205] Merkel A, Gensterblum Y, Krooss B M, et al. Competitive sorption of CH$_4$, CO$_2$ and H$_2$O on natural coals of different rank[J]. International Journal of Coal Geology, 2015(150): 181 - 192.

[206]张遵国. 煤吸附/解吸变形特征及其影响因素研究 [D]. 重庆:重庆大学,2015.

[207]Bustin R M, Clarkson C R. Geological controls on coalbed methane reservoir capacity and gas-content[J]. International Journal of Coal Geology, 1998, 38(1-2): 3-26.

[208]Mastalerz M, Gluskoter H, Rupp J. Carbon dioxide and methane sorption in high volatile bitumi-nous coals from Indiana, USA[J]. International Journal of Coal Geology, 2004, 60(1): 43-55.

[209]Li W, Zhu Y M, Wang G, et al. Characterization of coalification jumps during high rank coal chemical structure evolution[J]. Fuel, 2016(185): 298-304.

[210]Niu Q, Cao L, Sang S, et al. Experimental study of permeability changes and its influencing factors with CO_2 injection incoal[J]. Journal of Natural Gas Science and Engineering, 2019 (61): 215-225.

[211]Joubert J I, Grein C T, Bienstock D. Sorption of methane in moist coal[J]. Fuel, 1973, 52 (3): 181-185.

[212]Krooss B M, Van Bergen F, Gensterblum Y, et al. High-pressure methane and carbon dioxide adsorption on dry and moisture-equilibrated Pennsylvanian coals[J]. International Journal of Coal Geology, 2002, 51(2): 69-92.

[213]Crosdale P J, Moore T A, Mares T E. Influence of moisture content and temperature on methane adsorption isotherm analysis for coals from a low-rank, biogenically-sourced gas reservoir [J]. International Journal of Coal Geology, 2008, 76(1-2): 166-174.

[214]OZDEMIR E, SCHROEDER K. Effect of moisture on adsorption isotherms and adsorption ca-pacities of CO_2 on coals [J]. Energy & Fuels, 2009, 23(5): 2821-2831.

[215]Chen M, Cheng Y, Li H, et al. Impact of inherent moisture on the methane adsorption charac-teristics of coals with various degrees of metamorphism[J]. Journal of Natural Gas Science and Engineering, 2018(55): 312-320.

[216]Weniger P, Franců J, Hemza P, et al. Investigations on the methane and carbon dioxide sorp-tion capacity of coals from the SW Upper Silesian Coal Basin, Czech Republic[J]. International Journal of Coal Geology, 2012(93): 23-39.

[217]Guan C, Liu S, Li C, et al. The temperature effect on the methane and CO_2 adsorption capaci-ties of Illinois coal[J]. Fuel, 2018(211): 241-250.

[218]钟玲文,郑玉柱,员争荣,等. 煤在温度和压力综合影响下的吸附性能及气含量预测 [J]. 煤炭学报, 2002(6): 581-585.

[219]张庆玲,崔永君,曹利戈. 压力对不同变质程度煤的吸附性能影响分析 [J]. 天然气工业, 2004(1): 98-100.

[220]秦跃平,刘鹏,郝永江,等. 压力对煤体瓦斯吸附规律影响的实验研究 [J]. 煤矿安全, 2014, 45(12): 14-17.

[221]冯艳艳,黄宏斌,杨文. 粒径分布对煤的孔隙结构及其 CH_4 和 CO_2 吸附性能的影响 [J]. 煤炭技术, 2018, 37(3): 163-165.

[222] Zou J, Rezaee R. Effect of particle size on high – pressure methane adsorption of coal[J]. Petroleum Research, 2016, 1(1): 53 – 58.

[223] Hou S, Wang X, Wang X, et al. Pore structure characterization of low volatile bituminous coals with different particle size and tectonic deformation using low pressure gas adsorption[J]. International Journal of Coal Geology, 2017(183): 1 – 13.

[224] 张庆玲. 不同煤级煤对二元混合气体的吸附研究 [J]. 石油实验地质, 2007(4): 436 – 440.

[225] 张庆贺, 刘文杰, 李宁, 等. CH_4 和 CO_2 及其多元气体在淮南 C(13) 煤中的吸附特性试验研究 [J]. 煤矿安全, 2019, 50(8): 14 – 17.

[226] 马凤兰, 翁红波, 宋志敏, 等. 煤对三元混合气体的吸附特性研究 [J]. 中州煤炭, 2016 (9): 31 – 34.

[227] Lee H H, Kim H J, Shi Y, et al. Competitive adsorption of CO_2/CH_4 mixture on dry and wet coal from subcritical to supercritical conditions[J]. Chemical engineering journal, 2013(230): 93 – 101.

[228] 杨宏民, 王兆丰, 任子阳. 煤中二元气体竞争吸附与置换解吸的差异性及其置换规律 [J]. 煤炭学报, 2015, 40(7): 1550 – 1554.

[229] 周军平, 鲜学福, 李晓红, 等. 吸附不同气体对煤岩渗透特性的影响 [J]. 岩石力学与工程学报, 2010, 29(11): 2256 – 2262.

[230] 武司苑, 邓存宝, 戴凤威, 等. 煤吸附 CO_2、O_2 和 N_2 的能力与竞争性差异 [J]. 环境工程学报, 2017, 11(7): 4229 – 4235.

[231] 王军红, 王红瑞, 于洪观. 注烟道气提高煤层气采收率(CO_2 – ECBM)的可行性分析 [J]. 安徽师范大学学报(自然科学版), 2005(3): 344 – 347.

[232] 尚帅超. 电厂烟气预防自燃与封存的可行性研究 [D]. 阜新:辽宁工程技术大学, 2009.

[233] 高飞, 邓存宝, 王雪峰, 等. 电厂烟气对采空区防火效果实验研究 [J]. 中国安全生产科学技术, 2016, 12(11): 36 – 40.

[234] 金智新, 武司苑, 邓存宝, 等. 不同浓度烟气在煤中的竞争吸附行为及机理 [J]. 煤炭学报, 2017, 42(5): 1201 – 1206.

[235] 赵鹏涛, 黄渊跃, 方前程, 等. 煤对 N_2 – O_2 混合气体吸附规律的试验研究 [J]. 煤炭科学技术, 2013, 41(4): 57 – 59.

[236] ZHONG D, SUN D, LU Y, et al. Adsorption – Hydrate Hybrid Process for Methane Separation from a $CH_4/N_2/O_2$ Gas Mixture Using Pulverized Coal Particles [J]. Industrial & Engineering Chemistry Research, 2014, 50(40): 15738 – 15746.

[237] Ottiger S, Pini R, Storti G, et al. Measuring and modeling the competitive adsorption of CO_2, CH_4 and N_2 on a dry coal[J]. Langmuir, 2008, 24(17): 9531 – 9540.

[238] Liu X Q, He X, Qiu N X, et al. Molecular simulation of CH_4, CO_2, H_2O and N_2 molecules adsorption on heterogeneous surface models of coal[J]. Applied Surface Science, 2016(389):

894 – 905.

[239] Zhao Y, Feng Y, Zhang X. Selective adsorption and selective transport diffusion of CO_2 – CH_4 binary mixture in coal ultramicropores[J]. Environmental science & technology, 2016, 50 (17): 9380 – 9389.

[240] Hu H, Du L, Xing Y, et al. Detailed study on self – and multicomponent diffusion of CO_2 – CH_4 gas mixture in coal by molecular simulation[J]. Fuel, 2017(187): 220 – 228.

[241] Gensterblum Y, Busch A, Krooss B M. Molecular concept and experimental evidence of competitive adsorption of H_2O, CO_2 and CH_4 on organic material[J]. Fuel, 2014(115): 581 – 588.

[242] Yu S, Bo J, Fengjuan L. Competitive adsorption of $CO_2/N_2/CH_4$ onto coal vitrinite macromolecular: Effects of electrostatic interactions and oxygen functionalities[J]. Fuel, 2019(235): 23 – 38.

[243] Skoczylas N, Dutka B, Sobczyk J. Mechanical and gaseous properties of coal briquettes in terms of outburst risk[J]. Fuel, 2014(134): 45 – 52.

[244] FOSTER, NATURAL, GAS, et al. Energy Information Administration's Annual Energy Outlook 2015: More Domestic Oil and Gas Production, Less Demand for Energy Will Continue to Reduce U. S. Reliance on Foreign Imports for Decades [J]. Foster Natural Gas Report, 2015 (TN. 3047): 15 – 22.

[245] Gilman A, Beckie R. Flow of coal – bed methane to agallery[J]. Transport in porous media, 2000, 41(1): 1 – 16.

[246] CHUNSHAN Z, KIZIL M, ZHONGWEI C, et al. Effects of coal damage on permeability and gas drainage performance [J]. International Journal of Mining Science and Technology, 2017, 27(5): 783 – 786.

[247] Liu Z, Cheng Y, Jiang J, et al. Interactions between coal seam gas drainage boreholes and the impact ofsuch on borehole patterns[J]. Journal of Natural Gas Science and Engineering, 2017 (38): 597 – 607.

[248] Wang Z, Fink R, Wang Y, et al. Gas permeability calculation of tight rocks based on laboratory measurements with non – ideal gas slippage and poroelastic effects considered[J]. International Journal of Rock Mechanics and Mining Sciences, 2018(112): 16 – 24.

[249] Zang J, Wang K. A numerical model for simulating single – phase gas flow in anisotropic coal [J]. Journal of Natural Gas Science and Engineering, 2016(28): 153 – 172.

[250] 秦跃平, 刘鹏. 煤层瓦斯流动模型简化计算误差分析 [J]. 中国矿业大学学报, 2016, 45 (1): 19 – 26.

[251] 高建良, 候三中. 掘进工作面动态瓦斯压力分布及涌出规律 [J]. 煤炭学报, 2007(11): 1127 – 1131.

[252] 姬忠超. 钻孔瓦斯抽放半径的数值模拟研究 [D]. 焦作:河南理工大学, 2012.

[253]王兆丰,周少华,李志强. 瓦斯抽采钻孔有效抽采半径的数值计算方法 [J]. 煤炭工程, 2011(6):82-84.

[254]郭晓华,蔡卫,马尚权,等. 基于稳态渗流的煤巷掘进瓦斯涌出连续性预测 [J]. 煤炭学报, 2010, 35(6):932-936.

[255]刘明举,何学秋. 煤层透气性系数的优化计算方法 [J]. 煤炭学报, 2004(1):74-77.

[256]冯增朝. 低渗透煤层瓦斯强化抽采理论及应用 [M]. 北京:科学出版社, 2008.

[257]林柏泉. 矿井瓦斯防治理论与技术 [M]. 徐州:中国矿业大学出版社, 2010.

[258]王志亮,杨仁树. 现场测定煤层透气性系数计算方法的优化研究 [J]. 中国安全科学学报, 2011, 21(3):23-28.

[259]王凯,俞启香,蒋承林. 钻孔瓦斯动态涌出的数值模拟研究 [J]. 煤炭学报, 2001(3):279-284.

[260]秦跃平,刘鹏,郝永江,等. 钻孔瓦斯涌出的有限差分模型及数值模拟 [J]. 辽宁工程技术大学学报(自然科学版), 2014, 33(10):1297-1301.

[261]丁厚成,蒋仲安,韩云龙. 顺煤层钻孔抽放瓦斯数值模拟与应用 [J]. 北京科技大学学报, 2008(11):1205-1210.

[262]司鹄,郭涛,李晓红. 钻孔抽放瓦斯流固耦合分析及数值模拟 [J]. 重庆大学学报, 2011, 34(11):105-110.

[263]王维忠,刘东,许江,等. 瓦斯抽采过程中钻孔位置对煤层参数演化影响的试验研究 [J]. 煤炭学报, 2016, 41(2):414-423.

[264]魏晓林. 有钻孔煤层瓦斯流动方程及其应用 [J]. 煤炭学报, 1988(1):85-96.

[265]孙景来,马丕梁,陈金玉. 径向流量法测定煤层透气性系数计算公式存在的问题和解决方法 [J]. 煤矿安全, 2008(8):89-90.

[266]高光发,陈建,石必明,等. 煤层透气性系数的优化和简化计算方法 [J]. 中国安全科学学报, 2012, 22(11):113-118.

[267]刘明举. 煤层透气系数计算存在的问题及其解决办法 [J]. 焦作工学院学报, 1997(2):84-88.

[268]田靖安,王亮,程远平,等. 煤层瓦斯压力分布规律及预测方法[J]. 采矿与安全工程学报, 2008, 25(4):481-485.

[269]王晓亮,郭永义,吴世跃. 煤层瓦斯流动的计算机模拟[J]. 太原理工大学学报, 2003, 34(4):402-405.

[270]吴世跃,郭勇义. 煤层气运移特征的研究[J]. 煤炭学报, 1999, 24(1):65-69.

[271]周世宁,林柏泉. 煤层瓦斯赋存与流动理论[M]. 北京:煤炭工业出版社, 1996.

[272]茹阿鹏,林柏泉,王婕. 掘进工作面瓦斯流动场及涌出规律探头[J]. 中国矿业, 2005, 14(11):60-62.

[273]梁冰,刘蓟南,孙维吉. 掘进工作面瓦斯流动规律数值模拟分析[J]. 中国地质灾害与防治学报, 2011, 22(4):46-51.

［274］秦跃平，刘伟，杨小彬,等．基于非达西渗流的采空区自然发火数值模拟［J］.煤炭学报，2012，37（7）：1177 – 1183.

［275］秦跃平，党海政，曲方．回采工作面围岩散热的无因次分析［J］.煤炭学报，1998，23（1）：62 – 66.

［276］刘伟．采空区自然发火的多场耦合机理及三维数值模拟研究［D］.北京：中国矿业大学，2014.

［277］孔翔谦．有限单元法在传热学中的应用［M］.北京：科学出版社，1998.

［278］李庆扬，王能超，易大义．数值分析［M］.北京：清华大学出版社，2008.

图书在版编目（CIP）数据

煤粒微孔游离瓦斯扩散理论与应用/刘伟,秦跃平,徐浩著.
－－北京:应急管理出版社,2022

ISBN 978 - 7 - 5020 - 9177 - 4

Ⅰ.①煤…　Ⅱ.①刘…　②秦…　③徐…　Ⅲ.①煤层瓦斯—
瓦斯渗透　Ⅳ.①TD712

中国版本图书馆 CIP 数据核字（2022）第 025457 号

煤粒微孔游离瓦斯扩散理论与应用

著　　者	刘　伟　秦跃平　徐　浩
责任编辑	成联君　杨晓艳
责任校对	邢蕾严
封面设计	解雅欣

出版发行　应急管理出版社（北京市朝阳区芍药居 35 号　100029）
电　　话　010 - 84657898（总编室）　010 - 84657880（读者服务部）
网　　址　www.cciph.com.cn
印　　刷　北京虎彩文化传播有限公司
经　　销　全国新华书店

开　　本　710mm×1000mm$^1/_{16}$　印张　16$^1/_4$　**字数**　299 千字
版　　次　2022 年 3 月第 1 版　2022 年 3 月第 1 次印刷
社内编号　20211544　　　　　　定价　58.00 元